全国高职高专院校"十三五"医疗器械规划教材

无源医疗器械检测技术

（供医疗器械类专业使用）

U0297478

主　编　彭胜华　吴美香

副主编　李明利　袁　秦　刘中华

编　者（以姓氏笔画为序）

于　勇（湖南食品药品职业学院）

刘中华（湘潭医卫职业技术学院）

刘园园（湖南省医疗器械检验检测所）

李向前［费森尤斯卡比（广州）医疗用品有限公司］

李明利（浙江医药高等专科学校）

吴　帅（广东泰宝医疗科技股份有限公司）

吴美香（湖南食品药品职业学院）

何　颖（江西省医药技师学院）

陈秋兰（广东食品药品职业学院）

袁　秦（广东省医疗器械质量监督检验所）

曹穗兰（华南理工大学医疗器械研究检验中心）

彭胜华（广东食品药品职业学院）

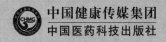 中国健康传媒集团

中国医药科技出版社

内 容 提 要

　　本教材是"全国高职高专院校'十三五'医疗器械规划教材"之一，系根据无源医疗器械检测技术教学大纲的基本要求和课程特点编写而成，内容上涵盖无源医疗器械常见物理性能指标检测方法、常规化学性能检测要求与方法以及微生物检测和生物学评价等内容。本教材着力满足行业需求，严守标准要求，贴合学生认知水平，具有专业性强、通用性好、实用性强等特点。本教材为书网融合教材，即纸质教材有机融合电子教材、教学配套资源（PPT、微课、视频、图片等）、题库系统、数字化教学服务（在线教学、在线作业、在线考试），使教学资源更加多样化、立体化。

　　本教材主要供医疗器械维护与管理、医疗器械经营与管理、医疗电子工程、医用材料等医疗器械类相关专业教学使用，也可供企业内部、专职检验员及相关从业人员参考用书。

图书在版编目（CIP）数据

无源医疗器械检测技术 / 彭胜华，吴美香主编 .—北京：中国医药科技出版社，2020.7
全国高职高专院校"十三五"医疗器械规划教材
ISBN 978-7-5214-1828-6

Ⅰ. ①无…　Ⅱ. ①彭…②吴…　Ⅲ. ①医疗器械—检测—高等职业教育—教材　Ⅳ. ① TH77

中国版本图书馆 CIP 数据核字（2020）第 084673 号

美术编辑　陈君杞
版式设计　南博文化

出版　**中国健康传媒集团** | 中国医药科技出版社
地址　北京市海淀区文慧园北路甲 22 号
邮编　100082
电话　发行：010-62227427　邮购：010-62236938
网址　www.cmstp.com
规格　889×1194mm $\frac{1}{16}$
印张　12
字数　294 千字
版次　2020 年 7 月第 1 版
印次　2024 年 7 月第 3 次印刷
印刷　三河市万龙印装有限公司
经销　全国各地新华书店
书号　ISBN 978-7-5214-1828-6
定价　35.00 元

获取新书信息、投稿、为图书纠错，请扫码联系我们。

全国高职高专院校"十三五"医疗器械规划教材

出版说明

为深入贯彻落实《国家职业教育改革实施方案》和《关于推进高等职业教育改革创新引领职业教育科学发展的若干意见》等文件精神,不断推动职业教育教学改革,推进信息技术与职业教育融合,规范和提高我国高职高专院校医疗器械类专业教学质量,满足行业人才培养需求,在教育部、国家药品监督管理局的领导和支持下,在全国食品药品职业教育教学指导委员会医疗器械专业委员会主任委员、上海健康医学院唐红梅等专家的指导和顶层设计下,中国医药科技出版社组织全国 70 余所高职高专院校及其附属医疗机构 150 余名专家、教师精心编撰了全国高职高专院校"十三五"医疗器械规划教材,该套教材即将付梓出版。

本套教材包括高职高专院校医疗器械类专业理论课程主干教材共计 10 门,主要供医疗器械相关专业教学使用。

本套教材定位清晰、特色鲜明,主要体现在以下方面。

一、编写定位准确,体现职教特色

教材编写专业定位准确,职教特色鲜明,突出高职教材的应用性、适用性、指导性和创造性。教材编写以高职高专医疗器械类专业的人才培养目标为导向,以职业能力的培养为根本,融传授知识、培养能力、提高素质为一体,突出了"能力本位"和"就业导向"的特色,重视培养学生创新、获取信息及终身学习的能力,满足培养高素质技术技能型人才的需要。

二、坚持产教融合,校企双元开发

强化行业指导、企业参与,广泛调动社会力量参与教材建设,鼓励"双元"合作开发教材,注重吸收行业企业技术人员、能工巧匠等深入参与教材编写。教材内容紧密结合行业发展新趋势和新时代行业用人需求,及时吸收产业发展的新技术、新工艺、新规范,满足医疗器械行业岗位培养需求,对接行业岗位技能要求,为学生后续发展奠定必要的基础。

三、遵循教材规律,注重"三基""五性"

遵循教材编写的规律,坚持理论知识"必需、够用"为度的原则,体现"三基""五性""三特定"的特征。结合高职高专教育模式发展中的多样性，在充分体现科学性、思想性、先进性的基础上，教材建设考虑了其全国范围的代表性和适用性，兼顾不同院校学生的需求，满足多数院校的教学需要。

四、创新编写模式，强化实践技能

在保持教材主体完整的基础上，设置"知识目标""能力目标""案例导入""拓展阅读""习题"等模块，以培养学生的自学能力、分析能力、实践能力、综合应用能力和创新能力，增强教材的实用性和可读性。教材内容真正体现医疗器械临床应用实际，紧跟学科和临床发展步伐，凸显科学性和先进性。

五、配套增值服务，丰富教学资源

全套教材为书网融合教材，即纸质教材有机融合数字教材、教学配套资源、题库系统、数字化教学服务。通过"一书一码"的强关联，为读者提供全免费增值服务。按教材封底的提示激活教材后，读者可通过电脑、手机阅读电子教材和配套课程资源（PPT、微课、视频、图片等），并可在线进行同步练习，实时获取答案和解析。同时，读者也可以直接扫描书中二维码，阅读与教材内容相关联的课程资源，从而丰富学习体验，使学习更便捷。教师可通过电脑在线创建课程，与学生互动，开展布置和批改作业、在线组织考试、讨论与答疑等教学活动，学生通过电脑、手机均可实现在线作业、在线考试，提升学习效率，使教与学更轻松。

编写出版本套高质量的全国高职高专院校医疗器械类专业规划教材，得到了行业知名专家的精心指导和各有关院校领导与编者的大力支持，在此一并表示衷心感谢！2020年新型冠状病毒肺炎疫情突如其来，本套教材很多编委都奋战在抗疫一线，在这种情况下，他们克服重重困难，按时保质保量完稿，在此我们再次向他们表达深深的敬意和谢意！

希望本套教材的出版，能受到广大师生的欢迎，并在教学中积极使用和提出宝贵意见，以便修订完善，共同打造精品教材，为促进我国高职高专院校医疗器械类专业教育教学改革和人才培养做出积极贡献。

全国高职高专院校"十三五"医疗器械规划教材

建设指导委员会

主 任 委 员 唐红梅（上海健康医学院）

副主任委员（以姓氏笔画为序）

李文霞（浙江医药高等专科学校）

李松涛（山东医药技师学院）

张　晖（山东药品食品职业学院）

徐小萍（上海健康医学院）

虢剑波（湖南食品药品职业学院）

委　　　员（以姓氏笔画为序）

于天明（山东药品食品职业学院）

王华丽（山东药品食品职业学院）

王学亮（山东药品食品职业学院）

毛　伟（浙江医药高等专科学校）

朱　璇（江苏卫生健康职业学院）

朱国民（浙江医药高等专科学校）

刘虔铖（广东食品药品职业学院）

孙传聪（山东药品食品职业学院）

孙志军（山东医学高等专科学校）

李加荣（安徽医科大学第二附属医院）

吴美香（湖南食品药品职业学院）

张　倩（辽宁医药职业学院）

张洪运（山东药品食品职业学院）

陈文山（福建卫生职业技术学院）

周雪峻［江苏联合职业技术学院南京卫生分院（南京卫生学校）］

胡亚荣（广东食品药品职业学院）

胡良惠（湖南食品药品职业学院）

钟伟雄（福建卫生职业技术学院）

郭永新［山东第一医科大学（山东省医学科学院）］

唐　睿（山东药品食品职业学院）

阎华国（山东药品食品职业学院）

彭胜华（广东食品药品职业学院）

蒋冬贵（湖南食品药品职业学院）

翟树林（山东医药技师学院）

数字化教材编委会

主　编　彭胜华　吴美香

副主编　李明利　袁　秦　刘中华

编　者　（以姓氏笔画为序）

于　勇（湖南食品药品职业学院）

刘中华（湘潭医卫职业技术学院）

刘园园（湖南省医疗器械检验检测所）

李向前［费森尤斯卡比（广州）医疗用品有限公司］

李明利（浙江医药高等专科学校）

吴　帅（广东泰宝医疗科技股份有限公司）

吴美香（湖南食品药品职业学院）

何　颖（江西省医药技师学院）

陈秋兰（广东食品药品职业学院）

袁　秦（广东省医疗器械质量监督检验所）

曹穗兰（华南理工大学医疗器械研究检验中心）

彭胜华（广东食品药品职业学院）

前言
QIANYAN

　　无源医疗器械检测技术是医疗器械维护与管理专业核心课程之一，承担培养符合医疗器械质量管理与检测岗位核心工作能力需求人才的重要任务。无源医疗器械几乎占据了医疗器械"半壁江山"，是技术含量高、产值高、利润大的产品系列。为了保证产品的各项性能指标符合要求，必须对其进行严格的质量检测与控制。产品质量检测在企业生产过程中具有十分重要的作用，对确保安全生产、保证产品质量、提高产品合格率、降低能源和原材料消耗、提高企业的劳动生产率和经济效益均是至关重要的。产品的检测是医疗器械安全与质量控制的基础，是医疗器械产品出厂前的把关程序，也是医疗器械质量监督和医疗器械科学监管不可缺少的重要手段。

　　本教材结合典型工作任务与岗位要求，培养学生会用正确的检测方法、选择合适的检测手段检测无源医疗器械各项性能指标，并进行数据记录、出具检测报告；对检测异常结果进行分析，提出改进措施。让学生通过学习本教材达到以下目的。①巩固物理、化学、生物等相关专业基础知识；②掌握产品常规性能指标检测的方法；③熟练各项标准化试验操作技能；④不断提升专业能力和职业能力。教材注重强化学生产品质量意识、强调养成学生专业素质。本教材的建设对学生职业能力的培养、职业素养和个人能力的发展起重要支撑作用，对提高本专业人才培养质量、提升毕业生就业能力与就业质量具有重要意义。

　　本教材设计的核心指导思想是"学习内容与工作任务相融合"，以工作过程为导向设计教学模块，以真实工作任务为中心组织教学内容。教材内容选择兼顾先进性、典型性、通用性、经济性，检测项目的设计符合学生的能力水平和教学需要。教材编写过程中注重理实一体，注重标准的引用与理解，引导读者理解标准，指引其将标准中的要求和试验方法转化为现实可行的试验操作。

　　本教材由彭胜华、吴美香担任主编，具体编写分工如下：第一章由吴美香、李明利编写；第二章由刘中华、李明利、刘园园、吴帅、彭胜华编写；第三章由袁秦、于勇、何颖、陈秋兰编写；第四章由李向前、彭胜华编写；第五章由曹穗兰、袁秦、彭胜华编写。

　　本教材主要供医疗器械维护与管理、医疗器械经营与管理、医疗电子工程、医用材料等医疗器械类相关专业教学使用，也可供企业内部、专职检验员及相关从业人员参考用书。

　　本教材在编写过程中，得到了全国食品药品职业教育教学指导委员会医疗器械专业委员会以及各位编者单位领导的大力支持，在此一并表示感谢！

　　由于受编者水平和经验所限，教材内容难免有疏漏和不足之处，恳请广大读者批评指正，以便进一步修订、完善。

编　者
2020 年 4 月

第一章 无源医疗器械检测概述

📖 **知识目标**

1. **掌握** 无源医疗器械的概念及分类；无源医疗器械检测基本要求。
2. **熟悉** 无源医疗器械分类规则；无源医疗器械的材料。
3. **了解** 无源医疗器械行业发展现状；无源医疗器械检测意义。

☞ **能力目标**

学会正确识别无源医疗器械产品和判定无源医疗器械管理类别。

第一节 无源医疗器械概述

💬 **案例讨论**

案例 2019年年底，武汉出现新型冠状病毒感染的肺炎患者，随着人口的流动，全国各地相继出现新冠病毒感染肺炎病例。为了有效控制新冠病毒蔓延，湖北多市陆续封城，全国人民响应号召居家隔离，减少出门，出门必须佩戴口罩，一时间，医用口罩成了抢手物资。

讨论 1. 医用口罩是否属于医疗器械？如果是，属于第几类医疗器械？

2. 新冠肺炎防控用到了哪些无源医疗器械？

PPT

一、定义

《医疗器械监督管理条例》（国务院令第680号，2017年5月4日修订发布）第七十六条规定如下。医疗器械，是指直接或者间接用于人体的仪器、设备、器具、体外诊断试剂及校准物、材料以及其他类似或者相关的物品，包括所需要的计算机软件；其效用主要通过物理等方式获得，不是通过药理学、免疫学或者代谢的方式获得，或者虽然有这些方式参与但是只起辅助作用；其目的是：①疾病的诊断、预防、监护、治疗或者缓解；②损伤的诊断、监护、治疗、缓解或者功能补偿；③生理结构或者生理过程的检测、替代、调节或者支持；④生命的支持或者维持；⑤妊娠控制；⑥通过对来自人体的样本进行检查，为医疗或者诊断目的提供信息。

依据《医疗器械分类规则》（国家食品药品监督管理总局令第15号，2015年7月14日发布）第五条规定：医疗器械按照结构特征的不同分为无源医疗器械和有源医疗器械。第三条明确了无源医疗器械含义：不依靠电能或者其他能源，但是可以通过由人体或者重力产生的能量，发挥其功能的医疗器械。

二、分类

（一）管理分类

1.按照风险程度分类

（1）第一类　风险程度低，实行常规管理可以保证其安全、有效的医疗器械。常见的第一类无源医疗器械有医用退热贴、手术刀、压舌板、手动病床等。

（2）第二类　具有中度风险，需要严格控制管理以保证其安全、有效的医疗器械。常见的第二类无源医疗器械有医用外科口罩、体温计、缝合针、一次性使用导尿管等。

（3）第三类　具有较高风险，需要采取特别措施严格控制管理以保证其安全、有效的医疗器械。常见的第三类无源医疗器械有一次性使用无菌注射器、中心静脉导管、冠状动脉支架、人工晶状体等。

医疗器械风险程度应当根据医疗器械的预期目的，通过结构特征、使用形式、使用状态、是否接触人体等因素综合判定。

2.根据是否接触人体分类　
可分为接触人体器械和非接触人体器械。对于无源接触医疗器械和无源非接触医疗器械又可分别按使用形式、使用时限、接触人体部位以及对医疗效果的影响程度进行分类。

（1）无源接触医疗器械　按其使用形式可分为液体输送器械、改变血液体液器械、医用敷料、侵入器械、重复使用手术器械、植入器械、避孕和计划生育器械、其他无源接触人体器械等多种。根据其使用时限分为暂时使用（预期的连续使用时间在24小时以内）、短期使用［预期的连续使用时间在24小时（含）以上、30日以内］、长期使用［预期的连续使用时间在30日（含）以上］；根据其接触人体的部位分为皮肤或腔道（口）（口腔、鼻腔、食管、外耳道、直肠、阴道、尿道等人体自然腔道和永久性人造开口）、创伤（各种致伤因素作用于人体所造成的组织结构完整性破坏或者功能障碍）或组织（人体体内组织，包括骨、牙髓或者牙本质，不包括血液循环系统和中枢神经系统）、血液循环系统［血管（毛细血管除外）和心脏］或中枢神经系统（脑和脊髓）。

（2）无源非接触人体器械　按使用形式分类包括护理器械、清洗消毒器械、其他无源非接触人体器械；根据其对医疗效果的影响程度分为基本不影响、轻微影响、重要影响三大类。

3.无源医疗器械管理类别判断　
无源医疗器械管理类别应根据表1-1无源接触医疗器械分类判定表和表1-2无源非接触医疗器械分类判定表进行分类判断，同时还应结合《医疗器械分类规则》第六条所涉及的特殊原则综合考虑。

表1-1　无源接触医疗器械分类判定表

使用形式	使用状态								
	暂时使用			短期使用			长期使用		
	皮肤/腔道（口）	创伤/组织	血循环/中枢	皮肤/腔道（口）	创伤/组织	血循环/中枢	皮肤/腔道（口）	创伤/组织	血循环/中枢
1　液体输送器械	II	II	III	II	II	III	II	III	III
2　改变血液体液器械	-	-	III	-	-	III	-	-	III
3　医用敷料	I	II	II	I	II	II	-	III	III

使用形式	使用状态								
	暂时使用			短期使用			长期使用		
	皮肤/腔道（口）	创伤/组织	血循环/中枢	皮肤/腔道（口）	创伤/组织	血循环/中枢	皮肤/腔道（口）	创伤/组织	血循环/中枢
4　侵入器械	I	II	III	II	II	III	–	–	–
5　重复使用手术器械	I	I	II	–	–	–	–	–	–
6　植入器械	–	–	–	–	–	–	III	III	III
7　避孕和计划生育器械（不包括重复使用手术器械）	II	II	III	II	III	III	III	III	III
8　其他无源器械	I	II	III	II	II	III	II	III	III

表1-2　无源非接触医疗器械分类判定表

使用形式	使用状态		
	基本不影响	轻微影响	重要影响
1　护理器械	I	II	–
2　医疗器械清洗消毒器械	–	II	III
3　其他无源器械	I	II	III

（二）临床应用类别

根据无源医疗器械临床使用目的和材料等特点，结合《医疗器械分类目录》（国家食品药品监督管理总局，2017年8月31日发布）可知无源医疗器械包含以下临床应用种类：无源手术器械，神经和心血管手术器械，骨科手术器械，医用诊察和监护器械，呼吸、麻醉和急救器械，物理治疗器械，输血、透析和体外循环器械，医疗器械消毒灭菌器械，无源植入器械，注输、护理和防护器械，患者承载器械，眼科器械，口腔科器械，妇产科、辅助生殖和避孕器械，医用康复器械，中医器械，临床检验器械等。

三、生物医用材料

（一）定义

无源医疗器械产品是各种生物医用材料的加工和应用，材料质量的优劣直接影响着产品的安全性和有效性。生物医用材料（biomaterials），是用以诊断、治疗、修复或替换生物体中的病损组织、器官或增进其功能的材料；可以是天然的，也可以是人造的，或两者的复合。生物医用材料不是药物，其功能的实现不需通过新陈代谢或免疫反应，但可与药物或药理作用结合使用。生物医用材料和其他材料的主要区别是：它必须具有良好的生物相容性，即对人体组织、器官、血液循环系统和免疫系统不致产生不良反应。

生物医用材料的定义随着生命科学和材料科学的不断发展而演变。但是，它们保持着这样一些共同特征，即生物医用材料是人造或天然的材料，可以单独或与药物一起制成部件/器械用于组织或器官的治疗、增强或替代，在有效期内不会对宿主引起急性或慢性危害。然而生命的复杂性和生命所具有的生长、再生、修复及精确调控能力，让人工器官和生物医用材料始终无法与之媲美，生物医用材料与人们真正要求和期望的还相差甚远。

（二）种类

生物医用材料种类繁多，不同的生物医用材料具有不同的属性特点，在临床应用过程中有不同的优势与缺点。在设计和应用过程中应充分考虑材料的特性。

1.按用途分类 可分为骨、牙、关节、肌腱等骨骼–肌肉系统修复材料，皮肤、乳房、食管、呼吸道、膀胱等软组织材料，人工心脏瓣膜、人工血管、心血管内插管等心血管系统材料，血液净化膜、气体选择性透过膜、角膜接触镜等医用膜材料，组织黏合剂和缝线材料，药物释放载体材料，临床诊断及生物传感器材料，齿科材料等。

2.按其在生理环境中的生物化学反应水平分类 可分为惰性生物医用材料、活性生物医用材料、可降解和吸收生物医用材料。

3.按材料的组成和性质分类

（1）生物医用金属材料 是用作生物医用材料的金属或合金，是人类最早利用的生物医用材料之一。金属材料强度高、耐热性好，且耐热冲击，加工性非常好，可加工成任意形状，并具有良好延展性。迄今为止，在硬组织修复和替换材料中仍然首推金属及其合金。

已应用于临床的金属材料主要有不锈钢（如奥氏体不锈钢）、钴基合金（如钴–铬合金）、钛及钛合金等三大类，其他还有纯金属（钽、铌、锆）、镍钛形状记忆合金、医用镁及其合金（可降解）、医用贵金属（金、银、铂及其合金）等。生物医用金属材料通常用于人工假体、人工关节、骨科内固定器械、人工心瓣膜、血管支架等产品。

生物医用金属材料通常是作为承力器件植入的，需要优良的力学性能和耐磨损性，如抗压强度、抗拉强度、屈服强度、弹性模量、硬度、疲劳极限和断裂韧性等。金属材料在组成上与人体组织成分相距甚远，很难与生物组织产生亲合，一般不具有生物活性，它们通常以其相对稳定的化学性能，获得一定的生物相容性，植入生物组织后，总是以异物的形式被生物组织所包裹，使之与正常组织隔断。金属材料必须具有良好的耐生理腐蚀性，生理环境的腐蚀可造成金属离子向周围组织扩散，对机体产生毒副作用，甚至因此造成器械性质退变，导致植入的失败。

（2）生物医用高分子材料 高分子材料的分子结构、化学组成和理化性质与生物体组织最为接近，该类材料在医疗领域中应用广泛，与生物医用金属材料并驾齐驱，在整个生物医用材料应用中各占45%左右。因为具有优良的物理化学性能，且易于通过设计来调整或控制其理化性能，广泛应用于人工器官、人工关节、软硬组织修复、药物载体等。

按照材料与活体组织的相互作用关系分为：生物惰性高分子材料（如聚氨酯、硅橡胶、聚丙烯、聚乙烯、聚甲基丙烯酸酯类等）和生物降解性高分子材料（如聚乳酸、聚碳酸酯、聚磷酸酯等）。按照材料来源可分为：天然高分子材料，包括天然蛋白质材料（常用的有胶原、明胶、纤维蛋白）和天然多糖类材料（研究应用较多的有纤维素、甲壳素、壳聚糖）两大类；合成高分子材料，包括非生物降解性合成高分子材料（如聚氨酯、聚有机硅氧烷、聚氯乙烯、聚四氟乙烯、聚甲基丙烯酸酯等）和生物降解性合成高分子材料（如聚乳酸、聚己内酯、聚氰基丙烯酸酯等）两大类。

生物医用高分子材料的耐热性差，受热易变形，易老化，且不耐磨。不过高分子材料加工性能好，能够用于加工结构复杂的器件，生物相容性较好，化学性能稳定，耐侵蚀。

（3）生物医用陶瓷材料 也称无机非金属材料，在骨科、牙科等领域均有广泛应用，包括氧化物陶瓷（如氧化铝Al_2O_3、氧化锆ZrO_2等）、磷酸盐陶瓷（如磷酸钙）、生物玻璃、碳素等。按其性质分为以下三类。

1）生物惰性陶瓷 指在体内保持稳定的陶瓷，其生物相容性好，无溶出，对机体无刺激；主要用于人体骨骼，关节及齿根的修复与替换，心脏瓣膜等。如氧化铝、氧化锆、碳素材料等。

2）生物活性陶瓷 指可通过体内发生的生物化学反应，与组织形成牢固的化学键性结合的陶瓷，如羟基磷灰石、磷酸钙骨水泥、生物活性玻璃等。

3）可降解生物陶瓷 指可以在体内降解和吸收的陶瓷，如磷酸三钙生物陶瓷、磷酸四钙生物陶瓷等。

生物医用陶瓷材料生物相容很好，化学性能稳定，耐侵蚀，不易氧化和水解，热稳定性较好，耐磨性好。不过其在加工成型方面存在缺陷，虽然塑性容易，但是其脆性大，无延展性。

（4）生物医用复合材料 指由两种或两种以上不同材料复合而成的材料，不同材料复合以后，具有独特的、不同于其组成材料的性质，复合后的材料较其单体材料，性能有较大提高。该类材料不仅要求各组成成分要满足生物学性能要求，也要求复合后的复合材料必须满足生物学性能要求。

复合材料一般由基体材料和增强体材料组成。医用高分子材料、医用金属和生物陶瓷既可以作为复合材料的基材，又可以作为其增强体或填料，它们相互配合形成性质各异的医用复合材料。其分类有三种：①按其基材可分为金属基、陶瓷基、高分子基医用复合材料等；②按增强体形态和性质，可分为生物活性物质填充、颗粒增强、纤维增强医用复合材料等；③按材料与组织发生的反应，可分为生物惰性、生物活性及可吸收医用复合材料等。

生物医用复合材料可用于修复和替换人体组织、器官或增进其功能以及人工器官的制造。例如，骨水泥作为一种典型的复合材料，以聚甲基丙烯酸甲酯（PMMA）为基材，以磷酸盐/硅酸盐/磷灰石/玻璃纤维为增强体，在硬组织缺损修复和固定移植体过程中占据不可低估的地位。

（5）生物医用衍生材料 是由天然生物组织经过特殊处理所形成的无生命活力的生物组织材料。通常采取的特殊处理有以下几种：维持组织原有构型而进行的固定、灭菌和消除抗原性的较轻微处理，以及拆散原有构型、重建新的物理形态的强烈处理（再生的胶原、弹性蛋白等）。这类材料主要用于人工心瓣膜、血管修复体、人工皮肤、纤维蛋白制品、骨修复体等。

4. 新型生物医用材料 人类一直致力于在保证安全性的前提下寻找生物相容性更好、可降解、耐腐蚀、持久、多用途的生物医用材料。对生物医用材料的要求不仅仅关注材料自身理化性能、生物安全性能、可靠性，同时高度关注赋予材料生物结构和生物功能，希望通过材料应用能在体内调动并发挥机体的自我修复与完善功能，重建或康复受损的人体组织或器官，各种新型生物医用材料不断涌现。

（1）组织工程相关生物医用材料 早在1987年美国国家科学基金会确立"组织工程"这一概念，从此组织工程相关生物医用材料的开发和应用日益兴起。这是一门应用生命科学和工程学的原理与技术，在正确认识哺乳动物的正常和病理两种状态下组织结构和功能关系的基础上，研究开发用于修复、维护、促进人体组织或器官损伤后的功能和形态的生物替代物的科学，是以细胞生物学和材料科学相结合，进行体外或体内构建组织或器官的新兴学科。组织工程基本原理是从机体获取少量的活体组织，用特殊的酶或其他方法将细胞（又称种子细胞）从组织中分离出来在体外进行培养扩增，然后将扩增的细胞与具有良好生物相容性、可降解性和可吸收的生物材料（支架）按一定的比例混合，使细胞黏附在生物材料（支架）上形成细胞-材料复合物；将该复合物植入机体的组织或器官病损部位，随着生物材料在体内逐渐被降解和吸收，植入的细胞在体内不断增殖并分泌细胞外基质，最终形成相应的组织或器官，从而达到修复创伤和重建功能的目的。生物材料支架所形成的三维结构为细胞获取营养、生长和代谢提供了一个良好的环境。组织工程作为一门多学科交叉的边缘学科，它融合了细胞生物学、工程科学、材料科学和外科学等多个学科，必将促进和带动相关高技术领域的交叉、渗透和发展，并由此衍生出新的高技术产业。

（2）仿生材料 在材料及其结构的发展进程中，自然界生物体的结构及性能给予了人类很多启示。受生物启发或者模仿生物的各种特性而开发的材料为仿生材料。目前，仿生材料在结构和功能方面取得了一定的研究成果，但由于工程实施的复杂性，许多内容还处于摸索阶段，对天然生物材料结构的形成过程以及它们是如何感知外界条件及变化，并作出相应选择来适应变化的机制等都还没有认识清楚，材料的发展趋势是复合化、智能化、能动化、环境化，这正是仿生材料的优势特征。人类需要发掘和接受更多的新概念和有用规律，充分利用经过亿万年进化所造就的种种优良结构形式及生化过程，学习它们高效利用原材料及空间的精神和能力，不断开发出更先进的仿生材料供人类所用。

（三）生物相容性

对于无源医疗器械，其安全性和有效性除与器械自身的结构、形态设计、制造、消毒灭菌工艺和包装等有关外，还取决于材料性质以及材料与人体的相互作用。生物医用材料接触人体时，会与人体之间相互作用产生各种复杂的生物相容性反应，概括来说为材料反应和生物学反应。

1.材料反应　是指器械材料在生物体环境中出现被腐蚀、吸收、降解、磨损和失效等反应，引起材料的物理性能、化学性能和力学性能发生变化。

2.生物学反应　是指器械在与人体相接触期间所引起的人体对外来物质的一种反应，包括组织反应、血液反应和免疫反应。

（1）组织反应　是机体对异物入侵产生的防御性反应，可以减轻异物对组织的损伤，促进组织的修复和再生。然而，组织反应也可能对机体造成危害。在使用生物医用材料过程中，由组织反应引起的两种严重并发症是炎症和肿瘤。根据病理变化的不同，可以分成以中性粒细胞、浆液和纤维蛋白原等物质渗出为主的组织反应和以增生为主的组织反应，如植入物长期存在引起的组织增生、肉芽肿和肿瘤形成。

（2）血液反应　生物医用材料血液相容性包含不引起血液凝聚和不破坏血液成分两个方面。在一定限度内，材料与血液接触过程中对血液中的红细胞都有一定的破坏（即发生溶血）。由于血液具有很强再生能力，只要溶血反应在可接受水平，随时间推移其不利影响并不显著。如果材料表面有血栓形成，由于有累积效应，随着时间推移，凝血程度越来越高，就会对人体造成严重的影响。因此，材料在血液中更受关注的是其抗凝血性能。

（3）免疫反应　人体免疫系统的主要功能包括针对病原微生物的免疫防御功能、针对自体衰老和病变细胞的免疫自稳功能和针对肿瘤细胞的免疫监视功能。器械材料会引起免疫系统的功能（包括免疫识别和反应程度）紊乱，包括免疫功能抑制（免疫防御功能不足）、超敏变态反应（免疫防御功能不足）、自身免疫反应（免疫自稳功能亢进，对自体组织产生免疫反应）等。

四、产业发展

（一）无源医疗器械产业发展现状

近年来，我国医疗器械行业在面临监管体制改革、监管政策不断调整、医保控费措施加强、国际贸易摩擦加剧的诸多挑战情况下，仍然在很多方面取得了新的发展成就，呈现出快速健康发展的良好势头。如医疗器械产品质量不断提高，创新医疗器械不断涌现，医疗器械进出口贸易持续增长，人民群众用械安全有效得到了更好的保障。

医疗器械生产经营企业数量、主营收入、研发投入、创新产品、进出口总额等都保持了较快增长势头。截至2018年，医疗器械生产企业已达17000多家，其中无源医疗器械生产企业约占总数的一半。据统计，2018年仅从事无菌医疗器械经营的有42700多家，从事植入性医疗器械经营的13300多家。我国医疗器械进出口贸易保持10年持续增长势头，2018年进出口总额457.96亿元，较上年增长8.9%（表1-3）。其中无源医疗器械的出口总额约占出口总额50%，医用耗材、医用敷料、保健康复器械等中低端产品占比较大；无源医疗器械的进口额约占进口总额40%，外科植入类、医用敷料产品增幅较大。

表1-3　2018年我国医疗器械对外贸易结构情况

商品名称	出口额（亿美元）	同比增长（亿美元）	进口额（亿美元）	同比增长（%）
医用敷料	26.08	7.48	4.35	18.24
医用耗材	39.37	9.14	35.35	20.7
诊疗设备	100.77	7.18	151.26	3.39
保健康复	60.19	10.79	21.65	31.15
口腔设材	9.89	18.50	9.03	16.15
医疗器械合计	236.30	8.88	221.65	8.89

（二）我国无源医疗器械发展趋势

近年来，我国出台了一系列鼓励医疗器械创新的政策，进一步完善医疗器械的有关法律法规和政策，政策和制度的完善必然促进我国医疗器械行业健康稳步发展。我国从事医疗器械研发的人才队伍将不断发展壮大，创新研发能力会不断提高。医疗器械行业已经具备许多加快发展的有利条件，定能继续保持快速发展的良好势头，未来十年将是我国医疗器械行业快速发展的"黄金时期"，中国必将成为全球最大的医疗器械市场。

生物医用材料将影响和决定无源医疗器械的发展，人口老龄化进程的加速和大众对健康长寿的追求，激发了人类对医疗器械的需求。随着需求的急剧增加和高新技术的不断发展，国家把医疗器械创新放到了前所未有的高度，"产品创新、模式创新、监管创新"成为新时期行业发展的新特点、新趋势。现有生物医用材料的性能发掘与改进，新型材料的开发与运用都是目前制造商大力投入开发的重点，生物医用材料的发展必将日新月异。随着新材料、新工艺和新技术的不断推陈出新，相信在不久的将来各类具有优良性能的生物医用材料将在医疗领域得到了更好的运用，创造更多的医疗奇迹。

第二节　无源医疗器械检测

一、概述

近年来，随着材料和加工工艺的发展和进步，无源医疗器械在医疗救治过程中的地位越来越高，也越来越受到人们的关注和重视。无源医疗器械由于其自身可能在设计、制造过程中存在缺陷，尚有无法消除或未能识别的风险，加之日常维护和保养的不充分，有时甚至还存在使用说明书不完整等情况，这些都有可能在使用过程中造成一些不可预料的事件，导致患者或医护人员受到损伤。要保障无源医疗器械使用的安全、有效就必须根据其风险程度采取不同措施对其进行控制和管理。

医疗器械检测是制造商进行质量管理与控制的重要手段之一，检测可能包括原材料检测、半成品检测以及成品检测。这些检测环节对确保安全生产、保证产品质量、提高产品合格率、降低能源和原材料消耗、提高劳动生产率和经济效益等均起到了很好的促进作用。产品出厂检测从一定程度上确保了医疗器械质量合格、指标符合，这也是医疗器械产品放行的强制要求，为产品应用的安全有效提供了保障。

PPT

微课

医药大学堂
www.yiyaodxt.com

　　产品检测也是医疗器械质量监督和科学管理不可缺少的手段。首先监管部门在医疗器械产品注册时要求提交第三方资质机构出具的全性能检测报告，检测合格的方有可能获准注册。其次相关监管部门在日常监管过程中，会定期针对不同类别的产品开展监督抽验，抽取已上市产品进行质量检测，发现不合格即向社会公告。综上所述，可以得知无源医疗器械质量检测是监督管理部门开展监管工作非常重要的技术支撑。

　　无源医疗器械检测技术有别于一般的检测技术，其不仅仅是要确定被测量与显示量两者间的定性、定量关系，还必须考虑无源医疗器械独特的使用环境、作用方式等，以确定是否满足安全性、有效性要求。

二、检测内容

　　安全、有效是医疗器械的基本质量要求，不同的无源医疗器械产品性能指标的具体要求又是不一样的。通常无源医疗器械检测主要考虑以下三大方面的性能要求。

（一）物理性能

　　1.物理机械性能　人体是一个复杂的生命体，各组织以及器官间普遍存在许多动态的相互作用。材料的强度、透明度、耐疲劳性等物理性能不仅影响产品的有效性，而且也关系到产品的安全性。植入体内的材料应考虑在应力作用下的性质，如人工关节要有良好的力学性能；人工心脏材料要有良好的耐疲劳性能；义齿要有良好的耐磨性、热膨胀系数、低导热性、高硬度等性能；承力的材料还应具有良好的生物力学相容性，即材料的弹性模量，应尽量接近于修复部位的组织。

　　2.成型加工性能　材料必须通过各种专门的加工技术制成所要求的形状、尺寸的修补件和人工器官，才能付诸于临床应用。有些材料尽管性能不错，但由于加工成型困难而限制了它的使用，更有甚者，会因加工处理不当而导致预期功能无法实现。因此，易于加工是对生物医用材料的一项基本要求，同时加工工艺，包括灭菌封装工艺，常常影响器械的生物安全性和可靠性，必须给予相当的关注。

（二）化学性能

　　作为与人体接触的生物医用材料，其组成、结构及化学性质必须满足严格的要求，才能保证材料的安全可靠性。

　　1.有害溶出物　特别是渗出物及残留的降解产物必须能为人体可接收或容忍。材料在合成以及加工过程中很难避免低分子物质渗入及可降解生物材料分解析出降解产物。材料植入体内后的许多生理反应大都与溶出物、渗出物和降解产物的存在有关。因此，对于材料的有害溶出物、可渗出物、降解产物及其残留量要进行限定，必须将其含量控制在人体可接受范围，从而保证产品使用的安全性，如材料中的残留单体、有害金属元素、各种添加剂应严加控制。一般控制指标有pH、重金属含量、氧化还原物、蒸发残留量等，但有些残留物及降解产物无法确定和控制，只有通过生物学评价才能进一步确认这些医疗器械是否安全。

　　2.消毒灭菌性能　很多生物医用材料及其制品，必须在无菌状态下方可使用。由于生物医用材料及其制品种类繁多，需要的灭菌方式和条件各异，必须根据不同的材料选择不同的灭菌方法，从而达到安全使用的目的。常用消毒灭菌的方法有高温蒸汽灭菌、化学消毒灭菌和辐照灭菌。在选择灭菌方法时一方面应考虑产品是否耐受该方法，另一方面要考虑该种方法是否可以达到很好的灭菌效果。

（三）生物性能

生物性能是生物医用材料极其重要的性能，是其区别于其他材料的标志，是生物医用材料能否安全使用的关键。生物性能又可分为血液相容性和组织相容性。血液相容性是指通过材料与心血管系统、与血液直接接触，考察材料与血液的相互作用。组织相容性是指通过材料与心血管系统以外的组织或器官接触，考究材料与组织的相互作用。因此，产品在设计阶段，就要求对其所使用的原材料及制成的器械进行生物性能评价。通过对材料的筛选使用，避免材料对人体造成包括生物污染、毒性、致癌、致畸、致敏、刺激等在内的生物学危害。

生物医用材料的生物相容性评价方法包括致敏试验、刺激试验、热原试验、遗传毒性试验、致癌试验、植入试验、降解试验、细胞毒性试验、生殖和发育毒性试验、急性全身毒性试验、亚急性全身毒性试验、慢性全身毒性试验、免疫毒性试验等。

三、检测要求

（一）检测人员素养

检测人员在质量检测过程中起着重要的决定性作用。按照《医疗器械生产质量管理规范》的要求，制造商应当具有相应的质量检验机构或专职检验人员，其数量、专业知识水平（包括学历要求）、工作技能、工作经验以及健康水平等均应当与所开展的检测活动的要求相适应。从事医疗器械检测的人员应当熟悉医疗器械相关法律法规，具有较强的法律意识和质量责任感。从技术方面来说，经过相关培训和考核后，检测人员应当熟悉标准和产品技术要求，掌握检测方法和原理，具备检测操作技能，懂得质量控制要求、实验室安全与防护等。从事国家规定的特定检测活动的人员应当取得相关法律法规所规定的资格。

（二）检测条件保障

开展无源医疗器械产品检测应保证检测条件得到满足。按照国标、行标或产品技术要求的相关规定，产品在进行检测过程中有一定的环境要求，还需要借助一定的设备和工具。要保证医疗器械产品检测结果的真实、准确，就需严格控制检测环境，正确使用工具，按照检测相关规程规范进行操作。

（1）应该保证检测环境条件得到满足　检测环境既指厂房大环境，需要考虑有恰当的选址、合理的布局与配套硬件设施的建设等。也指具体检测点的小环境，如检测时的温度、湿度、照度等方面的要求如何通过措施予以保障。有特殊环境条件要求的，如洁净度要求，还应该按照相关要求予以满足，否则测得的数据是不符合要求的，不能用于对产品是否满足要求进行判定。

（2）应保证检测设备条件得到满足　开展无源医疗器械检测应配备相应的仪器设备和工艺装备，确保能满足强制性标准以及经注册或者备案的产品技术要求中所规定的性能指标检测的需要。应当建立相应管理制度，规定检验仪器和设备的采购、使用、校准、日常维护与维修等要求，确保检测设备的可靠性，采取措施防止检测结果失准。制造商在日常生产过程中，应严格按照相应管理制度管理和使用检测设备，建立检测仪器和设备的使用记录，记录内容应当包括使用、校准、维护和维修等情况。

（三）检测过程要求

开展无源医疗器械检测应明确检测过程的要求并形成相应的文件，适当开展培训以确保相关人员理解检测要求并能遵照执行，同时还应对检测过程采取相应的监视和控制措施，并保持相关记录，这样才能确保检测结果的准确性、可靠性和追溯性。

（1）应选用适当的方法和程序开展检测活动，明确该方法或程序的具体执行方案，确保所选择方法能够得到正确的运用。如果采用非标准的方法或定制方法，应对检测方法进行验证和确认，并保存相关记录。

（2）应该严格按照相关执行方案实施检测过程，并如实进行记录，保证质量检测活动的可追溯性。应记录每一项活动的准备、过程、结果、报告等相关信息，以便在可能时识别影响测量结果及其不确定性的因素，并能在尽可能接近原条件的情况下重复该试验活动。记录应保证充分性和必要性，真实性和准确性，规范化和标准化。

（3）质量体系中还应完善对检测过程的监督程序，以确保及时发现检测过程中的不当操作并及时处理，避免不符合操作对检测结果造成影响。确保检测工作独立、合规地有序开展，从而保证检测结果的可用性和可靠性。

 岗位对接

本章介绍从事无源医疗器械相关工作岗位应当熟悉的内容。

本章对应无源医疗器械产品全生命周期各相关岗位。

上述相关岗位的从业人员需掌握无源医疗器械基本常识，保持科学、严谨的职业态度，建立法律和规范意识。

 习 题

一、不定项选择题

1.下列产品属于无源医疗器械的是（　　）。

A.CT机 　　　　　　　　　　　　　B.B超机

C.磁共振成像系统 　　　　　　　　D.创可贴

E.诊断监护设备

2.按照结构特征，把医疗器械分为（　　）。

A.有源医疗器械和无源医疗器械

B.电子类医疗器械和材料类医疗器械

C.可重复使用医疗器械和一次性使用医疗器械

D.大型医疗器械和小型医疗器械

3.无源医疗器械检测主要考虑（　　）。

A.物理性能 　　　　　　　　　　　B.化学性能

C.机械性能 　　　　　　　　　　　D.生物性能

E.加工性能

4.以下产品属于第三类无源医疗器械的是（　　）。

A.心脏起搏器　　B.血管支架　　C.人工晶状体　　D.体温计

5.无源医疗器械按使用时限可分为（　　）。

A.暂时使用　　B.短期使用　　C.长期使用　　D.永久使用

6.无源医疗器械按接触部位可分为（　　）。

    A.皮肤/腔道　　　　　　　　B.体内/体外

    C.组织/创伤　　　　　　　　D.血循环/中枢神经系统

二、简答题

1.开展无源医疗器械检测有何意义？

2.请展望10年后无源医疗器械发展情况。

第二章　物理性能检测

第一节　外观检测

一、特点

　　医疗器械的外观检测一般具有直观性和便捷性的特点，因而往往放在检测程序的第一步进行，可以快速识别器械及材料样品的外观缺陷，如凹坑、裂纹、翘曲、缝隙、污渍、沙粒、毛刺、气泡、色度变化、透明度不均等。对于不同的器械或部件，其外观检测有不同的关注点，需重点检测与器械安全性和有效性直接相关的指标。如血液接触材料的色泽反常，说明所用材料的纯度级别不够，可以作为不合格品的直接判断依据。

二、内容

　　对于不同种类的医疗器械，其外观检测的内容和关注点不尽相同，通常包含以下几方面的内容。

　　（1）外包装是否完好，包装材料是否满足密封、透气、可灭菌等相关要求。

　　（2）产品名称、制造商名称、商标、产品编号、生产日期等信息是否齐全并标识清晰可辨。

　　（3）器件表面是否有涂层脱落、划痕、毛边等缺陷。

　　（4）观察窗是否无色透明，是否有影响观察的缺陷。

　　（5）刻度标识是否正确、清晰。

　　（6）旋转、折叠、连接、开合等部位是否有异响。

PPT

微课

医药大学堂
www.yiyaodxt.com

三、方法

一般直接采用肉眼识别的方法，直观观察产品的外在信息，这种方法可以简单、快速、有效地对外观进行检测，能够适用于绝大部分医疗器械产品，投入小且灵活，不受检测地点、设备、环境等的限制。但是这种方式有可能因人为因素导致衡量标准不统一，而且由于长时间检测导致视觉疲劳也会出现误判的情况。随着计算机技术以及光、机、电等技术的深度配合，已经开发出外观检测系统，相对于肉眼识别，更加准确、快速，并且能够批量检测，可以保持检测结果的稳定性。但是由于医疗器械产品种类多样、外观繁杂，新开发的外观检测系统判别依据尚未统一，目前国标中关于医疗器械外观的检测仍采用肉眼识别的方式。

第二节　尺寸检测

💬 **案例讨论**

案例　GB 8368—2018中规定瓶塞穿刺器手持位置直径要求为（5.6±0.1）mm，小张选用50分度游标卡尺进行测量，最后读出的长度记为5.63mm。

讨论　1.小张选用50分度游标卡是否恰当？为什么？

　　　　2.小张的读数是否有效？为什么？

一、钢尺

（一）概述

钢尺是最简单的长度量具，钢尺按结构可分为两种：钢直尺和钢卷尺。

（1）钢直尺　规格：150mm、300mm、500mm、1000mm等；测量精度：0.5mm、1mm；用途：测量产品的尺寸。

（2）钢卷尺　规格：2m、3m、5m…20m、30m、50m等；测量精度：0.5mm、1mm；用途：测量产品的尺寸及距离。

（二）使用方法

1.钢直尺的使用　钢直尺用于测量零件的长度尺寸，它的测量结果不太准确。这是由于钢直尺的刻线间距为1mm，而刻线本身的宽度就有0.1~0.2mm，所以测量时读数误差比较大，只能读出毫米数，即它的最小读数值为1mm，比1mm小的数值，只能估计而得。

2.钢卷尺的使用

（1）用卷尺测量时，将尺钩挂在被测件边缘即可。使用时不要前倾后仰、左右歪斜。如需测量直径但又无法直接测量时，可通过测量圆周长来求得直径。

（2）用钢卷尺测量时，施以适当拉力，拉尺力以钢卷尺检定拉力或尺上标定拉力为准，直接读取测量终点所对应的尺上刻度。

二、游标卡尺

（一）概述

游标卡尺作为一种被广泛使用的高精度测量工具，可直接用来测量精度要求较高的工件，如工件的长度、内径、外径以及深度等，应用范围很广。

　　游标卡尺由主尺和副尺（又称游标）组成，如图2-1所示。主尺与固定卡脚制成一体，副尺与活动卡脚制成一体，能在主尺上滑动。游标卡尺的主尺和游标上有两副活动量爪，分别是内测量爪和外测量爪，内测量爪通常用来测量内径，外测量爪通常用来测量长度和外径。

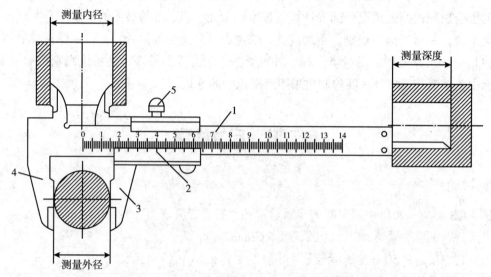

1.主尺；2.游标；3.活动卡脚；4.固定卡脚；5.固定螺丝

图2-1　游标卡尺的结构

　　主尺一般以毫米为单位，而游标上则有10、20或50个分格，根据游标分格的不同，游标卡尺可分为十分度游标卡尺、二十分度游标卡尺、五十分度游标卡尺，其精度分别为0.1mm、0.05mm、0.02mm。

（二）使用方法

　　游标卡尺是利用主尺刻度间距与副尺刻度间距读数的。如图2-2所示，以50分度游标卡尺为例，主尺的刻度间距为1mm，当两量爪合并时，主尺上49mm刚好等于副尺上50格，副尺每格0.98mm。主尺与副尺的刻度间相关为1-0.98=0.02mm，因此它的测量精度为0.02mm（副尺上直接用数字刻出）。

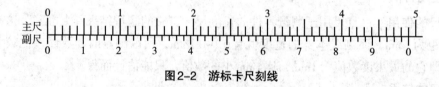

图2-2　游标卡尺刻线

　　（1）先读整数　看游标零线的左边，观察尺身上最靠近的一条刻线的数值，读出被测尺寸的整数部分。

　　（2）再读小数　看游标零线的右边，数出游标第几条刻线与尺身的数值刻线对齐，读出被测尺寸的小数部分（即游标读数值乘其对齐刻线的顺序数）。

　　（3）得出被测尺寸　把上面两次读数的整数部分和小数部分相加，就是卡尺的所测尺寸。

　　如图2-3所示，下面以0.02mm游标卡尺为例进行介绍。

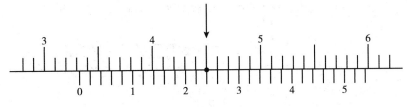

图2-3 游标卡尺读数

a.在主尺上读出副尺零线以左的刻度，该值就是最后读数的整数部分：33mm。

b.副尺上一定有一条线与主尺的刻线对齐，在刻尺上读出该刻线距副尺的格数为12格，将其与刻度间距0.02mm相乘，就得到最后读数的小数部分：12×0.02mm=0.24mm。或者直接在副尺上读出该刻线的读数：0.24mm。

c.将所得到的整数和小数部分相加，就得到图2-3所示尺寸为33.24mm。

（三）注意事项

（1）测量前两个量爪紧密贴合时，应无明显的间隙，同时游标和主尺的零位刻线要相互对准，这个过程称为校对游标卡尺的零位。将量爪并拢，查看游标和主尺身的零刻度线是否对齐。如果对齐就可以进行测量，如没有对齐则要记取零误差。游标的零刻度线在尺身零刻度线右侧的叫正零误差，在尺身零刻度线左侧的叫负零误差（这种规定方法与数轴的规定一致，原点以右为正，原点以左为负）。

如有零误差，则一律用卡尺读数减去零误差（零误差为负，相当于加上相同大小的零误差），最终结果为：$L=$整数部分+小数部分−零误差。如果需测量几次取平均值，不需每次都减去零误差，只要从最后结果减去零误差即可。

（2）移动尺框时，活动要自如，不应过松或过紧，更不能有晃动现象。用固定螺钉固定尺框时，卡尺的读数不应有所改变。在移动尺框时，不要忘记松开固定螺钉，亦不宜过松以免螺钉掉落。测量时，右手拿住尺身，大拇指移动游标，左手拿待测外径（或内径）的物体，使待测物位于外测量爪之间，当与量爪紧紧相贴时，即可读数。

当测量零件的外尺寸时，绝不可把卡尺的两个量爪调节到接近甚至小于所测尺寸，也不可把卡尺强制地卡到零件上去，如果不按要求做会使量爪变形或使测量面过早磨损，使卡尺失去应有的精度。

（3）为了获得正确的测量结果，可以多测量几次。即在零件的同一截面的不同方向上进行测量。对于较长零件，则应当在全长的多个部位进行测量。

三、外径千分尺

（一）概述

千分尺按用途和结构可分为：外径千分尺、内径千分尺、深度千分尺、螺纹千分尺、公法线千分尺、多测头千分尺等。一般情况下，外径千分尺常简称为千分尺，下面以使用最为广泛的外径千分尺进行介绍。

外径千分尺是比游标卡尺更精密的长度测量仪器，它的分度值是0.01mm，因此可准确到0.01mm，由于还能再估读一位数字，读到毫米的千分位，所以称之为千分尺。它的规格有：0~25mm、25~50mm、50~75mm、75~100mm等。用途为检验外径、厚度等。

下图中即为外径千分尺，结构如图2-4所示。

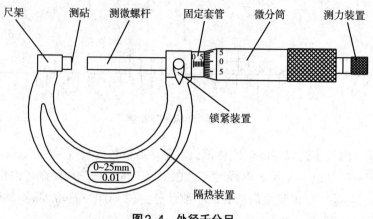

图2-4 外径千分尺

（二）使用方法

（1）根据要求选择适当量程的千分尺。

（2）清洁千分尺的尺身和测砧。

（3）将被测件放到两工作面之间，调微分筒，使工作面快接触到被测件后，调测力装置，直到听到三声"咔、咔、咔"时停止。

（4）测量完毕后，转动微分筒使两测量面与被测工件表面脱离，不要直接拉出或转动测力装置退出。

（5）使用完后，将其擦拭干净并放回量具盒内。

被测值的整数部分在主刻度上读，以微分筒（辅刻度）端面所处在主刻度的上刻线位置来确定。小数部分注意微分筒和固定套管（主刻度）的下刻线位置。当下刻线出现时，小数值=0.5+微分筒上读数；当下刻线未出现时，小数值=微分筒上读数（图2-5）。

整个被测值=整数值+小数值。

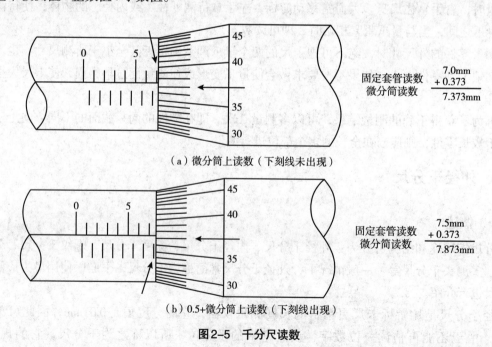

（a）微分筒上读数（下刻线未出现）

固定套管读数 7.0mm
微分筒读数 + 0.373
　　　　　　 7.373mm

（b）0.5+微分筒上读数（下刻线出现）

固定套管读数 7.5mm
微分筒读数 + 0.373
　　　　　　 7.873mm

图2-5 千分尺读数

（三）注意事项

（1）千分尺使用前应校对零位，测量范围大于25mm的，应用校对用的量杆夹校对其零位。

（2）测量长度时，若用量块为标准比较测量，可提高测量的准确度。

📖 **拓展阅读**

内径千分尺

内径千分尺结构与外径千分尺结构基本相似，不同之处仅为测砧部分，内径千分尺测砧一般为圆盘形、半圆盘形或圆盘的一部分。圆盘的直径通常为25mm或30mm。测量面的平面度、平行度和表面粗糙度要求较高，使用或清洗测砧时应特别注意，避免由于测力过大或不均匀而使圆盘变形。

四、测量投影仪

（一）概述

数字式测量投影仪又名光学投影仪、轮廓投影仪、光学投影比较仪，是利用光学投射的原理，将被测工件的轮廓或表机投影至观察幕上，作测量或比对的一种集合光、机、电、计算器一体化的精密高效光学测量仪器，适用于精密工业二维尺寸测量，用于检测各种形状复杂工件的轮廓和表面形状，如样板、冲压件、凸轮、螺纹、齿轮、成形锉刀、丝攻等各种刀具、工具和零件等，其被广泛地应用于机械、仪表、电子、轻工业等行业以及院校、研究所以及计量部门的计量室、实验室和生产车间（图2-6）。

图2-6　测量投影仪

测量投影仪品类繁多，商业名称和俗称五花八门。

1.按成像方式分为两类　正像投影仪和反像投影仪。正像是通过对投影仪的认知对其加一个棱镜将其成像改为正像，工件与图像同步；反像利用了投影仪光学成像原理，工件与图像成反向。常用的为反像投影仪，为方便测量，有时特意加上正像系统把反像变成正像，但这无疑会增加成本，而且测量精度也会随之有所降低。因此，若无绝对必需，选择反像投影仪是正确的选择。

2. 按投影方式分为两类 立式测量投影仪、卧式测量投影仪，如图 2-7、图 2-8 所示。

图 2-7 立式测量投影仪　　　　　　　　图 2-8 卧式测量投影仪

（1）立式测量投影仪 如图 2-9 所示，主要由透射照明主体、仪器底座、工作台和投影箱四大部分构成。

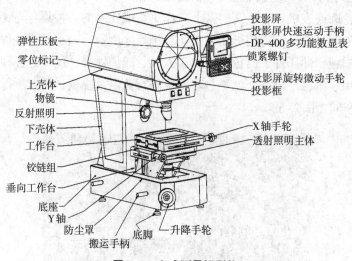

图 2-9 立式测量投影仪

1）透射照明主体 包括照明光源、聚光源、滤色片、冷却风扇。

2）仪器底座 包括垂向光栅尺、升降传动系统、反射照明光源、开关电源、控制电路板和垂向导轨基座及导轨副。

3）工作台 包括上、中、下层工作台，X 向摩擦传动机构，X 向光栅尺，Y 向摩擦传动机构。

4）投影箱 包括投影屏组、反光镜、数显表多功能数据处理器、物镜、控制面板、反光镜、电源和其他转接板。

（2）卧式测量投影仪 主要由透射照明主体、仪器底座、工作台和投影箱四大部分构成（图 2-10）。

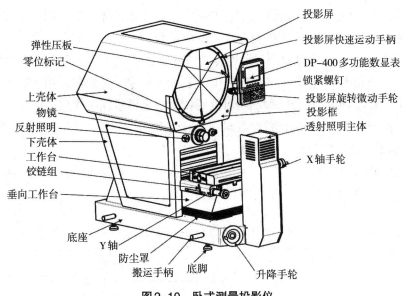

图2-10　卧式测量投影仪

1）透射照明主体　包括照明光源、聚光源、滤色片、冷却风扇。

2）仪器底座　包括垂向光栅尺、升降传动系统、反射照明光源、开关电源、控制电路板和垂向导轨基座及导轨副。

3）工作台　包括上、中、下层工作台，X向摩擦传动机构，X向光栅尺，Y向摩擦传动机构。

4）投影箱　包括投影屏组、反光镜、数显表多功能数据处理器、物镜、控制面板、反光镜、电源和其他转接板。

（二）使用方法

1.立式测量投影仪　这类投影仪的主光轴平行于影屏平面，多数投影仪均属此类，它们最适合测量平面型零件或体积较小的工件。

立式轮廓投影仪仪器工作原理如图2-11所示，被测工件Y置于工作台上，在透射或反射光照明下，它由物镜O放大成实像Y′，并经反射镜M反射于投影屏P的磨砂面上。

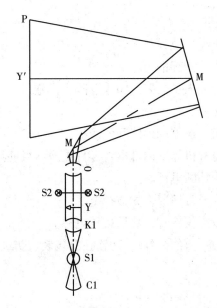

图2-11　立式轮廓投影仪仪器工作原理图

在投影屏上可用标准玻璃工作尺对 Y′ 进行测量，也可以用预先绘制好的标准放大图对它进行比较测量，测得数值除以物镜的放大倍数即工件的测量尺寸。还可以利用工作台上的数字测量系统对工件 Y 进行坐标测量，也可以利用投影屏旋转角度数显系统对工件的角度进行测量。

图 2-12 中 S1 为透射照明光源，2 个 S2 为用于反射照明的二支光导纤维，K1 为透射聚光镜，C1 为球面反射镜。视工件的性质，两种照明可分别使用，也可以同时使用。

2. 卧式测量投影仪　这类投影仪的主光轴垂直于投影屏平面，中型和大型投影仪多属此类，它们最适合测量轴类零件或体积较大的重型工件。

仪器工作原理如图 2-12 所示，被测工件 Y 置于工作台上，在透射或反射光照明下，它由物镜 O 成放大实像 Y′ 并经反射镜 M 反射于投影屏 P 的磨砂面上。

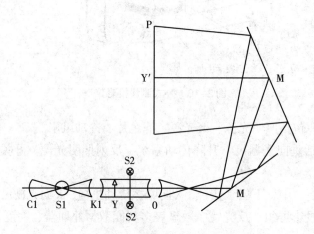

图 2-12　卧式轮廓投影仪仪器工作原理图

在投影屏上可用标准玻璃工作尺对 Y′ 进行测量，也可以用预先绘制好的标准放大图对它进行比较测量，测得数值除以物镜的放大倍数即工件的测量尺寸。还可以利用工作台上的数字测量系统对工件 Y 进行坐标测量，也可以利用投影屏旋转角度数显系统对工件的角度进行测量。

图 2-13 中 S1 为透射照明光源，2 个 S2 为用于反射照明的二支光导纤维，K1 为透射聚光镜，C1 为球面反射镜。视工件的性质，两种照明可分别使用，也可以同时使用。

（三）注意事项

（1）尽量使用投影仪原装电缆、电线。

（2）投影仪使用时要远离水或潮湿的地方。

（3）注意防尘，可在咨询专业人员后采取防尘、除尘措施。

（4）投影仪使用中需远离热源。

（5）注意电源电压的标称值，机器的地线和电源极性。

（6）用户不可自行维修和打开机体，内部电缆零件更换尽量使用原配件。

（7）投影仪不使用时，必须切断电源。

（8）投影仪使用时，如发现异常情况，先拔掉电源。

（9）投影仪使用后，先使投影仪冷却，然后拔掉电源。

（10）机器的移动要十分注意，轻拿轻放，运输注意包装、防震。

PPT

第三节 力学性能检测

一、概述

材料的力学性能是指材料在外加载荷（外力）作用下，或载荷与环境因素（温度、介质和加载速度）联合作用下所表现出的行为，宏观上一般表现为材料的变形或断裂。

医疗器械产品所用的材料种类很多，不同的材料有不同的力学性能要求。金属材料力学性能指标通常包括：弹性变形、塑性变形、拉伸变形、超塑性、压缩、扭转、弯曲、硬度、断裂、冲击韧性、低温脆性、疲劳性能、蠕变性能、环境介质作用下金属的力学行为等。陶瓷材料的力学性能主要考量变形和断裂、强度、硬度和耐磨性、断裂韧性和增韧等。高分子材料关注其各形态下的变形、黏弹性、强度与断裂、疲劳强度等。复合材料较多关注断裂、冲击以及疲劳性能。本节主要介绍临床应用比较广泛的生物医用材料的几个常见力学性能指标的检测方法与要求。当实际工作中涉及具体的某一类材料及制品的力学性能指标时还应参考相关标准或资料获取更多指引。

二、金属材料维氏硬度检测

硬度是指材料局部抵抗硬物压入其表面的能力，固体对外界物体入侵的局部抵抗能力，是比较各种材料软硬的指标。可分为划痕硬度、压入硬度和回跳硬度三大类。刻划法测量硬度，硬度值表示金属抵抗表面局部破裂的能力。压入法（布氏、洛氏、维氏）测量硬度，硬度值表示材料表面抵抗另一物体压入时所引起的塑性变形的能力。回跳法（肖氏、里氏）测量硬度，硬度值代表金属弹性变形功能的大小。各种不同的测试方法有不同的适用范围，可结合表2-1根据实际需要进行选择。

表2-1 硬度测试方法优缺点

硬度测试方法	优缺点
HBW（Brinell 布氏）	压头和载荷较大，精度较高
HK（Knoop 努氏）	相对误差小，精度高，压痕浅，且压痕周围脆裂倾向小
HRA（Rockwell 洛氏）	操作简单迅速，精度不高
HRN（Rockwell 表面洛氏）	操作简单迅速，对工件损伤小
HV（Vickers 维氏）	精度高，适用范围广，测量效率较低
HS（Shore 肖氏）	仪器轻便，操作简单，测量迅速，残留压痕小
HL（里氏）	动态试验，弹性冲击，设备小巧轻便，操作简单

（一）检测原理

维氏硬度试验方法是英国史密斯（R.L.Smith）和塞德兰德（C.E.Sandland）于1925年提出的。英国的维克斯-阿姆斯特朗（Vickers-Armstrong）公司试制了第一台以此方法进行试验的硬度计，也因此该硬度测试被称为维氏硬度。和布氏、洛氏硬度试验相比，维氏硬度试验测量范围较宽，从较软材料到超硬材料，几乎涵盖各种材料。

维氏硬度测试原理：在规定的试验力作用下，如图2-13所示，将顶部两相对面夹角为136°的金刚石正四棱锥体压入试样表面，保持规定时间后，卸除试验力，测量试样表面压痕对角线长度。

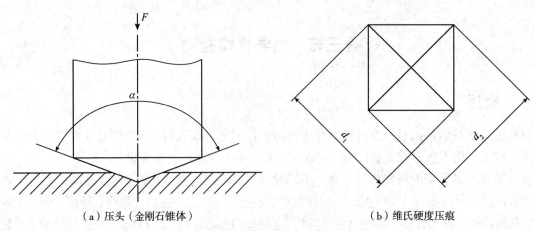

（a）压头（金刚石锥体）　　　　　　　　（b）维氏硬度压痕

图2-13　维氏硬度试验原理

维氏硬度值用试验力除以压痕表面积所得之商表示。压痕被视为具有正方形基面并与压头角度相同的理想形状，维氏硬度值按式（2-1）计算：

$$HV = 0.102 \frac{2F\sin\frac{136°}{2}}{d^2} \approx 0.1891\frac{F}{d^2} \qquad (2-1)$$

式中，HV 为维氏硬度；F 为试验力，N；d 为压痕两对角线长度的算术平均值，mm。

维氏硬度表示方法为：维氏硬度符号 HV 前面的数值为硬度值，后面为试验力值。维氏硬度试验时，试验力保持时间为 10~15 秒。如果选用这个时间以外的时间，在力值后面还需注上保持时间。例如：

640 HV 30——采用 294.2N（30kgf）的试验力，保持 10~15 秒时得到的硬度值为 640。

640 HV 30/20——采用 294.2N（30kgf）的试验力，保持 20 秒时得到的硬度值为 640。

（二）检测方法

因为金属材料在硬度、强度、稳定性等方面有无可替代的优势，医疗器械产品有相当多是选用金属材料进行加工制作的，如骨科植入物、口腔植入物等。针对材料做力学性能评价时，维氏硬度检测通常可参照 GB/T 4340.1—2009《金属材料　维氏硬度试验　第1部分：试验方法》的相关要求来进行。在进行硬度计选用时可参考 GB/T 4340.2—2012《金属材料　维氏硬度试验　第2部分：硬度计的检验与校准》的相关要求，确保设备符合要求。

（三）检测步骤

1.仪器状态的检查与确定　本试验选用硬度计进行操作，首先应检定仪器处于有效期内，实验量程、精密度都在待测参数要求范围之内。

2.测试前准备　室温调至（23±5）℃，试验台保持清洁且无其他污染物（氧化皮、油脂、灰尘等）。

3.供试样品准备　可使用（乙醇）棉球除去样品表面的油脂，不得用砂纸和其他方法对样品表面加工。

4.试检验　使用其他试样先试打，并调整好仪器设备的状态。

5.测定　采用标准或产品技术要求中规定的试验力在样品上均匀分布地打三个压痕。压痕之间和压痕距试样边缘距离应严格按国家标准相关要求执行。

6.数据记录与计算　计算三个压痕维氏硬度的平均值作为样品的维氏硬度。

三、高分子材料邵氏硬度检测

（一）检测原理

邵氏硬度试验是测量高分子材料、橡胶等材料硬度的试验方法之一。具有一定形状的钢制压针，在试验力作用下垂直压入试样表面，当压足表面与试样表面完全贴合时，压针尖端面相对压足平面有一定的伸出长度 L（即压针扎进被测物的深度），按照式（2-2）以 L 值的大小来表征邵氏硬度的大小，L 值越大，表示邵尔硬度越低，反之越高。邵氏硬度试验分为 A 型和 D 型，以 HA 和 HD 表示，其中 HA 为较软橡胶类硬度参数（采用35度锥角的压针），HD 为较硬的橡胶或塑料硬度参数（采用30度锥角的压针）。测量结果受压针的形状和施加的试验力影响，所以不同类型的硬度计的测量结果没有简单的对比关系。

$$HA（HD）= 100 - \frac{L}{0.025} \qquad （2-2）$$

式中，L 为压针尖端面相对压足平面深出的长度。

硬度计主要由读数度盘、压针、压足及对压针加力的弹簧组成。

（二）检测步骤

1.设备选择　测试人员可根据经验进行测试前的预判，一般手感弹性比较大或者说偏软的制品可以直接判断，用邵氏 A 硬度计进行测试。在 A 型硬度计测量值超出90时，改用 D 型硬度计；若 D 型硬度计测量值低于20时推荐使用 A 型硬度计，A 型硬度计硬度值低于10时不准确，不能使用。

2.试样准备　试样必须光滑平整，试样的厚度至少为6mm。若试样厚度小于6mm，可叠合使用，但不能多于三层。试样叠加时的测量结果与整块试样上的测量结果不能相比较。试样必须有足够的面积使测量位置距离边缘至少12mm。

3.测定　试样应放置在坚固的表面上，平稳地把压足压在试样上，压足应平行于试样表面，使压针垂直地压入试样。所加试验力应刚好使压足与试样完全接触，完全接触后1秒内读数。在试样不同位置测量5次，取中位值。

四、金属针管力学性能检测

金属针管在临床应用中使用非常广泛，常见产品有输液针、注射针、采血针、穿刺针、留置针等。国标 GB/T 18457—2015《制造医疗器械用不锈钢针管》对不锈钢针管的尺寸、规格、表面、清洁度、酸碱度、刚性、韧性、耐腐蚀性等指标作出了要求。以下主要介绍医用针管刚性和韧性这两个力学性能指标检测的相关要求。

（一）金属针管刚性检测

1.试验原理　刚性是指材料在静力负荷作用下，抵抗变形的能力。刚性试验是将一规定的力，施加到两端被支撑的针管规定跨距的中心，测量针管的挠度值。

2.试验仪器　刚性试验仪器能通过施力杆将最大至60N（精度为 ±0.01N）的力，向下垂直作用在针管上。施力推杆的下端是由一个互成60°夹角的楔形和曲率半径为1mm的圆柱面组成，其推杆宽度至少为5mm，如图2-14所示。仪器能以0.01mm的读数精度测量针管的位移。

3.试验步骤

（1）将针管置于刚性试验仪器上，按如下要求调整针管和刚性试验仪器：使跨距为表2-2中被测针管规格对应的数值；使施力推杆的端部表面位于跨距的中心；使针管与两个搁针架柱和施力推杆保持垂直同时使针管中心线与搁针架中心线重合。

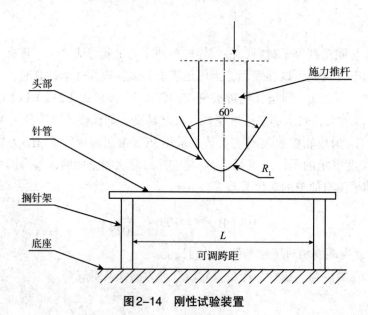

图2-14　刚性试验装置

表2-2　刚性试验条件

针管标称外径（规格）mm	正常壁			薄壁			超薄壁		
	跨距 mm ±0.1	荷载 N ±0.1	最大挠度 mm	跨距 mm ±0.1	荷载 N ±0.1	最大挠度 mm	跨距 mm ±0.1	荷载 N ±0.1	最大挠度 mm
0.20	5.0	1.2	0.35	5.0	1.2	0.40	–	–	–
0.23	5.0	2.0	0.35	5.0	2.0	0.40	–	–	–
0.25	5.0	2.8	0.35	5.0	2.8	0.40	–	–	–
0.30	5.0	5.5	0.40	5.0	5.5	0.45	–	–	–
0.33	5.0	5.5	0.32	5.0	5.5	0.37			
0.36	5.0	5.5	0.25	5.0	5.5	0.30			
0.40	9.5	5.5	0.60	7.5	5.5	0.65			
0.45	10.0	6.0	0.56	10.0	5.5	0.61	–	–	–
0.50	10.0	7.0	0.38	10.0	7.0	0.43	–	–	–
0.55	10.0	10.0	0.50	10.0	10.0	0.55	–	–	–
0.60	12.5	10.0	0.40	12.5	10.0	0.45	12.5	10.0	0.50
0.70	15.0	10.0	0.45	15.0	10.0	0.50	15.0	10.0	0.55
0.80	15.0	15.0	0.41	15.0	15.0	0.50	*	*	*
0.90	17.5	15.0	0.48	17.5	15.0	0.65	*	*	*
1.10	25.0	10.0	0.45	25.0	10.0	0.55	25.0	10.0	0.65
1.20	25.0	20.0	0.45	25.0	20.0	0.55	*	*	*
1.40	25.0	22.0	0.45	25.0	22.0	0.55	*	*	*
1.60	25.0	22.0	0.25	25.0	22.0	0.30	25.0	22.0	0.34
1.80	25.0	25.0	0.35	25.0	25.0	0.45	*	*	*
2.10	30.0	40.0	0.40	30.0	40.0	0.50	*	*	*
2.40	40.0	40.0	0.38	40.0	40.0	0.65	–	–	–
2.70	40.0	50.0	0.31	40.0	50.0	0.45	–	–	–
3.00	50.0	50.0	0.41	50.0	50.0	0.55	–	–	–
3.40	50.0	60.0	0.32	50.0	60.0	0.46	–	–	–

注：凡打*号者，由于这些规格无有效数据，故未给出刚性值。

（2）按表2-2中该针管公称规格相对应的力，以1mm/min的速率通过施力推杆对针管向下施加弯曲力。

（3）测量并记录施力点处的针管挠度，精确到0.01mm。

4.数据记录与结论 记录针管的规格及描述、针管的管壁类型（正常壁、薄壁、超薄壁）、测量的挠度值（单位为mm，精确到0.01mm）；并与表2-2中最大挠度限值进行比较，判定结果。实测挠度大于最大挠度，则说明刚性不符合要求。

（二）金属针管韧性检测

1.试验原理 韧性是指材料在塑性变形和破裂过程中吸收能量的能力。韧性越好，则发生脆性断裂的可能性越小。韧性试验是将针管的一端固定，从固定点到规定跨距的针管上施加一个力，首先向一个方向，然后向相反方向弯曲一个规定的角度，如此反复弯曲规定次数。

2.试验仪器 试验仪器比较简单，主要包括固定针管的夹具和施力的装置。夹具与针管接触的部位宜采用适宜的材料和结构以确保针管在试验过程中不被损坏。施力装置可以对针管施加一个足够大的力，使其能从正反方向在同一平面上弯曲25°、20°、15°等三种角度。

3.试验步骤 将针管一端牢固地固定在夹具上，按表2-3的规定调整被测针管所对应的跨距和选择以下弯曲角度：正常壁为25°、薄壁为20°、超薄壁为15°。然后在规定跨距位置施加一个足够大的力，以0.5Hz频率，双向施力20次，目力观察针管折断情况。

表2-3 韧性试验条件

针管标称外径（规格）	固定支点和荷载作用点之间的距离（±0.1）
0.20	6.0
0.23	6.0
0.25	8.0
0.30	8.0
0.33	8.0
0.36	8.0
0.40	8.0
0.45	10.0
0.50	10.0
0.55	12.5
0.60	15.0
0.70	17.5
0.80	20.0
0.90	25.0
1.10	27.5
1.20	30.0
1.40	35.0
1.60	40.0
1.80	50.0
2.10	55.0
2.40	65.0
2.70	75.0
3.00	85.0
3.40	95.0

4.数据记录与结论 记录针管的规格及描述，针管的管壁类型：正常壁、薄壁、超薄壁，观察针管折断情况，如果针管未折断则判定该针管韧性指标符合要求。

五、医用敷料力学性能检测

医用敷料的力学性能检测主要是对其断裂强度和断裂伸长率进行检测，包括试样在试验用标准大气中平衡或湿润两种状态的试验，可按GB/T 3923.1的规定执行。

（一）检测原理

对试样施加一定拉力，使其等速伸长，拉伸过程中强力－伸长率曲线如图2-15所示。

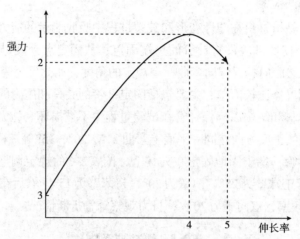

1.断裂强力；2.断脱强力；3.预张力；4.断裂伸长率；5.断脱伸长率

图2-15　强力－伸长率曲线示例图

对规定尺寸的试样，以恒定伸长速度拉伸直至断脱。记录断裂强力及断裂伸长率，如果需要，记录断脱强力及断脱伸长率。

（二）仪器

仪器包括等速伸长试验仪、裁剪试样和拆除纱线的器具、用于在水中浸湿试样的器具，符合GB/F 6682要求的三级水（用于浸湿试样）、非离子湿润剂。

等速伸长（CRE）试验仪是在整个试验过程中，夹持试样的夹持器一个固定，另一个以恒定速度运动，使试样的伸长与时间成正比的一种拉伸试验仪器，应具有以下特点。

（1）拉伸试验仪应具有指示或记录加于试样上使其拉伸直至断脱的最大力以及相应的试样伸长率的装置。在仪器满量程的任意点，指示或记录断裂力的误差应不超过 ±1%，指示或记录夹钳间距的误差应不超过 ±1mm。仪器精度应符合GB/T 16825.1规定的1级要求，如为2级精度应在试验报告中说明。

（2）如果使用数据采集电路和软件获得力和伸长率的数值，数据采集的频率应不小于8次/秒。

（3）仪器应能设定20mm/min和100mm/min的拉伸速度，精度为 ±10%。

（4）仪器应能设定100mm和200mm的隔距长度，精度为 ±1mm。

（5）仪器两夹钳的中心点应处于拉力轴线上，夹钳的钳口线应与拉力线垂直，夹持面应在同一平面上。夹钳面应能握持试样而不使其打滑，不剪切或破坏试样。夹钳面应平整光滑，当平面夹钳夹持试样不能防止试样滑移时，可使用有纹路的沟槽夹钳。在平面或有纹路的夹钳面上可附其他辅助材料（包括纸张、皮革、塑料和橡胶）提高试样夹持力。夹钳面宽度至少60mm，且应不小于试样宽度。

（三）调湿

预调湿、调湿和试验用大气应按GB/T 6529的规定执行。

1.预调湿　将样品放在相对湿度10.0%~25.0%、温度不超过50.0℃的大气条件下，使之接近平衡。

2.调湿　将样品放在标准大气即温度为20℃、相对湿度为65.0%下进行调湿。样品需在松弛状态下，至少调湿24小时。

对于湿润状态下的试验不要求预调湿和调湿。

（四）试样准备

1.取样要求　从每个样品上剪取两组试样，一组为纵向（或经向）试样，另一组为横向（或纬向）试样。

每组试样至少应包括5块试样，如果有更高精度的要求，应增加试样数量。纵向试样组不应在同一长度上取样，横向试样组不应在同一长度上取样。

2.试样尺寸　每块试样的有效宽度应为（50±0.5）mm（不包括毛边），其长度应能满足隔距长度200mm，如果试样的断裂伸长率超过75%，隔距长度可为100mm。试样也可采用其他宽度，应在试验报告中说明。

3.湿润试验的试样

（1）如果还需要测定织物湿态断裂强力，则剪取试样的长度应至少为测定干态断裂强力试样的2倍。给每条试样的两端编号、扯去边纱后，沿横向剪为两块，一块用于测定干态断裂强力，另一块用于测定湿态断裂强力，确保每对试样包含相同根数长度方向的纱线。根据经验或估计浸水后收缩较大的织物，测定湿态断裂强力的试样的长度应比测定干态断裂强力的试样长一些。

（2）湿润试验的试样应放在温度（20±2）℃的三级水中浸渍1小时以上，也可用每升含不超过1g非离子湿润剂的水溶液代替三级水。

（五）试验步骤

1.设定隔距长度　对于断裂伸长率小于或等于75%的织物，隔距长度为（200±1）mm；对于断裂伸长率大的织物，隔距长度为（100±1）mm。

2.设定拉伸速度　根据表2-4中的织物断裂伸长率，设定拉伸试验仪的拉伸速度或伸长速率。

表2-4　拉伸速度或伸长速率

隔距长度（mm）	织物断裂伸长率（%）	伸长速率（%/min）	拉伸速度（mm/min）
200	<8	10	20
200	≥8且≤75	50	100
100	>75	100	100

3.夹持试样

（1）夹持要求　试样可采用在预张力下夹持，或者采用松式夹持，即无张力夹持。当采用预张力夹持试样时，产生的伸长率应不大于2%。如果不能保证，则采用松式夹持。需在夹钳中心位置夹持试样，以保证拉力中心线通过夹钳的中点。

（2）松式夹持　若采用松式夹持方式夹持试样，在安装试样以及闭合夹钳的整个过程中其预张力应保持（3）中给出的预张力，且产生的伸长率不超过2%。

　　计算断裂伸长率所需的初始长度应为隔距长度与试样达到预张力的伸长之和。试样的伸长从强力–伸长曲线图上对应（3）中给出的预张力处测得。

　　如果使用电子装置记录伸长，应确保计算断裂伸长率时使用准确的初始长度。

　　（3）采用预张力夹持　根据试样的单位面积质量采用如下预张力：① ≤ 200g/m^2：2N；②>200g/m^{2}且≤ 500g/m^2：5N；③>500g/m^2：10N。

　　4.测定

　　（1）测定和记录　启动试验仪，使可移动的夹持器移动，拉伸试样至断脱。记录断裂强力，单位牛顿（N）；记录断裂伸长或断裂伸长率，单位为毫米（mm）或百分率（%）。如果需要，记录断脱强力、断脱伸长和断脱伸长率。每个方向至少试验5块试样。

　　（2）滑移　如果试样沿钳口线的滑移不对称或滑移量大于2mm，舍弃试验结果。

　　（3）钳口断裂　如果试样在距钳口线5mm以内断裂，则记为钳口断裂。当5块试样试验完毕，若钳口断裂的值大于最小的"正常"值，可以保留该值。如果小于最小的"正常"值，应舍弃该值，另加试验以得到5个"正常"断裂值。如果所有的试验结果都是钳口断裂，或得不到5个"正常"断裂值，应报告单值，且无需计算变异系数和置信区间。钳口断裂结果应在试验报告中说明。

　　（4）湿润试验　将试样从液体中取出，放在吸水纸上吸去多余的水分后，立即按1~4试验步骤进行试验。

（六）试验结果

　　（1）分别计算经纬向（或纵横向）的断裂强力平均值，如果需要，计算断脱强力平均值，单位为牛顿（N），计算结果按如下修约。①<100N：修约至1N；② ≥ 100N且<1000N：修约至10N；③ ≥ 1000N：修约至100N。

　　注：根据需要，计算结果可修约至0.1N或1N。

　　（2）按式（2-3）和式（2-5）计算每个试样的断裂伸长率，以百分率表示。如果需要，按式（2-4）和式（2-6）计算断脱伸长率。

　　预张力夹持试样：

$$E = \frac{\Delta L}{L_0} \times 100\% \tag{2-3}$$

$$E_r = \frac{\Delta L_t}{L_0} \times 100\% \tag{2-4}$$

　　松式夹持试样：

$$E = \frac{\Delta L' - L'_0}{L_0 + L'_0} \times 100\% \tag{2-5}$$

$$E_r = \frac{\Delta L'_t - L'_0}{L_0 + L'_0} \times 100\% \tag{2-6}$$

　　式中，E为断裂伸长率，%；ΔL为预张力夹持试样时的断裂伸长（图2-16），单位为毫米（mm）；L_0为隔距长度，单位为毫米（mm）；E_r为断脱伸长率，%；ΔL_t为预张力夹持试样时的断脱伸长（图2-16），单位为毫米（mm）；$\Delta L'$为松式夹持试样时的断裂伸长（图2-17），单位为毫米（mm）；L'_0为松式夹持试样达到规定预张力时的伸长，单位为毫米（mm）；$\Delta L'_t$为松式夹持试样时的断脱伸长（图2-17），单位为毫米（mm）。

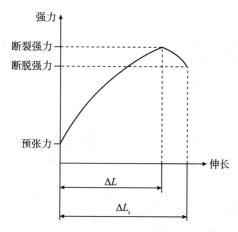
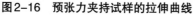

图2-16　预张力夹持试样的拉伸曲线

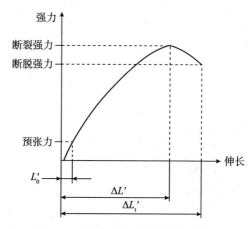

图2-17　松式夹持试样的拉伸曲线

分别计算经纬向的断裂伸长率平均值，如果需要，计算断脱伸长率平均值。计算结果按如下修约。①断裂伸长率<8%：修约至0.2%；②断裂伸长率≥8%且≤75%：修约至0.5%；③断裂伸长率>75%：修约至1%。

（3）如果需要，计算断裂强力和断裂伸长率的变异系数，修约至0.1%。

（4）如果需要，按式（2-7）确定断裂强力和断裂伸长率的95%置信区间，修约方法同平均值。

$$X - S \times \frac{t}{\sqrt{n}} < \mu < X + S \times \frac{t}{\sqrt{n}} \tag{2-7}$$

式中，μ为置信区间；X为平均值；S为标准差；t由t分布表查得，当$n=5$，置信度为95%时，$t=2.776$；n为试验次数。

六、医用橡胶材料力学性能检测

医用橡胶材料的力学性能检测主要是对其拉伸性能进行检测。以医用橡胶手套为例，其拉伸性能及老化前的300%定伸负荷、扯断力和拉断伸长率可按照GB/T 528进行测试，经（70±2）℃、（168±2）小时老化后扯断力和拉断伸长率可按GB/T 3512规定的方法进行测试。

（一）检测原理

在动夹持器或滑轮恒速移动的拉力试验机上，将哑铃状或环状标准试样进行拉伸。拉伸过程中各参数关系如图2-18所示。按要求记录试样在不断拉伸过程中和当其断裂时所需的力和伸长率的值。相关术语定义如下。

1.拉断伸长率（E_b）　试样断裂时的百分比伸长率。

2.定应力伸长率（E_s）　试样在给定拉伸应力下的伸长率。

3.定伸应力（S_c）　将试样的试验长度部分拉伸到给定伸长率所需的应力。

4.屈服点拉伸应力（S_y）　应力–应变曲线上出现的应变进一步增加而应力不再继续增加的第一个点对应的应力。

5.屈服点伸长率（E_y）　应力–应变曲线上出现的应变进一步增加而应力不再继续增加的第一个点对应的拉伸应变。

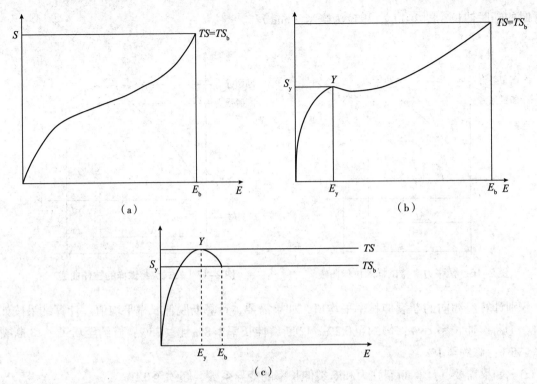

E.伸长率；S_y.屈服点拉伸应力；E_b.拉断伸长率；TS.拉伸强度；E_y.屈服点伸长率；

TS_b.拉断强度；S.应力；Y.屈服点

图2-18 拉伸术语图示

（二）试验准备

1.试样的制备 按照GB/T 2941规定的相应方法制备试样。

（1）哑铃状试样的形状 如图2-19所示。

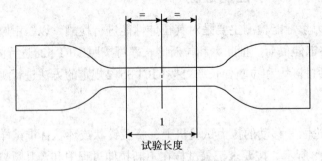

图2-19 哑铃状试样的形状

试样狭窄部分的标准厚度，1型、2型、3型和1A型为（2.0±0.2）mm，4型为（1.0±0.1）mm。试验长度应符合表2-5的要求。

表2-5 哑铃状试样的试验长度

试样类型	1型	1A型	2型	3型	4型
试验长度（mm）	25.0±0.5	20.0±0.5[a]	20.0±0.5	10.0±0.5	10.0±0.5

注：[a]试验长度不应超过试样狭窄部位的长度。

哑铃状试样的其他尺寸应符合相应的裁刀所给出的要求，见表2-6。

表2-6　哑铃状试样用裁刀尺寸

尺寸	1型	1A型	2型	3型	4型
总长度（最小）[a]（mm）	115	100	75	50	35
端部宽度（mm）	25.0 ± 1.0	25.0 ± 1.0	12.5 ± 1.0	8.5 ± 0.5	6.0 ± 0.5
狭窄部分长度（mm）	33.0 ± 2.0	20.0+2.0	25.0 ± 1.0	16.0 ± 1.0	12.0 ± 0.5
狭窄部分宽度（mm）	6.0+0.40	5.0 ± 0.1	4.0 ± 0.1	4.0 ± 0.1	2.0 ± 0.1
外侧过渡边半径（mm）	14.0 ± 1.0	11.0 ± 1.0	8.0 ± 0.5	7.5 ± 0.5	3.0 ± 0.1
内侧过渡边半径（mm）	25.0 ± 2.0	25.0 ± 2.0	12.5 ± 1.0	10.0 ± 0.5	3.0 ± 0.1

注：[a]为确保只有两端宽大部分与机器夹持器接触，增加总长度从而避免"肩部断裂"。

（2）环状试样　A型环状试样的内径为（44.6 ± 0.2）mm。轴向厚度中位数和径向宽度中位数均为（4.0 ± 0.2）mm。环上任一点的径向宽度与中位数的偏差不大于0.2mm，而环上任一点的轴向厚度与中位数的偏差应不大于2%。B型环状试样的内径为（8.0 ± 0.1）mm。轴向厚度中位数和径向宽度中位数均为（1.0 ± 0.1）mm。环上任一点的径向宽度与中位数的偏差不大于0.2mm。

2.样品的调节　按GB/T 528相关要求确定硫化与试验之间的时间间隔，并在此时间间隔内做好样品和试样的防护，使其不受可能导致其损坏的外来影响，例如，应避光、隔热。裁切试样前，应按GB/T 2941的规定，在标准实验室温度下进行调节。

3.试样的调节　所有试样按GB/T 2941的规定进行调节。如果试样的制备需要打磨，则打磨与试验之间的时间间隔应不少于16小时，但不应大于72小时。

对于在标准实验室温度下的试验，如果试样是从经调节的试验样品上裁取，无需做进一步的制备，则试样可直接进行试验。对需要进一步制备的试样，应使其在标准实验室温度下调节至少3小时。

对于在标准实验室温度以外的温度下的试验，试样应按GB/T 2941的规定在该试验温度下调节足够长时间，以保证试样达到充分平衡。

4.哑铃状试样的标记　按GB/T 528相关要求对哑铃状试样进行标记。如果使用非接触式伸长计，则应使用适当的打标器按表2-5规定的试验长度在哑铃状试样上标出两条基准标线。打标记时，试样不应发生变形。两条标记线应标在如图2-20所示的试样的狭窄部分，即与试样中心等距，并与其纵轴垂直。

5.试样的测量　按照GB/T 528相关要求分别对哑铃状试样和环状试样进行测量。

（1）哑铃状试样　用测厚计在试验长度的中部和两端测量厚度，应取3个测量值的中位数用于计算横截面面积。在任何一个哑铃状试样中，狭窄部分的三个厚度测量值都不应大于厚度中位数的2%。取裁刀狭窄部分刀刃间的距离作为试样的宽度，该距离应按GB/T 2941的规定进行测量，精确到0.05mm。

（2）环状试样　沿环状试样一周大致六等分处，分别测量径向宽度和轴向厚度。取六次测量的中位数用于计算横截面面积。内径测量应精确到0.1mm。按式（2-8）和式（2-9）计算内圆周长平均圆周长：

$$内圆周长 = \pi \times 内径 \tag{2-8}$$
$$平均圆周长 = \pi \times （内径 + 径向宽度） \tag{2-9}$$

（3）多组试样比较　如果两组试样（哑铃状和环状）进行比较，每组厚度的中位数应不超出两组厚度总中位数的7.5%。

（三）试验步骤

1.哑铃状试样 将试样对称地夹在拉力试验机的上、下夹持器上，使拉力均匀地分布在横截面上。根据需要，装配一个伸长测量装置。启动试验机，在整个试验过程中连续监测试验长度和力的变化，精度在±2%之内，按（五）的要求。

夹持器的移动速度：1型、2型和1A型为（500±50）mm/min，3型和4型为（200±20）mm/min。如果试样在狭窄部分以外断裂则舍弃该试验结果，并另取一试样进行重复试验。

注意，采取目测时，应避免视觉误差。在测拉断永久变形时，应将断裂后的试样放置3分钟，再把断裂的两部分吻合在一起，用精度为0.05mm的量具测量吻合后的两条平行标线间的距离。拉断永久变形按式（2-10）计算：

$$S_b = \frac{100(L_t - L_0)}{L_0}$$ （2-10）

式中，S_b为拉断永久变形，%；L_t为试样断裂后，放置3分钟对起来的标距，单位为毫米（mm）；L_0为初始试验长度，单位为毫米（mm）。

2.环状试样 将试样以张力最小的形式放在两个滑轮上。启动试验机，在整个试验过程中连续检测滑轮之间的距离和应力，精确到±2%，或按（五）的要求。

可动滑轮的标称移动速度：A型试样为（500±50）mm/min，B型试样应为（100±10）mm/min。

（四）试验温度

试验通常应在GB/T 2941中规定的一种标准实验室温度下进行。当要求采用其他温度时，应从GB/T 2941规定的推荐表中选择。进行对比试验时，任何一个试验或一批试验都应采用同一温度。

（五）试验结果计算

按照GB/T 528相关公式进行计算。

1.哑铃状试样

（1）拉伸强度 TS 按式（2-11）计算，以MPa表示：

$$TS = \frac{F_m}{W_t}$$ （2-11）

（2）断裂拉伸强度 TS_b 按式（2-12）计算，以MPa表示：

$$TS_b = \frac{F_b}{W_t}$$ （2-12）

（3）拉断伸长率 E_b 按式（2-13）计算，以%表示：

$$E_b = \frac{100(L_b - L_0)}{L_0}$$ （2-13）

（4）定伸应力 S_e 按式（2-14）计算，以MPa表示：

$$S_e = \frac{F_e}{W_t}$$ （2-14）

（5）定应力伸长率 E_s 按式（2-15）计算，以%表示：

$$E_s = \frac{100(L_s - L_0)}{L_0}$$ （2-15）

（6）所需应力对应的力值 F_e 按式（2-16）计算，以N表示：

$$F_e = S_e W_t$$ （2-16）

（7）屈服点拉伸应力 S_y　按式（2-17）计算，以 MPa 表示：

$$S_y = \frac{F_y}{W_t} \tag{2-17}$$

（8）屈服点伸长率 E_y　按式（2-18）计算，以% 表示：

$$E_y = \frac{100(L_y - L_0)}{L_0} \tag{2-18}$$

式（2-11）至式（2-18）中所使用的符号意义如下：F_b 为断裂时记录的力，单位为牛（N）；F_e 为给定应力时记录的力，单位为牛（N）；F_m 为记录的最大力，单位为牛（N）；F_y 为屈服点时记录的力，单位为牛（N）；L_0 为初始试验长度，单位为毫米（mm）；L_b 为断裂时的试验长度，单位为毫米（mm）；L_s 为定应力时的试验长度，单位为毫米（mm）；L_y 为屈服时的试验长度，单位为毫米（mm）；S_e 为所需应力，单位为兆帕（MPa）；t 为试验长度部分厚度，单位为毫米（mm）；W 为裁刀狭窄部分的宽度，单位为毫米（mm）。

2. 环状试样

（1）拉伸强度 TS　按式（2-19）计算，以 MPa 表示：

$$TS = \frac{F_m}{2W_t} \tag{2-19}$$

（2）断裂拉伸强度 TS_b　按式（2-20）计算，以 MPa 表示：

$$TS_b = \frac{F_b}{2W_t} \tag{2-20}$$

（3）拉断伸长率 E_b　按式（2-21）计算，以% 表示：

$$E_b = \frac{100(\pi d + 2L_b - C_i)}{C_i} \tag{2-21}$$

（4）定伸应力 S_e　按式（2-22）计算，以 MPa 表示：

$$S_e = \frac{F_e}{2W_t} \tag{2-22}$$

（5）给定伸长率对应于滑轮中心距 L_e　按式（2-23）计算，以 mm 表示：

$$L_e = \frac{C_m E_s}{200} + \frac{C_i - \pi d}{2} \tag{2-23}$$

（6）定应力伸长率 E_s　按式（2-24）计算，以% 表示：

$$E_s = \frac{100(\pi d + 2L_s - C_i)}{C_m} \tag{2-24}$$

（7）所需应力对应的力值 F_e　按式（2-25）计算，以 N 表示：

$$F_e = 2S_e W_t \tag{2-25}$$

（8）屈服点拉伸应力 S_y　按式（2-26）计算，以 MPa 表示：

$$S_y = \frac{F_y}{2W_t} \tag{2-26}$$

（9）屈服点伸长率 E_y　按式（2-27）计算，以% 表示：

$$E_y = \frac{100(\pi d + 2L_y - C_i)}{C_m} \tag{2-27}$$

式（2-19）至式（2-27）中所使用的符号意义如下：C_i 为环状试样的初始内周长，单位为毫米（mm）；C_m 为环状试样的初始平均圆周长，单位为毫米（mm）；d 为滑轮的直径，单位为毫米（mm）；E_s 为定应力伸长率，%；F_b 为试样断裂时记录的力，单位为牛（N）；F_e 为定应力对应的力值，单位为牛（N）；F_m 为记录的最大力，单位为牛（N）；F_y 为屈服点时记录的力，单位为牛（N）；L_0 为初始试验长度，单位为毫米（mm）；L_b 为试样断裂时两滑轮的中心距，单位为毫米

（mm）；L_s 为给定应力时两滑轮的中心距，单位为毫米（mm）；L_y 为屈服点时两滑轮的中心距，单位为毫米（mm）；S_e 为定伸应力，单位为兆帕（MPa）；t 为环状试样的轴向厚度，单位为毫米（mm）；W 为环状试样的径向宽度，单位为毫米（mm）。

如果在同一试样上测定几种拉伸应力-应变性能时，则每种试验数据可视为独立得到的，试验结果按规定分别予以计算。

在所有情况下，应报告每一性能的中位数。

（六）试验报告

试验报告应包括以下内容：①标准/技术要求编号；②样品和试样的说明；③试验说明；④试验结果，即按（五）计算所测定的性能的中位数。

七、医用高分子材料力学性能检测

以高分子材料为原料的医疗器械产品，主要测试样块（条）的峰值拉力大小来考量其力学性能指标。以血管内导管为例，其峰值拉力大小可按 YY 0285.1 进行测试。

（一）检测原理

选定导管试验段或整段导管，使各管状部分、导管座或连接器与管路之间的每个连接处及各管状部分之间的连接处都被测试，向各试验段施加一拉力直到管路断裂或连接处分离。每一试验段的峰值拉力应符合表2-7的规定。检测水合性导管时，应考虑水合前和水合后的状态，报告最差结果。

表2-7　导管试验段峰值拉力

试验段管状部分最小外径（mm）	最小峰值拉力（N）
≥0.55~<0.75	3
≥0.75~<1.15	5
≥1.15~<1.85	10
≥1.85	15

注：本部分未规定外径（水合血管内导管水合前的外径）小于0.55mm的导管或导管末端头端及其管身连接处的峰值拉力。制造商宜依据风险分析对这些未规定的参数给出限定值。

（二）检测仪器

拉力试验仪，能施加一大于15N的力。

（三）试验步骤

1.按制造商的说明书装配导管，从被测导管中选定一段进行试验，其中包括座和连接器（如果有）与各部分间的连接处，例如管路和末端头端之间的连接处。不应将长度小于3mm的末端头端包括在试验段内。对于水合性导管，从两个导管上制备同一部位试件。一个试件按步骤2进行状态调节，另一试件不进行状态调节直接按步骤3~8试验。

2.试件置于适当的水介质中，保持（37±2）℃至相应的临床使用时长，进行状态调节，然后按步骤3~8进行试验。

3.将试验段固定在拉力试验仪上，如有座或连接器，应使用合适的夹具以防止座或者连接器变形。

4.测量试验段的标距,即试验段在拉力试验仪夹具间的距离,或者是座或者连接器与夹持试验段另一端的夹具间的距离。

5.以毫米标距为20mm/min的单位应变速率(表2-8)进行拉伸,直至试验段分离成两段或多段。峰值拉力应以牛顿为单位,并在导管试验段拉力试验恰巧或略早于分离成两段的时间点记录。

表2-8 以毫米标距20mm/min的应变速率条件示例

标距(mm)	试验速度(mm/min)
10	200
20	400
25	500

6.如果导管是由具有不同直径范围的单一管路组成,试验段应包含最小直径部分的管路。

7.如果试验具有一个或几个侧支路的导管。

(1)对每一侧支路,重复2~5试验。

(2)对包括侧支路与导管上引入人体内的那部分相邻部位间的连接处的试验段,重复2~5的试验。

(3)对每一连接处,重复(2)的试验。

8.任何试验段上的试验不要超过一次。

(四)试验报告

试验报告中应包括下列信息:①导管的识别;②峰值拉力,单位为牛顿(N);③断裂位置。

第四节 连接强度的检测

一、连接的种类

将不同零配件组装成一体的方式称作连接,抵抗破坏该连接的能力叫作连接强度。连接种类很多,根据被连接件之间的相互关系可分为动连接和静连接两类。

1.动连接 是指被连接件的相互位置在工作时可以按需要变化的连接,如轴与滑动轴承、变速器中齿轮与轴的连接等,连接的形式是由机器内部的运动规律决定的。如图2-20所示的注射器的推杆和外套之间依靠密封圈实现动连接,一方面实现对空气和药液的密封,另一方面依靠推杆和外套之间的相对运动实现其注射功能。

2.静连接 是指被连接件之间的相互位置在工作时不能也不允许变化的连接,如蜗轮的齿圈与轮心、减速器中齿轮与轴的连接等,连接的形式是由结构、制造、装配、运输、安装和维护等方面的要求决定的。如图2-20所示的听诊器的接胸端和接耳端之间就是靠橡胶管进行静连接,橡皮管应长短适宜,愈短则听诊的效果愈好,但过短时使用又不便,一般从接耳端至接胸端的总长度约相当于医师手臂的长度为宜。

医疗器械中连接强度的检测通常是指对静连接强度的检测。根据拆开时是否需要把连接件毁坏静连接可分为可拆连接和不可拆连接。采用可拆连接通常是因为结构、维护、制造、装配、运输和安装等的需要,如螺纹连接、销连接、楔连接、键连接和花键连接等。采用不可拆连接通常

PPT

微课

是因为工艺上的要求，如铆接、焊接和胶接等，也可以根据传递载荷（力或力矩）的工作原理分为摩擦连接和非摩擦连接两类。摩擦连接是指靠连接中接合面间的摩擦来传递载荷，如过盈连接、弹性环连接等；非摩擦连接是指直接通过连接中零件的各种变形来传递载荷，如平键连接等。有的连接既可做成摩擦的，也可做成非摩擦的，如螺纹连接等。也有的连接同时靠摩擦和变形来传递载荷，如斜键连接中的楔键连接等。

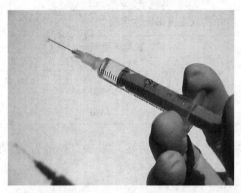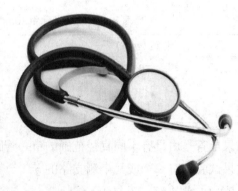

图2-20　注射器和听诊器的连接

二、连接的设计

根据器械结构、制造、装配、运输、安装和维护等方面的要求和连接强度的匹配性采用不同的连接方式。在通常不允许被连接件中有相对运动，在连接需要有较大刚性或紧密性的场合，采用紧固件连接，如气缸盖的螺栓连接。在承载能力和定心能力要求高的地方采用花键连接，在轴和轮毂孔的圆周面上均匀分布多个键齿和键槽组，用齿的侧面工作。而用于零件之间的定位或传递不大的载荷，可以采用销连接。设计连接时，使连接件与被连接件的强度相等，从而使两者对各种可能的失效具有相等的抵抗力，叫作等强度设计；而只需要连接部位具有一定范围的强度，无需达到连接件与被连接件的强度值，叫作非等强度设计。另外，设计连接时还应根据连接的使用要求和工作条件，满足紧密性、刚性、相互固定和同心等方面的要求。

三、连接强度的具体检测

（一）常见连结强度的检测方法/仪器

在医疗器械中，螺纹连接、键连接、销连接、铆钉连接、焊接、胶接、过盈配合连接等都能用到。对于不同医疗器械的不同连接方式，要依据相关检测标准，选择合适的强度测试设备，通用的测试设备有拉伸强度测试仪、粘接强度测试仪、拉力试验机、压力试验机、剥离力试验机、扭转试验机、弯曲强度试验机等。市面上也有参照标准设计的专用连接强度测试仪，具有针对性强、操作简便、结果可靠等优点。如根据GB 11236—2006《TCu宫内节育器》标准要求设计的T型节育器连接强度测试仪，一般采用液晶触控显示屏控制，可以方便地测试T型节育器的连接强度。再比如一次性使用血浆分离器连接强度试验仪器，其原理是将试样装夹在夹具的两个夹头之间，两夹头做相对运动，通过位于动夹头上的力值传感器和机器内置的位移传感器，采集到试验过程中的力值变化和位移变化，从而计算出试样的各种力学性能指标，具有较高的测试精度。

而对于一些较为简单的特定器械或部件连接强度的测试，在不具备专用检测设备的条件下，可以根据检测标准设计合适的检测程序。比如一次性使用重力输液式输液器有连接强度的要求，GB 8368—2005规定，输液器液体通道与组件间的连接（不包括保护套）应能承受不小于15N的静拉力，持续15秒（用秒表读取）。测试时，可以将输液器液体通道（包含所有被测组件）悬吊，下端悬挂重为15N的砝码，用砝码的重力代替静拉力，保持15秒（用秒表读取），查看液体管路是否拉断或发生变形，连接部位是否松动或滑动。随后可对经历过连接强度测试的输液器液体通道与组件进行气密性检测，看是否漏气，进一步验证其连接强度是否符合要求。值得注意的是，连接强度的数值并非越大越好。比如，注射器终端的保护套用以保持瓶塞穿刺器、外圆锥接头和输液器内表面无菌，其连接属于过盈配合，连接强度应保证保护套不会自然脱落，但也要易于拆除。

（二）连结强度测试过程举例

下面以引导导管或扩张器插入血管并定位的柔性器械——导丝的连接强度测试为例，讲解其测试过程。依据 YY 0450.1《一次性使用无菌血管内导管附件　第1部分：导引器械》要求，采用专用导丝连接强度测试仪进行测试。

1.测试原理　在导丝的绕丝与芯丝的连接处或绕丝与安全丝的连接处施加一拉伸力，检查连接处松动的迹象。

2.测试仪器　专用导丝连接强度测试仪，该拉伸试验装置能施加10N的拉力，其橡胶贴面充气动夹具或其他夹具具有楔形开口，夹具具有如图2-21所示结构，或其他结构。

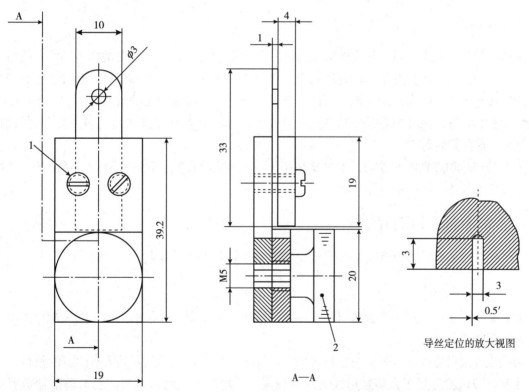

导丝定位的放大视图

A—A

1.2个 M3.0×8.0长型固定螺钉；2.M5.0滚花螺钉；3.尺寸a（比供试导丝的最小直径小0.02mm）

图2-21　导丝定位的夹具结构示意图

注：除了重要的尺寸a以外，图中其他尺寸是适宜示例，也可采用其他设计或夹具规格。

3.测试步骤

（1）将楔形开口夹具连接到拉伸试验装置的移动头上，将气动夹具连接到拉伸试验装置的固定头上。

（2）把导丝的一端固定在楔形开口夹具上，确保夹具只对端部加力，在导丝中点位置将其夹紧在充气夹具中，确保夹紧点离楔形开口夹具至少150mm。

（3）以10mm/min的速度施加拉伸力，直到沿导丝轴线方向所施加的力为表2-9给出的值，或直到安全丝或芯丝断裂，取先发生者。

（4）从拉伸试验装置上取下导丝，并检查芯丝与绕丝的连接处和安全丝与绕丝的连接处松动的痕迹。

表2-9　连结强度试验力

导丝直径（mm）	试验力（N）
< 0.55	不试验
≥ 0.55~0.75	5
≥ 0.75	10

4.试验报告　应包括下列信息：导丝的识别；安全丝或芯丝是否断裂的描述；试验结束时芯丝与绕丝的连结处和安全丝与绕丝之间的连结处是否出现松动的描述；断裂发生时的力值。

第五节　阻隔吸收性能的检测

PPT

一、概述

敷料是指用以覆盖伤口、创面的医用材料，其主要功能是为伤口处提供物理屏障，使得人体的外部环境与伤口处隔离开来，而且还能阻止细菌尘粒等细小颗粒进入伤口。同时医用敷料的使用还能避免身体的其他完好部位被伤口渗出液所污染腐蚀。目前常见的敷料产品有：创可贴、输液贴、脱脂棉纱布、凡士林纱布、聚氨酯泡沫敷料、水胶体敷料、藻酸盐敷料或复合材料敷料、具有抗菌性能的敷料等。

敷料类产品物理性能的检测，主要就是评价其阻隔吸收性能，包括吸液量、透湿率、滤菌性能、通气阻力及透气性的检测等方面。

二、吸液量的检测方法

评价接触性创面敷料液体吸收性推荐按YY/T 0471.1试验方法执行。

（一）意义及应用

无膨胀吸收量试验用于评价敷料（主要用于渗出液为中量至大量的创面）的性能，其中总吸收力为重要特性。

本试验方法只适用于静态物理接触并在试验条件下30分钟内达到其最大吸收量的敷料。

注意，该试验适用于大多数形式的片状或绳状（填料）藻酸盐敷料。在对藻酸盐敷料试验时，由于试验液与样品会发生相互作用，试验液与样品质量之比是一项重要参数。

（二）试验条件

若无特殊规定，试验样品的状态调节和试验应在（21±2）℃、相对湿度（RH）为（60±15）%的条件下进行。

（三）仪器及材料

1.培养皿　直径为（90±5）mm。

医药大学堂
WWW.YIYAODKT.COM

2.实验室干燥箱 具有强制空气循环，温度能保持在（37±1）℃。

3.试验液A 由氯化钠和氯化钙的溶液组成，该溶液含142mmol钠离子和2.5mmol的钙离子。该溶液的离子含量相当于人体血清或创面渗出液。在容量瓶中用去离子水溶解8.298g氯化钠和0.368g二水氯化钙并稀释至1L。

4.天平 能称量100g，精度为0.0001g。

（四）试验步骤

1.将已知质量的5cm×5cm（对于贴于创面上的敷料）或0.2g（对于腔洞敷料）样品置于培养皿内。

2.加入预热至（37±1）℃的试验液，其质量为供试材料的40倍，±0.5g。

3.移入干燥箱内，在（37±1）℃下保持30分钟。

4.用镊子夹持样品一角或一端，悬挂30秒，称量。

5.按照以上步骤检测9组平行样品。

6.试验结果计算：以每100cm²（对于贴于创面上的敷料）或每克样品（对于腔洞敷料）吸收溶液的平均质量表示吸收量。

三、透湿率的检测方法

评价渗透膜接触性创面敷料水蒸气透过率可按YY/T 0471.2试验方法执行。

（一）水蒸气接触时敷料透湿率的检测方法

1.意义和应用 本试验通过质量差测量水蒸气透过。液体聚集会对皮肤的完好性造成严重后果。敷料宜具有充分的水蒸气渗透性，以防止敷料下液体集聚。

2.仪器

（1）五个清洁的干燥圆筒 由耐腐蚀材料制造，内径为（35.7±0.1）mm（截面积为10cm²），两端各有一凸缘，每只能装20ml，去离子水。圆筒的一端是一个环形的夹板，开孔面积为10²cm；圆筒的另一端，是一直径与凸缘直径相等的金属盖板，并有一密封环以确保与凸缘有效密封，盖板的两端与凸缘夹紧。

（2）天平 能称量100g，精度为0.0001g。

（3）湿度计 能检测相对湿度（RH）是否超过了20%的极限。

（4）干燥箱或培养箱 有循环风并能使温度保持在（37±1）℃，能使空气均匀分布，在整个试验过程中，相对湿度（RH）保持低于20%。

（5）手术刀片或其他切割器具。

3.步骤

（1）用夹板的凸缘作为模板，切下供试材料的样品。

（2）室温（最低20℃）下加入足量的水，使液面与放置后的样品之间的空气间隙为（5±1）mm。

（3）将圆形样品精确地盖在试验容器的凸缘上。夹紧样品，不要使其形变，并使夹板与盖板之间形成水密封。如果样品有一粘贴涂层表面，粘贴面应面向容器的凸缘。对于非粘贴面或印有图案的材料，要确保完全密封。重复该步骤4次，共制备5个样品。注意，为确保良好的密封，可在凸缘上涂上少量的密封剂，如凡士林。

（4）称量并记录容器、样品和液体的质量（W_1），精确到0.0001g。

（5）将容器放入干燥箱或培养箱中，样品向上，温度保持在（37±1）℃。

（6）18小时至24小时后，从干燥箱或培养箱中取出各容器，并记录试验时间（T），精确到5分钟。

（7）立即对容器、样品和液体重新称量，记录质量（W_2），精确到0.0001g。

4.结果计算

（1）按式（2-28）计算水蒸气透过率（MVTR）：

$$X=（W_1-W_2）\times 1000 \times 24/T \qquad\qquad (2-28)$$

式中，X为水蒸气透过率（MVTR），单位为克每平方米每24小时［g/（$m^2 \cdot$ 24h）］；W_1为容器、样品和液体的质量，单位为克（g）；W_2为试验期后容器、样品和液体的质量，单位为克（g）；T为试验期时间，单位为小时（h）。

（2）计算至少5个样品的平均值。

（3）弃去与平均值相差超过20%的值，重复该试验。

（4）如果试验期间干燥箱或培养箱中相对湿度（RH）大于20%，试验无效。

（二）液体接触时创面敷料的水蒸气透过率的检测方法

1.意义和应用　本试验用于评价敷料接触液体时的水蒸气透过率。本试验通过质量差测量通过敷料的水蒸气透过率。液体聚集会对皮肤的完好性造成严重后果。

2.仪器

（1）五个清洁的干燥圆筒　由耐腐蚀材料制造，内径为（35.7±0.1）mm（截面积为10cm^2），两端各有一凸缘，每只能装20ml，去离子水。圆筒的一端是一个环形的夹板，开孔面积为10^2cm；圆筒的另一端，是一直径与凸缘直径相等的金属盖板，并有一密封环以确保与凸缘有效密封，盖板的两端与凸缘夹紧。

（2）天平　能称量100g，精度为0.0001g。

（3）湿度计　能检测相对湿度（RH）是否超过了20%的极限。

（4）干燥箱或培养箱　有循环风并能使温度保持在（37±1）℃，能使空气均匀分布，在整个试验过程中，相对湿度（RH）保持低于20%。

（5）手术刀片或其他切割器具。

3.步骤

（1）用夹板的凸缘作为模板，切下供试材料的样品。

（2）室温（最低20℃）下加入足量的水，使液面与放置后的样品之间的空气间隙为（5±1）mm。

（3）将圆形样品精确地盖在试验容器的凸缘上。夹紧样品，不要使其形变，并使夹板与盖板之间形成水密封。如果样品有一粘贴涂层表面，粘贴面应面向容器的凸缘。对于非粘贴面或印有图案的材料，要确保完全密封。重复该步骤4次，共制备5个样品。为确保良好的密封，可在凸缘上涂上少量的密封剂，如凡士林。

（4）称量并记录容器、样品和液体的质量（W_1），精确到0.0001g。

（5）将容器倒放于温度为（37±1）℃的干燥箱或培养箱中，以使去离子水接触样品。确保样品表面与干燥箱/培养箱隔架之间有足够的间隔，以使充分的气流穿过样品表面。

（6）约4小时后，从干燥箱或培养箱中取出容器，并记录试验时间（T），精确到5分钟。

（7）立即对容器和样品称量，记录质量（W_2），精确到0.0001g。

4.结果计算

（1）按式（2-29）计算水蒸气透过率（MVTR）：

$$X=（W_1-W_2）\times 1000 \times 24/T \qquad\qquad (2-29)$$

式中，X 为水蒸气透过率（MVTR），单位为克每平方米每24小时 $[g/(m^2 \cdot 24h)]$；W_1 为容器、样品和液体的质量，单位为克（g）；W_2 为试验期后容器、样品和液体的质量，单位为克（g）；T 为试验期时间，单位为小时（h）。

（2）计算至少5个样品的平均值。

（3）弃去与平均值相差超过20%的值，重复该试验。

（4）如果试验期间干燥箱或培养箱中相对湿度（RH）大于20%，试验无效。

（5）如果试验样品的水蒸气透过率小于1000g/（$m^2 \cdot 24h$），那么需要在18小时至24小时后再从干燥箱或培养箱中取出容器，并记录试验时间（T），精确到5分钟。

四、滤菌性能的检测方法

评价接触性创面敷料的阻菌性可按YY/T 0471.5试验方法执行。

（一）低水分条件下的滤菌性能检测方法

1.意义和应用　本试验用于评价创面敷料在低水分条件下阻止细菌透过的性能。

2.仪器

（1）叠式生物测定计数板（RODAC）。

（2）100g砝码。

（3）营养肉汤。

（4）营养琼脂培养基。

（5）黏质沙雷菌8100培养物。

3.步骤

（1）用20~25℃的营养肉汤培养黏质沙雷菌24小时，获得菌含量约每毫升 10^9 个。

（2）将营养琼脂培养基注满RODAC板。

（3）用无菌金属丝环浸沾试验菌液，在RODAC板的表面上接种一个"X"形，每一交叉线的长度不应超过2cm。

（4）将培养板置20~25℃下培养24小时，使菌落生长。

（5）以无菌操作将一个无菌敷料样品（表面积至少5cm×5cm）放到RODAC板上，使其覆盖"X"状的细菌培养物。

（6）在敷料上面放置注满新鲜血琼脂培养基、未接种菌的RODAC板，再在该RODAC板上加放一个100g砝码，以对材料形成持续压力。

（7）将整个培养板置20~25℃培养24小时。

（8）取下上层的血琼脂RODAC板，加盖并置20~25℃下继续培养24小时。

（9）检查该培养板被样品覆盖表面上是否有黏质沙雷菌生长。注：黏质沙雷菌在琼脂上呈现出红色菌落。

（10）再对两个样品重复该步骤。

4.结果计算　如果三个上层RODAC板中有一个有黏质沙雷菌生长，则样品未通过试验。

（二）半潮湿条件下的滤菌性能检测方法

1.意义和应用　本试验用于评价创面敷料在半潮湿条件下阻止细菌透过的性能。

2.仪器

（1）无菌培养皿。

（2）吸移管　每次能给出剂量精度为（0.2±0.01）ml。

（3）营养肉汤。

（4）营养琼脂培养基。

（5）黏质沙雷菌8100培养物。

3.步骤

（1）用20~25℃的营养肉汤培养黏质沙雷菌24小时，获得菌含量约每毫升10^9个。

（2）以无菌操作将一个无菌敷料样品（表面积至少5cm×5cm）移至装有无菌营养琼脂培养基的培养皿上。

（3）用无菌吸移管向敷料上滴5滴（各角部和中央各一滴）培养菌液。

（4）置20~25℃下培养24小时。

（5）培养结束后，用无菌吸移管从敷料上将培养菌液吸除，用无菌镊子将敷料从琼脂表面上取下。

（6）将培养皿置20~25℃下培养24小时。

（7）检查培养皿，观察样品覆盖的表面积内是否有黏质沙雷菌生长。注：黏质沙雷菌在琼脂上呈现出红色菌落。

（8）再对两个样品重复该步骤。

4.结果计算　如果三个上层RODAC板中有一个有黏质沙雷菌生长，则样品未通过试验。

（三）潮湿条件下的滤菌性能检测方法

1.意义和应用　本试验用于评价创面敷料在潮湿条件下阻止细菌透过的性能。该试验专为膜敷料而设计。

2.仪器

（1）500ml试剂瓶　颈口适合于法兰圈下的橡胶圈。

（2）300ml法兰圈　底部装有磨砂玻璃滤斗，法兰圈底部下配有橡胶圈。

（3）营养肉汤。

（4）营养琼脂培养基。

（5）黏质沙雷菌8100培养物。

（6）无菌胃型袋。

3.步骤

（1）用20~25℃的营养肉汤培养黏质沙雷菌24小时，获得菌含量约每毫升10^9个。

（2）以无菌操作将试剂瓶注满500ml营养肉汤，使弯月面在瓶口边缘以上。

（3）以无菌操作法在瓶口放置一无菌样品，使其完全接触培养基。

（4）将橡胶圈装于滤斗。

（5）将滤斗的磨砂玻璃底直接放置在试剂瓶口上的敷料上，用夹具夹紧。

（6）向滤斗中放100ml黏质沙雷菌液。

（7）用两个大的无菌胃型袋盖住整个装置，室温下放置24小时。

（8）24小时后倒出黏质沙雷菌液。

（9）去除敷料，以无菌操作将100ml营养肉汤倒入一只无菌瓶中，置20~25℃下培养24小时。

（10）检查营养肉汤中是否有黏质沙雷菌生长。注意，营养肉汤中如有黏质沙雷菌生长，肉汤将变浊；由于试验容易受交叉污染的影响，可采用传统微生物学技术对污染菌进行鉴别。

（11）再对两个样品重复该步骤。

4.结果计算　如果三个肉汤瓶中有一个有黏质沙雷菌生长，则样品未通过试验。

五、通气阻力的检测方法

通气阻力测试可按YY0469"压力差"规定执行。

（一）原理

使垂直通过试样的气流稳定在一个恒定的流量，测定在该条件下试样两侧所形成的压差，计算空气流通阻力等参数。

（二）仪器与工具

1.通气阻力检测仪　测试口直径为25mm，能够提供1~100L/min稳定气体流量，压差测量范围为0~1000pa。

2.夹具　能平整地固定试样，应保证试样边缘不漏气。

3.橡胶垫圈　以防止漏气，与夹具吻合。

4.裁刀　用于切割试样。

5.钢尺等。

（三）试样

使用裁刀裁取试样直径≥3mm（需大于测试口径）的样品。

（四）试验步骤

1.打开气源与电源开关，仪器预热至少30分钟。

2.无纺布材料试样装夹，先将下夹具放在试验气室上，然后将试样摊平放入下夹具上，然后将上夹具小心放在试样上，使上夹具和下夹具外边缘对齐，最后用夹钳将其压紧。

3.对试验参数（系统模式：选择固定通气流量模式；测试时间：5分钟；气体流量8min/L；测试面积为4.9cm^2）进行设置。参数设置完成后，按"确认"键，系统对设置进行保存。

4.回到主界面，按"确认"键或按"试验"键，等待25秒后，进入试验界面。

5.根据测试需要调节精密流量阀，使气体流量为8min/L。

6.测试结束，按下"试验"键，微型打印机会打印出试验报告。

7.试验结束后，关闭气源，然后关闭流量调节阀，关掉电源。

（五）结果计算和表示

试验结果按式（2–30）计算压力差（ΔP），结果报告为每平方厘米面积的压力差值。

$$\Delta P = \frac{Pm}{4.9} \qquad\qquad （2-30）$$

式中，P_m 为试验样品压力差的平均值，单位为帕（Pa）；4.9为试验样品测试面积，单位为平方厘米（cm^2）。

六、透气性的检测方法

（一）原理

在规定的压差条件下，测定一定时间内垂直通过试样给定面积的气流流量，计算出透气率。

气流速率可直接测出，也可通过测定流量孔径两面的压差换算而得。

（二）仪器

1.试样圆台 具有试验面积为5cm²、20cm²、50cm²或100cm²的圆形通气孔，试验面积误差不超过±0.5%。对于较大试验面积的通气孔应有适当的试样支撑网。

2.夹具 能平整地固定试样，应保证试样边缘不漏气。

3.橡胶垫圈 以防止漏气，与夹具吻合。

4.压力计或压差表 连接于试验箱，能指示试样两侧的压降为50Pa、100Pa、200Pa或500Pa，精度至少为2%。

5.气流平稳吸入装置（风机） 能使具有标准温湿度的空气进入试样圆台，并可使透过试样的气流产生50~500Pa的压降。

6.流量计、容量计或测量孔径 能显示气流的流量，单位为dm³/min（L/min），精度不超过±2%。注意，只要流量计、容量计能满足±2%的要求，所测量的气流流量也可用cm³/s或其他适当的单位表示。

（三）步骤

1.将试样夹持在试验圆台上，测试点应避开样品边缘及折皱处，夹样时采用足够的张力使试样平整而又不变形。为防止漏气，在试样的低压一侧（即试样圆台一侧）应垫上垫圈。当样品正反两面透气性有差异时，应在报告中注明测试面。

2.启动吸风机使空气通过试样，调节流量，使压力降逐渐接近规定值1分钟后或达稳定时，记录气流流量。使用压差流量计的仪器，应选择适宜的孔径，记录该孔径两侧的压差。

3.在同样的条件下，在同一样品的不同部位重复测定至少10次。

（四）结果计算和表示

（1）计算测定值的算术平均值q_v和变异系数（至最邻近的0.1%）。

（2）按式（2-31）或式（2-32）计算透气率R。结果按GB 8170修约至测量范围（测量挡满量程）的2%。

$$R = \frac{q_v}{A} \times 167 (\text{mm/s}) \tag{2-31}$$

$$\text{或} \quad R = \frac{q_v}{A} \times 0.167 (\text{m/s}) \tag{2-32}$$

式中，q_v为平均气流量，dm³/min（L/min）；A为试验面积，cm²；167为由dm³/min×cm²换算成mm/s的换算系数；0.167为由dm³/min×cm²换算成m/s的换算系数。

其中式（2-32）主要用于稀疏织物、非织造布等透气率较大的织物。

（3）按式（2-33）计算透气率的95%置信区间（R±Δ）。

$$\Delta = S \cdot t / \sqrt{n} \tag{2-33}$$

式中，S为标准偏差；n为试验次数；t为95%置信区间、自由度为$n-1$的信度值，t和n的对应关系见表2-10。

表2-10 t和n对应关系

n	5	6	7	8	9	10	11	12
t	2.776	2.571	2.447	2.365	2.306	2.262	2.228	2.201

（4）对于使用压差流量计的仪器，先从压差－流量图标中查出透气率，然后计算其平均值、CV值和95%置信区间，计算精度与上相同。

第六节　微粒污染的检测

💬 **案例讨论**

案例　在某次微粒污染检测中，结果显示空白液中的25~50μm粒子数平均值n_{a_1}=40.1，51~100μm粒子数平均值n_{a_2}=18.2，>100μm粒子数平均值n_{a_3}=0；检验液中的25~50μm粒子数平均值n_{a_1}=14.3，51~100μm粒子数平均值n_{a_2}=5.6，>100μm粒子数平均值n_{a_3}=0，检验液比空白液中的粒子数还少。

讨论　1.出现这种情况的主要原因是什么？
　　　　2.如何避免这种不合理的现象？

PPT

一、微粒污染概述

（一）定义

本节所说的微粒污染是指医疗器械在生产、储存、运输和使用过程中，由于各种原因引入不溶性微粒，进入人体后对人体机能产生危害的现象。

（二）来源

目前已经发现的微粒物质成分较多，有橡胶、玻璃、纤维、碳、脂肪、药物残留、尘土、纸屑、各种菌类等。药品生产不合格、密封的橡胶塞时间过长或反复使用，安瓿瓶开启不规范等，都会留下隐患，造成微粒污染。这些微粒呈颗粒状，直径多在25μm以下，也有直径较大的可达300μm。人的肉眼可以观察到直径≥50μm的微粒，直径较小的微粒需要采用仪器或其他特殊方法才能被检测到。

微课

目前，被关注和报道最多的是输液中的微粒问题。造成输液微粒污染的因素主要有药物因素、操作因素、输液器具因素、环境因素等。其中输液器具因素主要是在生产制造输液器时，不可避免地有大小不一的不溶性微粒附着在输液器的穿刺器、软管以及滴斗等部位的内壁上，在输液过程中由于药液在输液器内的流动，这些不溶性微粒随着药液进入人体静脉。一旦不溶性微粒进入静脉将很难通过人体的自然排泄排出体外，这些微粒将永久地在血管中沉积下来，随着输液次数的增多，沉积的微粒也越多，就会对人体造成伤害，导致各种疾病。

随着有创、介入性检查、治疗的广泛开展，引起微粒污染的途径越来越多，用于创面治疗的医疗器械、介入性医疗器械、体外循环管道等所携带的微粒可随血液循环进入人体。大量研究证实，维持性血液透析的患者，有多种因素可以诱发微炎症反应，影响患者的生活质量。其中透析管路中的微粒污染是造成患者炎症状态的重要原因之一。血液透析体外循环路径长，使用前需要无菌生理盐水进行排气和冲洗处理。由于一次性透析器、管路会有不同程度的硅胶粉末、黏合剂等微粒污染，经过冲洗后的管路由于静电作用仍会有微小气泡附着在管路及血液透析器表面，在外力作用下会进入人体，加重患者的炎症状态。

医药大学堂
WWW.YIYAODXT.COM

（三）危害

进入人体内尤其是血液的微粒，作为一种异物，既不能被机体代谢吸收，也不受体内抗凝系统的影响，危害是严重和持久的，可能引起的病理现象主要有血管栓塞、静脉炎、肺肉芽肿、热原反应、血小板减少、过敏反应等。

微粒污染最初不会被人们发觉，一般积累到一定时间，严重到出现症状才会被发现，其危害主要取决于微粒的大小、形状、化学性质、微粒堵塞血管的部位、血流阻断的程度、人体对微粒的反应等。进入体内的微粒越大、数量越多，对人体的危害性越严重。肺、脑、肝及肾等是最容易被微粒损害的部位。

二、微粒污染的检测方法

对于一次性使用的输液器、输血器等产品，相关国家标准规定了采用冲洗内腔液体通道表面，然后收集冲洗液中对微粒污染进行评价，如 GB 8368—2018《一次性使用输液器　重力输液式》、GB 8369—2019《一次性使用输血器》、GB 19335—2003《一次性使用血路产品　通用技术条件》。

GB 8368—2018、GB 8369—2019 对输液器微粒污染的评价指数法相同，要求随机选择检验批次中 10 套输液器，通过对每套样品 500ml 洗脱液中 25~50μm、51~100μm 和 >100μm 的粒子总数进行评价。这三类微粒的加权系数分别为 0.1、0.2 和 5，三类微粒数分别乘以它们的加权系数的总和就是试验样品的微粒污染指数。标准要求微粒污染指数不大于 90 为合格品。GB 19335—2003 的微粒污染评价方法有所不同，要求对冲洗液中的粒子进行计数，15~25μm、大于 25μm 的微粒数进行计数，规定每平方厘米内表面积上的 15~25μm 的微粒数不得超过 1.00 个，大于 25μm 的微粒数不得超过 0.50 个。

（一）微粒污染试验

以 GB 8368—2018 为例进行介绍。

1.原理　通过冲洗输液器内腔液体通路表面，收集滤膜上的微粒，并用显微镜进行计数。

2.试剂和材料　蒸馏水，用孔径 0.2μm 的膜过滤的蒸馏水；无粉手套；真空滤膜，孔径 0.45μm 的一次性滤膜。

3.步骤　试验前用蒸馏水（用孔径 0.2μm 的膜过滤）充分清洗过滤装置、滤膜和其他器具。在层流条件下（符合 GB/T 25915.1 中的 N5 级的净化工作台），取 10 支供用状态的输液器，各取 500ml 用孔径 0.2μm 的膜过滤的蒸馏水从靠近药液过滤器的一端冲洗内腔，然后使全部洗脱液通过一个孔径 0.45μm 的真空滤膜，将微粒置于格栅滤膜上，使用斜入射照明，在 50 倍方法倍数下对其进行测量，并按表 2-11 所给尺寸分类进行计数。

表 2-11　微粒污染评价

微粒参数	尺寸分类		
	1	2	3
微粒大小（μm）	25~50	51~100	大于100
10支输液器中微粒数	n_{a_1}	n_{a_2}	n_{a_3}
空白对照液中微粒数	n_{b_1}	n_{b_2}	n_{b_3}
评价系数	0.1	0.2	5

4.结果确定　各供试输液器（至少 10 支）只进行一次试验，以每 10 支输液器 3 个尺寸分类的微粒计数作为分析结果。

试验报告中应记录测得的空白对照液的值，用以计算污染指数限值。空白对照液的微粒数量和尺寸是用同样的试验器具，但不通过供试样品，按表2-4给出的3个尺寸分类，从10等份500ml水样测得。空白液中的微粒数（N_b）应不超过9个。否则应拆开试验装置重新清洗，并重新进行背景试验。试验报告中应注明空白测定值。

按式（2-34）、式（2-35）、式（2-36）计算污染指数。

对各尺寸分类的10个输液器中微粒数分别乘以评价系数，各结果相加即得出输液器（试件）的微粒数N_a。再对各尺寸分类的空白对照样品中微粒数分别乘以评价系数，各结果相加即得空白样品中的微粒数N_b。N_a减N_b即得污染指数。

输液器（试件）中的微粒数：

$$N_a = n_{a_1} \times 0.1 + n_{a_2} \times 0.2 + n_{a_3} \times 5 \tag{2-34}$$

空白样品中的微粒数：

$$N_b = n_{b_1} \times 0.1 + n_{b_2} \times 0.2 + n_{b_3} \times 5 \tag{2-35}$$

污染指数：

$$N = N_a - N_b \tag{2-36}$$

5.注意事项　影响微粒污染试验结果的因素较多，对试验环境、试验仪器精密度、人员操作规范要求很高。在试验过程中实验室开启空气净化设施，取液处可配备净化无菌工作台，操作时穿戴经过消毒的工作衣、帽、无尘手套、口罩，减少外界因素对试验结果的影响，使得出的微粒污染评价指数正确地反映样品自身的洁净程度。冲洗液的洁净程度对微粒检测结果有很大影响，在制备样品洗脱液前必须经过预处理以控制洗脱液的洁净度。其他因素也可能对检测结果造成影响，例如仪器法测定微粒时由于待测溶液静置时不溶性微粒发生沉降造成的结果与测定时间有很大关系。总的来说，在操作过程中应注意以下事项。

（1）试验环境　试验操作所处环境应不得导入明显的微粒，应在超净室、层流净化台或能符合要求的洁净实验室中进行。试验所用仪器、取样杯等都应洁净、无微粒。常用检测仪器有电阻式粒子计数器或激光微粒分析仪。

（2）检验前的准备　①操作前净化系统必须启动至少30分钟，并严格执行洁净室工作制度；②过滤装置通过瓶塞穿刺器与装有水的容器连接，在1米静压下用500ml水冲洗内腔，洗脱液收集在检测杯中；③用纯化水或国标一级水冲洗取样杯三次。

（3）操作注意事项　①取样杯在取样过程中，应注意避免污染；②若检测出现不合格，下一次检测前应用纯化水或国标一级水冲洗一次取样杯；③当结果达到临界时，就要求降低本底液并严格控制本底液精密度后复试，另外对环境也有更严格的要求。

（二）微粒含量试验方法

以GB 19335—2003为例进行介绍。

1.原理　该方法是通过冲洗血路内腔液体通道表面，收集通道表面冲洗液中的粒子，并对其计数来评价这种污染。

2.试验仪器

（1）专用微粒计数器　有搅拌系统，一次取样量为100ml，可同时对15~25μm和大于25μm的微粒计数。

（2）冲洗液　符合微粒计数器要求，经0.45μm的微孔滤膜过滤。

3.步骤　试验过程中应避免环境污染。

（1）制备洗脱液　用冲洗液以每平方厘米内表面积1ml的比例冲洗血路内表面。其方法为所有直接或间接与血液或血液成分接触的管路内每单位面积上都能流过相同体积的冲洗液（如果血路上有容器状部件，则该段血路应相应增加该部件容积的冲洗液）。流出液收集到一洁净的容器内即得洗脱液。

（2）微粒检验　取洗脱液200ml于微粒计数器的取样杯中，用粒子计数器对100ml洗脱液中的微粒进行计数。

4.结果的表示　计数器计数值除以100即为微粒含量，单位为个/毫升；用空白校正。

三、微粒污染的控制

微粒的组成有空气中的悬浮粒子、生产用水中的不溶性微粒、医疗器械产品中的塑料微粒，也有打开安瓿瓶时产生的玻璃屑、封口液体的橡胶瓶塞、衣服棉纤等。微粒的来源贯穿生产、运输、贮存、使用等各个环节，如生产环境达不到有关规定要求的洁净程度、忽视灭菌等关键工序、器械生产设备清洗不到位等。医疗器械从生产到使用都有可能被污染，加上医疗器械名目繁多，生产的厂家不同，样式工艺也不同，微粒污染的控制存在诸多困难。为了保证使用者的健康安全，严格把控医疗器械的生产和质量，对微粒污染进行有效控制，必须严格监督，强化管理，完善医疗器械的质量标准和规范，同时紧抓企业的质量生产管理体系，提升生产水平和生产能力。

（一）医疗器械生产环节

引起微粒污染危害的医疗器械大多为无菌医疗器械，保证无菌医疗器械的质量是控制微粒污染直接有效的方法。医疗器械产品在生产过程中其质量受很多因素的影响，如人员、机器设备、工装模具、原辅材料、外购（外协）件、内包装材料、加工工艺、生产环境等。对于无菌医疗器械来说，其中最大的污染源就是生产环境和在生产环境中的操作人员，主要的污染物是微粒和微生物。所以，为了提高无菌医疗器械的产品质量，生产过程中严格控制微粒污染的措施首先是生产环境要达标，以防止生产环境对产品的污染。无菌医疗器械必须在洁净区内生产，并根据产品与人体接触情况设置洁净度级别。洁净厂房选址、厂区环境、车间内设施、工艺流程、生产管理、洁净区监测与维护各个环节，必须严格执行现行的国家或行业标准有关规定。洁净区主要以微粒和微生物为主要控制对象，同时还对环境温度、相对湿度、新鲜空气量、压差等提出要求，并且对照度、噪声等也应该给予考虑。必须紧紧抓住控制生产环境的污染这个关键，培训、强化人员的"洁净"概念、"卫生"习惯和"无菌"意识，最大限度地降低污染。

（二）医疗器械储存和运输环节

输液器材、注射器材等直接接触人体的医疗器械，在储存和运输过程中，环境不符合要求不仅影响其使用寿命，还会带来医疗问题。例如冷热交替会使橡胶受到损伤，长时间放置，很容易产生微粒，带来污染。目前我国针对医疗器械的生产、运输以及储存都出台了相关政策，使基本的安全有所保障。这需要企业与医院经营者共同熟悉法规要求。医疗器械的法律法规是对医疗产业的依法约束管理依据。我国的医疗器械法规体系从2000年开始构建，以《医疗器械监督管理条例》为代表，2014年完成其配套法案，2016年通过不断实践体系进一步完善修整。《医疗器械使用质量监督管理办法》的出台标志着这一体系的初步成型。虽然已经有了较为完善的法规要求，但是医疗器械行业的根本问题仍然存在，有关部门应尽快立法，不断完善法规体系，同时监督法规实施，有法必依，严格遵守相关规定。

（三）医疗器械使用环节

控制医疗器械使用环节，也能预防微粒污染。静脉输注药物前的配液操作可能引起微粒污染：砂轮与玻璃摩擦会产生玻璃碎屑和脱落砂粒，割锯越长，碎屑越多，不溶性大颗粒也随之增多；有研究报道玻璃微粒污染程度与砂轮切割后是否用乙醇棉擦拭后再掰开抽吸有关；用砂轮切割安瓿颈部后用手掰开与用镊子敲开安瓿颈间产生的微粒有显著差异；用针头抽吸与直接用注射器乳头抽吸两者间产生的微粒有显著差异；静脉给药治疗，常需要多种药物联合应用，尤其是抗生素的广泛、大量应用，在溶解加药过程中反复穿刺瓶塞，会导致塞屑微粒进入药液。血液透析器是由数万根中空纤维构成，为了增加透析面积，中空纤维做成弯曲的形状，当生理盐水快速通过时，力度过大速度过快，不能确保生理盐水冲到每根中空纤维内，尤其在弯曲弧度大的部位，易存留微小气泡，加上静电的作用，导致贴壁的微小气泡残留在个别中空纤维内。在体外血液循环开始后，这些残留在角落的微小气泡会缓慢地进入人体，给患者造成危害。诸如这些因素，给人们如何选择和使用医疗器械、如何配液、如何把握操作程序以减小微粒污染，敲响了警钟，也提供了思路。比如溶解药物和抽药时，注意选择锐利不带钩的针头，并尽量减少对瓶塞的穿刺数和避免加药空针反复多次使用；注意冲洗输液管道；应用正确的安瓿开启方法；严格执行无菌操作规程等，可以减少微粒污染。

（四）医疗器械产品功能改进

改进医疗器械微粒过滤的功能是防范微粒进入人体的切实有效的措施和手段。1993年，我国要求在输液器上加装终端过滤器，将滤膜口的直径设定为20μm。1998年，将滤膜口的直径设定为15μm。2000年，国家再次提出要求，应确保输液器终端过滤器的滤过率达到80%以上。现在，带有空气过滤装置及终端滤器的一次性输液器已经被广泛用于临床，能有效减小输液反应。终端滤器主要是过滤药液中直径为10μm以上的微粒，对于10μm以下的微粒清除率较低。终端滤器的质量好坏直接影响着微粒对人体的危害，应加强输液器的质量管理，将考察终端滤器的质量列入输液器的质量标准内。

（五）药物因素

控制药物因素能有效预防微粒污染。药液在生产过程中被污染，会达不到《中国药典》规定的微粒标准；输液由于合并用药发生配伍禁忌，或微粒累加甚至倍增会出现热原反应；药物配伍不当可能产生药物未完全溶解发生物理、化学变化，使pH升高或降低产生微粒。配伍药物越多，微粒越多，微粒增加越明显。加入药品种类愈多，发生不良反应的可能性愈大；常用的中草药针剂与输液配伍，其配伍中不溶性微粒数也可能明显增加；溶媒选择不当也会导致输液微粒增加；大容量注射液在搬运、贮存使用过程中因碰撞或保存不当，使用时检查不严也会造成微粒污染。因此，保证药物规范生产、科学配伍、合理运输储存，是减小输液反应的又一重要措施。

（六）加强风险管理

我国对医疗器械风险的防控管理已经有了初步框架，但是处于发展初期，仍不够完善，无论是对法规标准的理解实施，还是产品使用过程中不同阶段的问题反馈，都没有做到基本整体系统上的风险管理和预防。所以实际生产中要明确自身不足，把风险管理与产品的研究设计相结合，在产品应用早期控制风险，提升产品的安全指数，使产品更加可靠，功能也更为完备有效。

拓展阅读

先后发布的GB 8368两种微粒污染评价方法比较

先后发布的GB 8368有两种方法评价微粒污染，GB 8368—2005开始采用新方法，GB 8368—2018沿用了GB 8368—2005的方法。GB 8368—2005微粒污染主要技术修改是指标及其试验方法等同采用国际标准ISO 8536-4：2004，微粒污染指标及其检验方法与老标准GB 8368—1998相比主要的区别如下（表2-12）。

（1）评价方法不同　新标准采用评价指数法，通过对每套样品500ml洗脱液中的粒子总数进行评价；老标准通过对每套样品200ml洗脱液中单位体积中的粒子的个数对产品微粒污染状况进行评价。

（2）微粒尺寸不同　新标准对微粒污染的评价有3个尺寸：25~50μm、51~100μm、>100μm，老标准对微粒污染的评价有两个尺寸：15~25μm、≥25μm。

（3）样品数量不同　新标准每个样品批次检测10套样品；老标准是根据批量大小按规定的检验水平确定检测样品数量。从微粒尺寸来看，新标准控制的粒子尺寸较大。从冲洗体积来看，新标准每套冲洗500ml，计粒子总数进行评价，方法更全面、更合理；而老标准每套冲洗200ml，计单位体积中粒子的数量，也能反应产品受污染的程度。老标准由于计量体积小（只有100ml）、检测时间短、用水量少、样品量少（5~8套）、仪器较为成熟而方便于企业进行常规检验；而新标准采用显微镜法操作繁琐，用水量大，样品数量多，耗时长，对环境要求较为严苛不易控制。如果采用微粒计数器法，操作虽然简单，但是对500ml洗脱液进行微粒计数，也存在耗时长、用水量大、样品数量多的缺点而不利于企业进行常规控制。老标准能更灵敏地反映出产品微粒污染的状况，更及时的报警生产环境的变化，特别适用于产品的常规控制；新标准对产品微粒污染状况评价更全面、更合理，适合于对产品微粒污染水平进行周期性的评价。

表2-12　不同检验标准对微粒的尺寸分类及评价要求

标准名称		GB 8368—2005	GB 8368—1998
尺寸分类（μm）	≥25	×	√
	15~25	×	√
	25~50（n_{a_1}或n_{b_1}）	√	×
	51~100（n_{a_2}或n_{b_2}）	√	×
	>100（n_{a_3}或n_{b_3}）	√	×
评价要求		$N = N_a - N_b$ $N_a = n_{a_1} \times 0.1 + n_{a_2} \times 0.2 + n_{a_3} \times 5$ $N_b = n_{b_1} \times 0.1 + n_{b_2} \times 0.2 + n_{b_3} \times 5$	≥25μm ≤5个/100ml 15~25μm ≤5个/100ml

岗位对接

本章是医疗器械类专业学生从事质量管理与控制、产品研发、产品检测、产品注册必须掌握的内容。

　　本章对应医疗器械检验员、医疗器械注册专员、医疗器械质量管理、医疗器械质量控制、医疗器械研发等岗位的相关工种。

　　上述从事相关岗位的从业人员需掌握检测工作职业素养的基本要求，保持科学、严谨的职业态度，树立强烈的责任意识。

习题

习题

一、不定项选择题

1.测量尺寸较大的且精度要求不高的零件应使用（　）进行测量。

　　A.钢尺　　　　　　B.游标卡尺　　　　　C.千分尺　　　　　D.测量投影仪

2.千分尺可以精确到（　）。

　　A.个位　　　　　　B.十分位　　　　　　C.百分位　　　　　D.千分位

3.下图所示游标卡尺的测量结果为（　）。

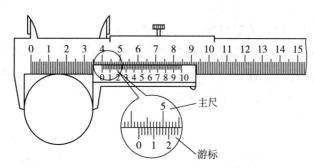

　　A.42.11mm　　　　B.42.1mm　　　　　C.42.10cm　　　　D.42.10mm

4.GB 8368—2005中评价微粒污染的微粒尺寸为（　）。

　　A.25~50μm　　　　B.51~100μm　　　　C.>100μm　　　　D.15~25μm

5.标准要求合格品微粒污染指数为（　）。

　　A.大于90　　　　　B.不大于90　　　　　C.等于9　　　　　D.等于100

6.空白液中的微粒数（N_b）应（　）。

　　A.不超过9个　　　　B.超过9个　　　　　C.不超过90个　　　　D.超过90个

7.外观检测的内容一般包括（　）。

　　A.外包装　　　　　B.产品信息　　　　　C.刻度标识　　　　　D.表面涂层

8.外观检测采用肉眼识别法的优点有（　）。

　　A.简易性　　　　　B.实用性　　　　　C.准确性　　　　　D.可重复性

9.连接强度的通用检测设备有（　）。

　　A.拉伸强度测试仪　　　　　　　　　B.粘接强度测试仪

　　C.剥离力强度测试仪　　　　　　　　D.弯曲强度测试仪

10.力学性能检测内容不包括（　）。

　　A.拉伸试验　　　　B.硬度试验　　　　　C.压缩试验　　　　D.微生物试验

11.吸液量检测过程，是在（　）℃±1℃下保持30分钟后再称量其重量。

　　A.37　　　　　　　B.24　　　　　　　C.50　　　　　　　D.98

12.医用敷料的断裂强力检测前需要对样品进行调湿，调湿的环境是在标准大气下进行，即温度为（ ）℃，湿度为（ ）%。

A.20；50   B.20；65   C.37；65   D.37.5；50

二、简答题

1.取某厂家生产的输液器10套，各用500ml蒸馏水从靠近药液过滤器的一端冲洗内腔，即得洗脱液。取10等份500ml水作为空白对照液，用某型号微粒分析仪，选择光阻法检测，打液方式为柱塞泵法，测得洗脱液和空白液微粒数见下表。

	微粒尺寸 (μm)	测得微粒数										均值
		1	2	3	4	5	6	7	8	9	10	
洗脱液	25~50	35	42	44	43	38	36	41	32	35	35	n_{a_1}=38.1
	51~100	14	18	17	19	16	18	17	16	14	13	n_{a_2}=16.2
	>100	0	0	0	0	0	0	0	0	0	0	n_{a_3}=0
空白液	25~50	15	12	14	16	12	12	15	13	12	11	n_{b_1}=13.2
	51~100	2	3	5	7	5	3	3	2	3	3	n_{b_2}=3.6
	>100	0	0	0	0	0	0	0	0	0	0	n_{b_3}=0

试计算污染指数，并评价该批输液器微粒污染是否合格。

2.对某厂家生产的敷料进行水蒸气接触时透湿率的检测，称量得容器、样品和液体的质量（W_1）为86.1521g，在温度为（37±1）℃干燥箱中保持24小时后，再对容器、样品和液体重新称量，记录质量（W_2）为85.5789g，请计算该样品的透湿率。

第三章　化学性能检测

第一节　概　述

一、化学性能检测意义

无源医疗器械在临床应用时，仅依靠人体自身或重力产生作用或效力，不存在电能及其他能量方面的危害。它们根据不同的预期目的、由不同的生物材料按特定的形态结构设计制成，其安全性和有效性不仅取决于材料自身的理化性能，且与器械的结构、形态设计、制造和消毒灭菌工艺、包装等相关，还与手术设计、质量及术后护理相关。

大部分无源医疗器械的原材料由工业合成，如高分子合成材料和天然聚合物、金属、合金等，因此不可避免会有一些有毒有害单体残留或者产生一些降解产物。同时，由于无源医疗器械的临床应用环境复杂，部分材料可能直接接触人体组织、器官或者血液，产品中的有害单体或是材料降解产物在与人体接触的过程中进入人体，也将产生不良影响。

因此，器械上市使用前需要进行生物学评价、材料和器械理化性能检测、形态结构设计审查及由制造商提供的其他相关信息审查。整个评价过程中，材料和器械理化性能检测，操作简单易行，结果直观快捷，常常作为生产、销售、使用、监管等相关部门对医疗器械的质量进行评价和监控的重要手段。

制造商通过对化学性能检测项目结果的严格限制，把关产品选用的原材料，控制使用生产过程中添加的助剂，不断改进生产工艺，不断完善产品结构与组成，以保证产品安全有效，更好地满足临床使用需要。

二、化学物质的来源和分类

无源医疗器械质量标准或技术要求中的化学性能指标通常检测的是非预期的"杂质"，它们包括：按照经医疗器械监督管理部门依法审查批准的规定工艺和规定原辅料生产的医疗器械中，

PPT

由其生产工艺或原辅料带入的杂质，或经稳定性试验确证的在贮存过程中产生的降解产物。医疗器械质量标准或技术要求中的杂质不包括变更生产工艺或变更原辅料而产生的新的杂质，也不包括掺入或污染的外来物质，如人体毛发、蚊虫遗迹等。

医疗器械的生产工艺通常包括：原辅料生产、合成、聚合以及加工成型、清洗、消毒或灭菌、装配、包装等环节。在整个生产加工过程中，不同的工艺路线、化学原料和接触方式，会引入不同的杂质。通常情况下，高分子聚合物本身的化学性质在常态时比较稳定，对人体基本无明显毒害作用。但是某些聚合物中的游离单体或合成材料在加热以及生产中使用的某些溶剂、催化剂、填充剂、添加剂和加工助剂的作用下，会产生一些有害的物质。这类杂质和残留的游离单体容易从高分子聚合物内部逐渐移行至表面，与人体一接触，就可能会产生一些危害和不良影响。材料植入体内后的许多不良反应亦大都与溶出物、渗出物和降解产物的存在有关。因此，这些杂质，特别是渗出物及残留的降解产物、有害金属元素、各种添加剂等，必须能为人体可接受或容忍，制造商必须控制其含量，从而保证产品使用的安全性。

按化学类别和特性，杂质可分为有机杂质、无机杂质、有机挥发性杂质。按其来源，杂质可分为有关物质（包括化学反应的前体、中间体、副产物和降解产物）、其他杂质和外来物质等。按结构关系，杂质又可分为其他甾体、其他生物碱、几何异构体、光学异构体和聚合物等。按其毒性，杂质又可分为毒性杂质和普通杂质等。普通杂质即为在存在量（或接受限）下无显著不良生物作用的杂质，而毒性杂质为具有强烈不良生物作用的杂质。

三、化学性能检测常用依据

医疗器械检测通常是依据国家标准、行业标准或产品技术要求开展的，这些文件会给出相关物理性能、化学性能、生物性能等指标的检验方法和可接受限值要求。无源医疗器械的化学性能检测方法通常情况下可采用GB/T 14233.1—2008《医用输液、输血、注射器具检验方法　第1部分：化学分析方法》中相应的方法，也可参照《中华人民共和国药典》（2020版）的相关要求进行。在开展无源医疗器械化学性能检测工作时，以下标准也经常被参考和引用。

GB/T 601—2016《化学试剂　标准滴定溶液的制备》

GB/T 602—2002《化学试剂　杂质测定用标准溶液的制备》

GB/T 6682—2008《分析实验室用水规格和试验方法》

JJG 196—2006《常用玻璃量器检定规程》

CNAS CL01—2012《检测和校准实验室能力认可准则》（ISO/IEC17025）

CNAS-CL10《检测和校准实验室能力认可准则在化学检测领域的应用说明》

CNAS-CL06《量值溯源要求》

CNAS-CL12《实验室能力认可准则在医疗器械检测领域的应用说明》

第二节　检验液的制备

💬 案例讨论

案例　观察一次性重力式输液器，其主要组成部件有瓶塞穿刺器、进气器件、液体通路、滴管、滴斗、药液过滤器、管路、流量调节器、外圆锥接头等，有些还带有输液针。

分析　1.以上各部件哪些表面需要被萃取到？

2.应该从表3-1中选取何种方法制备一次性重力式输液器的检验液？

PPT

医药大学堂
WWW.YIYAODKT.COM

一、概述

医疗器械产品使用的原材料多样，结构组成复杂，加工工艺繁琐，生产流程较多，产品在实际使用过程中可能带给人的化学影响通常无法直接检测到。想要准确测量产品所含的"杂质"，需要采取一定方法对产品进行浸提、萃取，有些多部件的医疗器械还需要针对不同的部位进行不同的处理，得到检验液，继而进行分析和评价。

GB/T 14233.1—2008《医用输液、输血、注射器具检验方法 第1部分：化学分析方法》规定了医用输液、输血、注射器具化学分析方法，该标准中介绍了医用高分子材料制成的医用输液、输血、注射及配套器具的检验液制备，其他医用高分子材料制品的化学分析亦可参照使用。

化学性能检测是对医疗器械产品带入人体的还原物质、酸碱度、重金属含量等"杂质"进行检测，这些指标都需要通过制备检验液后再开展各项检测，检验液的制备将影响到最终的检验结果。因此在制备过程中，根据医疗器械在人体的作用面积、使用时间、使用温度等条件，尽可能地还原其实际临床应用条件，使检验结果具有科学性、代表性和规范性。

二、制备方法

（一）制备过程应尽量模拟实际使用过程

根据GB/T 14233.1—2008《医用输液、输血、注射器具检验方法 第1部分：化学分析方法》，制备检验液应尽量模拟产品使用过程中所经受的条件（如产品的应用面积、时间、温度等）。模拟浸提时间不少于产品正常使用时间。当产品的使用时间较长时（超过24小时），应考虑采用加速试验条件制备检验液，但需对其可行性和合理性进行验证。

（二）制备方法应尽量使样品所有被测表面都被萃取到

在制备检验液之前需细致地分析产品，把所有可能直接或间接接触人体的表面都予以识别，并用合适的方法对这些表面进行萃取。

推荐在表3-1中选择合适的检验液制备方法。

表3-1 检验液制备方法

序号	检验液制备方法	适用产品说明
1	取三套样品和玻璃瓶连成一循环系统，加入250ml水并保持在（37±1）℃，通过一蠕动泵作用于一段尽可能短的医用硅橡胶管上，使水以1L/h的流量循环2h，收集全部液体冷却至室温作为检验液 取同体积水置于玻璃烧瓶中，同法制备空白对照液	使用时间较短（不超过24h）的体外输注管路产品
2	取样品切成1cm长的段，加入玻璃容器中，按样品内外总面积（cm²）与水（ml）的比为2:1的比例加水，加盖后，在（37±1）℃下放置24h，将样品与液体分离，冷至室温，作为检验液 取同体积水置于玻璃烧瓶中，同法制备空白对照液	使用时间较短（不超过24h）的体内导管
3	取样品的厚度均匀部分，切成1cm²的碎片，用水洗净后晾干，然后加入玻璃容器中，按样品内外总面积（cm²）与水（ml）的比为5:1（或6:1）的比例加水，加盖后置于压力蒸汽灭菌器中，在（121±1）℃下加热30min，加热结束后将样品与液体分离，冷至室温作为检验液 取同体积水置于玻璃容器中，同法制备空白对照液	使用时间较长（超过24h）的产品
4	样品中加水至公称容量，在（37±1）℃下恒温8h（或1h），将样品与液体分离，冷至室温，作为检验液 取同体积水置于玻璃容器中，同法制备空白对照液	使用时间很短（不超过1h）的容器类产品

续表

序号	检验液制备方法	适用产品说明
5	样品中加水至公称容量，在（37±1）℃下恒温24h，将样品与液体分离，冷至室温，作为检验液 取同体积水置于玻璃容器中，同法制备空白对照液	使用时间较短（不超过24h）的容器类产品
6	取样品，按每个样品加10ml（或按样品适当重量如0.1~0.2g[a]加1ml）的比例加水，在（37±1）℃下恒温24h（或8h或1h），将样品与液体分离，冷至室温，作为检验液 取同体积水置于玻璃容器中，同法制备空白对照液	使用时间较短（不超过24h）的小型不规则产品
7	取样品，按样品适当重量如0.1~0.2g加1ml的比例加水，在（37±1）℃下恒温24h（或8h或1h），将样品与液体分离，冷至室温，作为检验液 取同体积水置于玻璃容器中，同法制备空白对照液	使用时间较短（不超过24h）、体积较大的不规则产品
8	取样品，按0.1~0.2g加1ml的比例加水，在（37±1）℃条件下，浸提72h［或（50±1）℃条件下浸提72h，或（70±1）℃条件下浸提24h］，将样品与液体分离，冷至室温，作为检验液 取同体积水置于玻璃容器中，同法制备空白对照液	使用时间较长（超过24h）的不规则形状产品
9	取样品，按样品重量（g）或表面积（cm²）加除去吸水量以外适当比例的水，在（37±1）℃条件下，浸提24h（或72h或8h或1h），将样品与液体分离，冷至室温，作为检验液 取同体积水置于玻璃容器中，同法制备空白对照液	吸水性材料的产品

注1：若使用括号中的样品制备条件，应在产品标准中注明。
注2：温度的选择宜考虑临床使用可能经受的最高温度，若为聚合物，温度应选择在玻璃化温度以下。
[a]：0.1g/ml比例适用于不规则形状低密度孔状的固体产品；0.2g/ml比例适用于不规则形状的固体产品。

三、检验液的保存及注意事项

检验液制备好，应放至室温后尽快进行试验。如需保存应注意密封，且保存时间最长不超过48小时。

拓展阅读

溶液的配制与标定

1.一般溶液的配制 一般溶液是指不用定量，不需知道其准确浓度，只知道大致浓度不会影响试验结果的溶液。

以0.1mol/L NaOH溶液的配制为例：以烧杯作为容器在台秤上称取2g固体NaOH，用量筒加500ml蒸馏水使溶解，混匀，转移至500ml的试剂瓶中。

2.标准溶液的配制 标准溶液指的是具有准确已知浓度的试剂溶液，在滴定分析中常用作滴定剂，在其他的分析方法中可用作标准溶液绘制工作曲线或作计算标准。配制方法有两种：一种是直接法，另一种是标定法。

（1）直接法 准确称量一定量的基准物质，用适当溶剂溶解后，定容至容量瓶里。若溶解过程放热明显，则应放冷至室温方可再定容。可根据"$W=MV×$基准物质的摩尔质量"计算应称取的基准物质的重量，式中M和V分别为所需配制溶液的摩尔浓度和体积。然后利用上式可计算出标准溶液的浓度。该种方法适于试剂符合基准物质要求的情形，试剂组成与化学式相符、纯度高、稳定。

以邻苯二甲酸氢钾标准溶液为例：取邻苯二甲酸氢钾约4g，用分析天平精密称定，置50ml烧杯中，加入煮沸后刚冷却的蒸馏水少量使其全部溶解后，转移至250ml容量瓶中，再用少量水冲洗烧杯及玻璃棒2~3次，并将每次洗涤用的水全部转移至容量瓶中，最后用水稀释至刻度（定容），摇匀。根据精密称定的量计算其标准浓度。

（2）标定法　先配制成近似需要的浓度，再用基准物质或用已经被基准物质标定过的标准溶液来确定其准确浓度。

前述0.1mol/ml NaOH溶液浓度的标定：取一支干燥、洁净的碱式滴定管，装入前述NaOH溶液，排气泡调液面至零刻度。取一支洁净的25ml移液管，移取25ml邻苯二甲酸氢钾标准溶液，置于洁净的250ml锥形瓶中，加入2~3滴酚酞指示剂摇匀。按碱式滴定管的正确操作方法将NaOH溶液滴加到锥形瓶中，边滴定边摇动锥形瓶。当锥形瓶中出现微红色，且半分钟内不褪色，则达到滴定终点，记下滴定管准确读数。利用消耗的NaOH溶液的准确体积及邻苯二甲酸氢钾标准溶液的量可计算出NaOH溶液的准确浓度。再重复滴定两次，取平均值计算NaOH溶液的浓度。注意三次测定的相对平均偏差应小于0.2%，否则应重新标定。

第三节　还原物质的检测

💬 **案例讨论**

案例　小张同学在用间接滴定法检测浸提液中所含还原物质的过程中，发现溶液颜色发生了多次变化，试帮其分析一下溶液颜色会变化的原因。

讨论　1.加入KI后，溶液颜色由紫红色变成深棕色，发生了什么反应？
　　　　2.用硫代硫酸钠（$Na_2S_2O_3$）进行滴定时溶液颜色为何越来越淡？
　　　　3.在溶液变成淡黄色时为何要加入淀粉指示液？

PPT

一、概述

还原物质，又称易氧化物，指在普通环境下容易与氧气发生化学反应的物质。例如：易生锈的金属，铁、铝、铜等；电解质离子，H^+、Na^+、K^+、F^-、Cl^-等；有机物质，有机酸、烃类、醇类和酯类等；颗粒物、微生物等。高分子聚合物中的游离单体，高分子聚合物在加热或其他特定条件下的分解产物也有可能具有还原性。医疗器械产品的还原物质一般来自材料的降解产物或添加物，如不饱和烃类、填充剂、抗氧剂、塑化剂等；也可能来自工艺用水和加工过程。这类物质进入人体后，一方面因为这些物质本身就可能对人体有一定的毒害作用，造成一定的损害；另一方面因其易氧化的特性，可能消耗人体组织或血液中的氧，不利于细胞的有氧代谢和维持正常的pH。因此需对还原物质的含量进行检测和控制，以保证产品使用的安全。GB/T 14233.1—2008中介绍了两种方法，实际工作中通常习惯采用间接滴定法进行测量。

微课

二、方法

（一）直接滴定法

直接滴定法是用标准溶液直接滴定被测物质的一种方法。直接滴定法是滴定分析法中最常用、最基本的滴定方法。例如用HCl滴定NaOH，用$K_2Cr_2O_7$滴定Fe^{2+}等。

医药大学堂
www.yiyaodxt.com

1. 检测原理 高锰酸钾是强氧化剂，在酸性介质中，高锰酸钾与还原物质发生作用，MnO_4^- 被还原成 Mn^{2+}。

2. 溶液配制 还原物质直接滴定检测过程中需要配制的溶液如下。

（1）硫酸溶液　量取128ml硫酸，缓缓注入500ml水中，冷却后稀释至1000ml。

（2）草酸钠溶液 $[c(1/2\ Na_2C_2O_4)=0.1mol/L]$　称取105~110℃干燥恒重的草酸钠6.700g，加水溶解并稀释至1000ml。

（3）草酸钠溶液 $[c(1/2\ Na_2C_2O_4)=0.01mol/L]$　临用前取草酸钠溶液 $[c(1/2\ Na_2C_2O_4)=0.1mol/L]$ 加水稀释10倍。

（4）高锰酸钾标准滴定溶液 $[c(1/5KMnO_4)=0.1mol/L]$　按国标GB/T 601中方法进行配制和标定。

（5）高锰酸钾标准滴定溶液 $[c(1/5KMnO_4)=0.01mol/L]$　临用前，取高锰酸钾标准滴定溶液 $[c(1/5KMnO_4)=0.1mol/L]$ 加水稀释10倍，必要时煮沸、放冷、过滤，再标定其浓度。

3. 试验步骤 精确量取检验液20ml，置于锥形瓶中，精确加入产品标准中规定浓度的高锰酸钾标准滴定溶液3ml，硫酸溶液5ml，加热至沸并保持微沸10分钟，稍冷后精确加入对应浓度的草酸钠溶液5ml，置于水浴上加热至75~80℃，用规定浓度的高锰酸钾标准滴定溶液滴定至显微红色，并保持30秒不褪色为终点，同时与同批空白对照液相比较。

4. 结果计算 还原物质（易氧化物）含量以消耗高锰酸钾溶液的量表示，按式（3-1）计算：

$$V=(V_s-V_o)c_s/c_o \tag{3-1}$$

式中，V 为消耗高锰酸钾标准滴定溶液的体积，单位为毫升（ml）；V_s 为检验液消耗高锰酸钾标准滴定溶液的体积，单位为毫升（ml）；V_o 为空白液消耗高锰酸钾标准滴定溶液的体积，单位为毫升（ml）；c_s 为高锰酸钾标准滴定溶液的实际浓度，单位为摩尔每升（mol/L）；c_o 为标准中规定的高锰酸钾标准滴定溶液的浓度，单位为摩尔每升（mol/L）。

（二）间接滴定法

待测组分不能与滴定液直接反应时，可先通过一定的化学反应，再用滴定液滴定反应产物，此法称为间接滴定法。对于不能直接与滴定剂反应的某些物质，可预先通过其他反应使其转变成能与滴定剂定量反应的产物，从而间接测之。例如，有些金属离子（如碱金属等）与EDTA形成的络合物不稳定，而非金属离子则不与EDTA络合，这些情况有时可以采用间接法测定，所利用的是一些能定量进行的沉淀反应，且沉淀的组成要恒定。

例如，溶液中 Ca^{2+} 几乎不发生氧化还原的反应，但利用它与 $C_2O_4^{2-}$ 作用形成 CaC_2O_4 沉淀，过滤洗净后，加入 H_2SO_4 使其溶解，用 $KMnO_4$ 标准滴定溶液滴定 $C_2O_4^{2-}$，就可间接测定 Ca^{2+} 含量。

1. 原理 水浸液中含有的还原物质在酸性条件加热时，被高锰酸钾氧化，过量的高锰酸钾将碘化钾氧化成碘，而碘被硫代硫酸钠还原。

供试液中含有的还原物质在酸性条件下振摇时，被高锰酸钾（$KMnO_4$）氧化，过量的高锰酸钾（$KMnO_4$）将碘化钾（KI）氧化成碘，而碘又被硫代硫酸钠（$Na_2S_2O_3$）还原为碘离子。根据硫代硫酸钠（$Na_2S_2O_3$）的消耗量求得高锰酸钾（$KMnO_4$）的消耗量，从而求得样品的还原物质含量。

2. 溶液配制 还原物质间接滴定检测过程中需要配制的溶液如下。

（1）硫酸溶液　量取128ml硫酸，缓缓注入500ml水中，冷却后稀释至1000ml。

（2）高锰酸钾标准滴定溶液 $[c(1/5KMnO_4)=0.1mol/L]$　按国标GB/T 601中方法进行配制和

标定。

（3）高锰酸钾标准滴定溶液 $[c(1/5KMnO_4)=0.01mol/L]$　临用前，取高锰酸钾标准滴定溶液 $[c(1/5KMnO_4)=0.1mol/L]$ 加水稀释10倍，必要时煮沸、放冷、过滤，再标定其浓度。

（4）淀粉指示液　称取0.5g淀粉溶于100ml水中，加热煮沸后冷却备用。

（5）硫代硫酸钠标准滴定溶液 $[c(Na_2S_2O_3)=0.1mol/L]$　按国标GB/T 601中方法进行配制和标定。

（6）硫代硫酸钠标准滴定溶液 $[c(Na_2S_2O_3)=0.01mol/L]$　临用前取硫代硫酸钠标准滴定溶液 $[c(Na_2S_2O_3)=0.1mol/L]$ 用新煮沸并冷却的水稀释10倍。

3. 试验步骤　精确量取检验液10ml，置于250ml碘量瓶中，精密加入硫酸溶液1ml和产品标准中规定浓度的高锰酸钾溶液10ml，煮沸3分钟，迅速冷却，加碘化钾0.1g，密塞，摇匀。立即用相同浓度的硫代硫酸钠标准滴定溶液滴定至淡黄色，再加入5滴淀粉指示液，继续用硫代硫酸钠标准滴定溶液滴定至无色。用同样方法滴定空白对照液。

4. 结果计算　还原物质（易氧化物）含量以消耗高锰酸钾溶液的量表示，按式（3-2）计算：

$$V=(V_o-V_s)c_s/c_o \qquad\qquad (3-2)$$

式中，V 为消耗高锰酸钾标准滴定溶液的体积，单位为毫升（ml）；V_s 为检验液消耗硫代硫酸钠标准滴定溶液的体积，单位为毫升（ml）；V_o 为空白液消硫代硫酸钠标准滴定溶液的体积，单位为毫升（ml）；c_s 为硫代硫酸钠标准滴定溶液的实际浓度，单位为摩尔每升（mol/L）；c_o 为标准中规定的高锰酸钾标准滴定溶液的浓度，单位为摩尔每升（mol/L）。

📖 **拓展阅读**

滴定管的操作

一、酸式滴定管的操作

1. 洗涤　对无明显油污的干净滴定管，可直接用自来水冲洗或用滴定管刷蘸肥皂水或洗涤剂（但不能用去污粉）刷洗，再用自来水冲洗。如有明显油污，则需用洗液浸洗。洗涤时向管内倒入10ml左右铬酸洗液，再将滴定管逐渐向管口倾斜，并不断旋转，使管壁与洗液充分接触，管口对着废液缸，以防洗液撒出。若油污较重，可装满洗液浸泡，浸泡时间的长短视沾污情况而定。洗毕，洗液应倒回洗瓶中，洗涤后应用大量自来水淋洗，并不断转动滴定管，至流出的水无色，再用去离子水润洗三遍，洗净后的管内壁应均匀地润上一层水膜而不挂水珠。

2. 检漏　滴定管在使用前必须检查是否漏水。先关闭活塞，装水至"0"刻线以上，直立2分钟，仔细观察有无水滴滴下。将旋塞转180°，直立2分钟，观察有无水滴滴下。酸式管漏水或活塞转动不灵，则应重新涂抹凡士林。其方法是：将滴定管平放于试验台上，取下活塞，用吸水纸擦净或拭干活塞及活塞套，在活塞两侧涂上薄薄一层凡士林，再将活塞平行插入活塞套中，单方向转动活塞，直至活塞转动灵活且外观为均匀透明状态为止。用橡皮圈套在活塞小头一端的凹槽上，固定活塞，以免其滑落打碎。如遇凡士林堵塞了尖嘴玻璃小孔，可将滴定管装满水，用洗耳球鼓气加压，或将尖嘴浸入热水中，再用洗耳球鼓气，便可以将凡士林排除。

3. 装溶液和赶气泡　洗净后的滴定管在装液前，应先用待装溶液润洗内壁三次，用量依次为10ml、5ml、5ml左右。装入溶液的滴定管，应检查出口下端是否有气泡，如有应及时排除。其方法是：取下滴定管，倾斜成30°角，用手迅速打开活塞（反复多次），使溶液冲出并带走气泡；将排除气泡后的滴定管补加操作溶液到零刻度以上，然后再调整至零刻度线位置。

4. 读数　读数前，滴定管应垂直静置1分钟。读数时，管内壁应无液珠，管出口的尖嘴内应无气泡，尖嘴外应不挂液滴，否则读数不准。读数方法是：取下滴定管用右手大拇指和食指捏住滴定管上部无刻度处，使滴定管保持垂直。并使自己的视线与所读的液面处于同一水平上。不同的滴定管读数方法略有不同：一般滴定管应读取弯月面最低点所对应的刻度。对无色或浅色溶液，有乳白板蓝线衬背的滴定管读数应以两弯月面相交的最尖部分为准。对深色溶液，则一律按液面两侧最高点相切处读数。对初学者，可使用读数卡，以使弯月面更清晰。注意初读数与终读数采用同一标准。必须读到小数点后第二位，即要求估计到0.01ml。

5. 滴定　读取初读数之后，将滴定管下端插入锥形瓶（或烧杯）口内约1cm处进行滴定。左手拇指与食指跨握滴定管的活塞处，与中指一起控制活塞的转动。应注意，不要过于紧张，手心用力以免将活塞从大头推出造成漏水，而应将三手指略向手心回力，以塞紧活塞。滴定时速度的控制一般为开始时每秒3~4滴；接近终点时，应一滴一滴加入，并不停地摇动，仔细观察溶液的颜色变化；也可每次加半滴（使溶液悬而不滴，让其沿器壁流入容器，再用少量去离子水冲洗内壁，并摇匀），仔细观察溶液的颜色变化，直至滴定终点为止。读取终读数，立即记录。注意，在滴定过程中左手不应离开滴定管，以防流速失控。

6. 平行试验　平行滴定时，最好每次都将初刻度调整到"0"刻度，这样可减少滴定管刻度的系统误差。

7. 最后整理　滴定完毕，应放出管中剩余溶液，洗净滴定管，装满去离子水，罩上滴定管盖备用。

二、碱式滴定管的操作

1. 洗涤　滴定管使用前和用完后都应进行洗涤。洗前要将滴定管关闭，管中注入水后，一手拿住滴定管上端无刻度的地方，一手拿住橡皮管上方无刻度的地方，边转动滴定管边向管口倾斜，使水浸湿全管。然后直立滴定管，捏挤橡皮管使水从尖嘴口流出。

2. 试漏　给碱式滴定管装满水后夹在滴定管架上静置1~2分钟。若有漏水应更换橡皮管或管内玻璃珠，直至不漏水且能灵活控制液滴为止。

3. 装溶液和排气泡　装标准溶液前应先用标准液涮洗滴定管2~3次，洗去管内壁的水膜，以确保标准溶液浓度不变。装液时要将标准溶液摇匀，然后不借助任何器皿直接注入滴定管内。

4. 滴定　进行滴定操作时，左手握管，拇指在前，食指在后，其他三个手指辅助夹住出口管，用拇指和食指捏住玻璃珠所在的部位，向右边挤橡胶管，使玻璃珠移至手心一侧，这样，溶液即可从玻璃珠旁边的空隙流出；注意不要用力捏玻璃珠，也不要使玻璃珠上下移动，不要捏玻璃珠下面的橡胶管，以免空气进入而形成气泡，影响读数。操作过程中要边滴定边摇动锥形瓶。开始时，应边摇边滴，滴定速度可稍快，但不能流成"水线"。接近终点时，应改为加一滴，摇几下。最后，每加半滴溶液就摇动锥形瓶，直至溶液出现明显的颜色变化。用碱管滴加半滴溶液时，应先松开拇指和食指，将悬挂的半滴溶液沾在锥形瓶内壁上，再放开无名指与小指。这样可以避免出口管尖出现气泡，使读数造成误差。

5. 读数　装满或放出溶液后，必须等1~2分钟，使附着在内壁的溶液流下来，再进行读数。如果放出溶液的速度较慢（例如，滴定到最后阶段，每次只加半滴溶液时），等0.5~1分钟即可读数。每次读数前要检查一下管壁是否挂水珠，管尖是否有气泡。读数方法与酸式滴定管相同。

6. 完成整理　滴定结束后，滴定管内剩余的溶液应弃去，不得将其倒回原瓶，以免沾污整瓶溶液。随即洗净滴定管，并用蒸馏水充满全管，备用。

第四节　酸碱度的检测

PPT

一、概述

在自然健康的状态下，人的身体应当呈现弱碱性，也就是血液酸碱度（pH）在7.4左右。人体组织的正常酸碱度（pH）应在7~7.4；血液的正常酸碱度（pH）在7.35~7.45。不同的组织或器官之间酸碱度（pH）会存在差异，但是特定的某一组织或器官在正常生命状态下酸碱度（pH）是相对固定的。若在使用某一医疗器械时，产品带入的酸碱度变化过大必将给人体脏器带来刺激，长时间使用还会造成严重的不可逆伤害。

二、方法

（一）酸度计测定法

取检验液和空白对照液，用酸度计分别测定其pH，以两者之差作为检验结果。

1. 检测原理　酸度计又称pH计，是指用来测定溶液酸碱度值的仪器。酸度计是利用原电池的原理工作的，原电池的两个电极间的电动势，既与电极的自身属性有关，还与溶液里的氢离子浓度有关。原电池的电动势和氢离子浓度之间存在对应关系，氢离子浓度的负对数即为pH。酸度计是一种常见的分析仪器，广泛应用在工业、环保和农业等领域。

2. 酸度计的使用　实验室使用的电极多为复合电极，其优点是使用方便，不受氧化性或还原性物质的影响，且平衡速度较快。在此简单介绍复合电极的使用方法。酸度计使用前需要标定，即用已知pH的缓冲溶液来校正酸度计，使酸度计的读数与缓冲溶液的pH一致，以确保测量结果的准确。通常校正方法有一点校正法和二点校正法，一点校正法适用于分析精度要求不高的情况，二点校正法适用于分析精度要求较高的情况。校正完毕后，清洗电极，并吸干电极球表面的余水待用。一般来说，仪器如果当日内连续使用，只需最初标定一次。

检测样品时，将复合电极加液口上所套的橡胶套和下端的像皮套取下，以保持电极内氯化钾溶液的液压差恒定。将电极夹向上移出，用蒸馏水清洗电极头部，并用滤纸吸干。把电极插在被测溶液内，调节温度调节器，使所指示的温度与溶液的温度相同，摇动试杯使溶液均匀，待读数稳定后，读出该溶液的pH。检测完成之后关闭仪器电源，用蒸馏水清洗电极头部，并用滤纸吸干，之后浸泡在饱和的氯化钾溶液中保存。

3. 注意事项　仪器使用前应仔细阅读使用说明书，确认使用条件。实验室使用的复合电极多

医药大学堂
WWW.YIYAODXT.COM

为非封闭式，在进行操作前，应首先检查电极的完好性，查看电极的玻璃球是否有裂痕、破碎。其次，在使用过程中应把电极上面的橡皮剥下，使小孔露在外面，否则在进行分析时，会产生负压，导致氯化钾溶液不能顺利通过电极的玻璃球与被测溶液进行离子交换，会使测量数据不准确。测量完成后应把橡皮复原，封住小孔。电极头部经蒸馏水清洗后，应浸泡在饱和的氯化钾溶液中，以保持电极球的湿润。

（二）Tashiro指示剂滴定法

1. 原理　Tashiro指示剂的变色点为pH=5.4，颜色变化如下：5.2（红紫）→5.4（灰蓝）→5.6（绿）。往检验液中加入Tashiro指示剂后，根据溶液颜色选择用盐酸还是氢氧化钠标准滴定溶液滴定，所消耗的滴定溶液的量作为检验结果。

2. 溶液配　需配制的溶液如下。

（1）氢氧化钠标准滴定溶液 $[c(NaOH)=0.1mol/L]$　按GB/T 601的规定配制及标定。

（2）氢氧化钠标准滴定溶液 $[c(NaOH)=0.01mol/L]$　临用前取氢氧化钠标准滴定溶液 $[c(NaOH)=0.1mol/L]$ 加水稀释10倍。

（3）盐酸标准滴定溶液 $[c(HCl)=0.1mol/L]$　按GB/T 601的规定配制及标定。

（4）盐酸标准滴定溶液 $[c(HCl)=0.01mol/L]$　临用前取盐酸标准滴定溶液 $[c(HCl)=0.1mol/L]$ 加水稀释10倍。

（5）Tashiro指示剂　溶解0.2g甲基红和0.1g亚甲基蓝于100ml乙醇（体积分数为95%）中。

3. 试验步骤　精确量取20ml检验液置100ml磨口瓶中，加入0.1ml Tashiro指示剂，如果溶液颜色呈紫色，则用氢氧化钠标准滴定溶液 $[c(NaOH)=0.01mol/L]$ 滴定；如果呈绿色，则用盐酸标准滴定溶液 $[c(HCl)=0.01mol/L]$ 滴定，直至显灰色。以消耗氢氧化钠标准滴定溶液 $[c(NaOH)=0.01mol/L]$ 或盐酸标准滴定溶液 $[c(HCl)=0.01mol/L]$ 的体积（以毫升为单位）作为检验结果。

（三）酚酞/甲基红指示液检验法

1. 原理　酚酞指示液的变色范围：pH 8.2~10.0；在pH<8.2的溶液里为无色的内酯式结构，在pH≥8.2的溶液里为醌式结构，溶液显出红色。甲基红指示液pH变色范围4.4（红）~6.2（黄）。

2. 溶液配制　需配制的溶液如下。

（1）氢氧化钠标准滴定溶液 $[c(NaOH)=0.1mol/L]$　按GB/T 601的规定配制及标定。

（2）氢氧化钠标准滴定溶液 $[c(NaOH)=0.01mol/L]$　临用前取氢氧化钠标准滴定溶液 $[c(NaOH)=0.1mol/L]$ 加水稀释10倍。

（3）盐酸标准滴定溶液 $[c(HCl)=0.1mol/L]$　按GB/T 601的规定配制及标定。

（4）盐酸标准滴定溶液 $[c(HCl)=0.01mol/L]$　临用前取盐酸标准滴定溶液 $[c(HCl)=0.1mol/L]$ 加水稀释10倍。

（5）酚酞指示液（10g/L）　称取1g酚酞，溶于乙醇（体积分数为95%）并稀释至100ml。

（6）甲基红指示液（1g/L）　称取0.1甲基红，溶于乙醇（体积分数为95%）并稀释至100ml。

3. 试验步骤　向10ml检验液中加入2滴酚酞指示液，溶液不应呈红色。加入0.4ml的氢氧化钠标准滴定溶液 $[c(NaOH)=0.01mol/L]$，应呈红色。加入0.8ml盐酸标准滴定溶液 $[c(HCl)=0.01mol/L]$，红色应消失。加入5滴甲基红指示液，溶液应呈红色。

拓展阅读

移液管、吸量管的使用

1.洗净仪器　先用自来水淋洗后，用铬酸洗涤液浸泡，操作方法如下：用右手拿移液管或吸量管上端合适位置，食指靠近管上口，中指和无名指张开握住移液管外侧，拇指在中指和无名指中间位置握在移液管内侧，小指自然放松；左手拿洗耳球，持握拳式，将吸耳球握在掌中，尖口向下，握紧吸耳球，排出球内空气，将吸耳球尖口插入或紧接在移液管（吸量管）上口，注意不能漏气。慢慢松开左手手指，将洗涤液慢慢吸入管内，直至刻度线以上部分，移开吸耳球，迅速用右手食指堵住移液管（吸量管）上口，等待片刻后，将洗涤液放回原瓶。并用自来水冲洗移液管（吸量管）内、外壁至不挂水珠，再用蒸馏水洗涤3次，控干水备用。

2.吸取溶液　摇匀待吸溶液，将待吸溶液倒一小部分于一洗净并干燥的小烧杯中，用滤纸将清洗过的移液管尖端内外的水分吸干，并插入小烧杯中吸取溶液，当吸至移液管容量的1/3时，立即用右手食指按住管口，取出，横持并转动移液管，使溶液流遍全管内壁，将溶液从下端尖口处排入废液杯内。如此操作，润洗3~4次后即可吸取溶液。将移液管插入待吸液面下1~2cm处用吸耳球按上述操作方法吸取溶液（注意移液管插入溶液不能太深，并要边吸边往下插入，始终保持此深度）。当管内液面上升至标线以上1~2cm处时，迅速用右手食指堵住管口（此时若溶液下落至标准线以下，应重新吸取），将移液管提出待吸液面，并使管尖端接触待吸液容器内壁片刻后提起，用滤纸擦干移液管或吸量管下端黏附的少量溶液（在移动移液管或吸量管时，应将移液管或吸量管保持垂直，不能倾斜）。

3.调节液面　左手另取一干净小烧杯，将移液管管尖紧靠小烧杯内壁，小烧杯保持倾斜，使移液管保持垂直，刻度线和视线保持水平（左手不能接触移液管）。稍稍松开食指（可微微转动移液管或吸量管），使管内溶液慢慢从下口流出，液面将至刻度线时，按紧右手食指，停顿片刻，再按上法将溶液的弯月面底线放至与标线上缘相切为止，立即用食指压紧管口。将尖口处紧靠烧杯内壁，向烧杯口移动少许，去掉尖口处的液滴。将移液管或吸量管小心移至承接溶液的容器中。

4.放出溶液　将移液管或吸量管直立，接收器倾斜，管下端紧靠接收器内壁，放开食指，让溶液沿接收器内壁流下，管内溶液流完后，保持放液状态停留15秒，将移液管或吸量管尖端在接收器靠点处靠壁前后小距离滑动几下（或将移液管尖端靠接收器内壁旋转一周），移走移液管（残留在管尖内壁处的少量溶液，不可用外力强使其流出，因校准移液管或吸量管时，已考虑了尖端内壁处保留溶液的体积。除在管身上标有"吹"字的，可用洗耳球吹出，不允许保留）。

5.清洗仪器　洗净移液管，放置在移液管架上。

6.注意事项　移液管（吸量管）不应在烘箱中烘干；移液管（吸量管）不能移取太热或太冷的溶液；同一试验中应尽可能使用同一支移液管；移液管在使用完毕后，应立即用自来水及蒸馏水冲洗干净，置于移液管架上；在使用吸量管时，为了减少测量误差，每次都应从最上面刻度（0刻度）处为起始点，往下放出所需体积的溶液，而不是需要多少体积就吸取多少体积。

PPT

第五节 紫外吸光度的检测

一、紫外吸光度检测理论基础

（一）电磁辐射与波谱

光是一种电磁辐射（或电磁波）。电磁波是在空间传播的交变电磁场，它具有一定的波长（λ）、频率（ν）和强度（I）。电磁波具有微粒性和波动性的双重特性，称为"波粒二象性"，它能够在介质中向前传播，在传播过程中具有波的性质，会发生散射、折射、反射、干涉、衍射和偏振等现象；同时，又表现出粒子的特征。

光的某些性质，如光与原子、分子相互作用的现象，宜用微粒性来解释，可把光看成是一种从光源射出的能量子流，这种能量子也叫光量子或光子（photons），光子能量（E）与光的频率（ν）成正比，其关系如下：

$$E = h\nu \tag{3-3}$$

式中，h 为普朗克（Planck）常数（6.63×10^{-34}J·s）；频率 ν 用赫兹（Hz，s^{-1}）表示；E 的常用单位是焦耳（J），eV 是可与国际单位制并用的其他能量单位，1J $= 6.241 \times 1018$eV。

把光子的概念应用于光电效应，可认为一个光子的能量是传递给金属中的单个电子的，并且每一个电子一次只能吸收一个光子。电子吸收一个光子后，把所吸收的一部分能量用于挣脱金属对它的束缚，余下的一部分就变成电子离开金属表面后的动能，按能量守恒和转换定律应有：

$$E = h\nu = mV^2/2 + \omega \tag{3-4}$$

式（3-4）为爱因斯坦光电效应方程。其中，$mV^2/2$ 为光电子的动能；ω 为光电子逸出金属表面所需的最小能量，称为脱出功。

光的另一些性质，如与光的传播有关的现象，宜用波动性来解释。不同的电磁波具有不同的波长或频率。在真空中，电磁波以光速（$c \approx 3 \times 10^{10}$cm/s）传播，波长和频率的关系为：$\lambda = c/\nu = hc/E$。波长越长，光子的能量越小，反之，能量越大。当一定频率的电磁波通过不同的介质时，其频率不变，而波长会发生改变，故频率是电磁波最基本的性质。

在光谱分析中，波长的单位常用纳米（nm）或微米（μm）来表示，1m$=10^6$μm$=10^9$nm。波长的倒数 σ 称为波数，常用单位 cm^{-1} 表示，它表示在真空中单位长度内所具有的波的数目，即 $\sigma=1/\lambda$。

根据波长的不同，电磁波可以分为无线电波、微波、红外光（800~400μm）、可见光（400~800nm）、紫外（10~400nm）及X射线几个区域，如图3-1所示。各波段电磁波的波长和频率以及具有的能量各不相同，而且产生的机理也不相同。例如，红外线是由分子的振动和能级跃迁产生的，而X射线则是由高速运动的电子束轰击原子内层电子产生的。

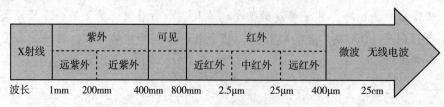

图3-1 电磁波波谱

（二）分子吸收与分子吸收光谱

根据量子理论，原子或分子具有的能量是量子化的，它们有确定的能量，仅仅能存在于一定的不连续能态上，叫作原子或分子的能级。如图3-2所示，E_0、E_1、E_2、E_3表示能量由低到高的4个能级。原子或分子的最低能态称为基态，较高能态称为激发态。在室温下，物质一般都处于基态。

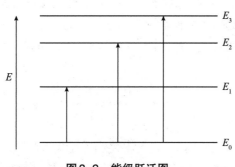

图3-2　能级跃迁图

当一个原子或分子吸收一个光子的能量（ΔE）时，就由一种稳定的状态（基态）跃迁到另一种状态（激发态）。它所吸收的光子（电磁波）的能量等于体系的能量的变化量（ΔE）。所以，只有光子的能量在数值上等于两个能级之差时，才发生辐射的吸收，产生吸收光谱。根据式（3-3）可导出，吸收的电磁辐射能与光速、频率和波长之间的关系如下。

$$\Delta E = E_{激发态} - E_{基态} = h\nu = hc/\lambda \qquad (3-5)$$

因此，原子或分子由低能态向高能态跃迁时，能量变化都是量子化的，它们只能有与Planck常数成比例的一定值，没有居中的能量值。若将频率为 ν 的电磁波通过一层固体、液体或气体物质，而电磁波的能量正好等于物质的基态 E_0 和某一激发态 E_A 之间的能量差时，物质就会吸收辐射，此时电磁辐射能量被转移到组成物质的原子或分子上，物质将由低能态（基态）跃迁至高能态（激发态）。由于不同物质其跃迁的能级差不同，所以通过对吸收波长或频率对应的吸光度的研究，可得到吸光度对波长或频率的函数曲线，即吸收光谱（图3-3）。

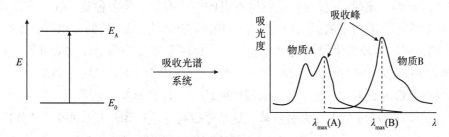

图3-3　电磁辐射产生的分子吸收光谱

吸收光谱又分为原子吸收光谱和分子吸收光谱。分子是物质中能够独立存在的相对稳定并保持该物质物理化学特性的最小单元。分子由原子构成，原子通过一定的作用力，以一定的次序和排列方式结合成分子。由分子中电子能级的跃迁而产生的吸收光谱称为分子吸收光谱。由于其吸收波长一般位于紫外-可见光区域，也称为紫外-可见吸收光谱，可用紫外-可见分光光度计来进行测定。

在分子吸收光谱中，横坐标以波长 λ 来表示，也可以用波数或频率来表示。纵坐标一般用吸光度A来表示，也可以用百分透射率（$T\%$）或摩尔吸收系数来表示。吸收曲线的峰称为吸收峰，它所对应的波长即为最大吸收波长（$\lambda_{\max}$），曲线的谷对应的波长称为最小吸收波长（$\lambda_{\min}$），在峰旁边的一个小的曲折称为肩峰。

（三）紫外–可见吸光光谱分析技术

1. 朗伯–比尔定律　分子吸收光谱是基于测定在光程长度为d（cm）的透明池中，溶液的透射特性来确定的，如图3-4所示。吸光度A，是指单色光线通过物质样液时被吸收的程度，是入射光强度I_0与该光线通过溶液后的透射光强度I_1的以10为底的对数值，即：$A=\lg(I_0/I_1)$。透射率T，是指透射光强度I_1与入射光强度I_0的比值，即：$T=I_1/I_0$。所以，吸光度A与透射率T的关系为：$A=\lg(1/T)$。

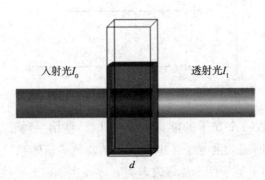

入射光I_0　　　　　　透射光I_1

d

图3-4　分子吸收示意图

根据朗伯–比尔定律，一定温度下，一定波长的单色光通过均匀的、非散射的溶液时，溶液的吸光度与溶液的浓度、液层厚度的乘积成正比。

$$A = \lg \frac{I_0}{I_1} = \varepsilon \cdot d \cdot c \tag{3-6}$$

式中，c为物质的浓度（mol/L）；d为液层厚度（cm）；ε为摩尔吸收系数，它是浓度为1mol/L的溶液在1cm的吸收池中，在某一波长下测得的吸光度，是物质吸光能力的量度；ε可作为定性鉴定的参数，它与入射波长、溶液的性质以及温度有关，不随浓度c和光程长度d的改变而改变。在温度和波长等条件一定时，ε仅与吸收物质本身的性质有关，是各种物质在一定波长下的特征常数。同一物质在不同波长下的ε值是不同的，在最大吸收波长$\lambda_{\max}$处的摩尔吸光系数，常以$\varepsilon_{\max}$表示。$\varepsilon_{\max}$表明该吸收物质最大限度的吸光能力，也反映了光度法测定该物质可能达到的最大灵敏度。$\varepsilon_{\max}$越大表明该物质的吸光能力越强，用光度法测定该物质的灵敏度越高。在一般文献资料中，紫外吸收光谱的数据，多记录其最大吸收峰的波长位置及其摩尔吸收系数，例如，表示在乙醇溶液中，试样在297nm处有最大吸收峰，这个吸收峰对应的摩尔吸收系数为5012。通过吸光光度计测得物质吸光度，即可根据式（3-7）求出摩尔吸收系数：

$$\varepsilon = \frac{A}{c \cdot d} = \frac{A}{\dfrac{W}{M} \cdot d} \tag{3-7}$$

式中，M为摩尔质量，g/mol；W为试样质量，g；c为物质的浓度，mol/L；d为液层厚度，cm。

2. 紫外–可见吸光光谱分析技术　紫外–可见吸收光谱是物质吸收紫外–可见光区的电磁波而产生的吸收光谱，简称紫外光谱。紫外–可见光波段包括10~200nm的远紫外区（真空紫外）、200~400nm的近紫外区和400~800nm的可见光区，其光谱可用紫外–可见分光光度计检测得到。

紫外-可见吸收光谱的产生是由于吸收介质中电子在能级之间的跃迁，但不是任何介质受到紫外光的照射都会产生电子跃迁。一般而言，紫外-可见光谱主要发生在有机物、无机物和电荷转移复合物三种样品上。紫外-可见吸收光谱主要是基于物质只对特定波长光波吸收的特性，因此，通过测定物质的吸收光谱或在特定波长处的吸光度值，可对物质进行定性、定量或结构分析，紫外-可见吸收光谱分析技术具有以下特点：测量范围宽，主要用于痕量组分（物质中含量在百万分之一以下的组分）的测定，测定浓度下限可达 $10^{-5}\sim10^{-6}$ mol/L，配合预先浓缩等措施，测定浓度可进一步提高；测量准确度高，该方法的准确度能满足痕量组分测定的要求，常规仪器测定的相对误差为 2%~5%，使用精密度高的分光光度计，误差可减小 1%~2%；应用范围广，元素周期表中几乎所有的金属元素均能进行测定，也可用于分析氮、硅、硼、氧、硫、磷、卤素等非金属元素。对有机物而言，其本质在于物质分子中的某些基团吸收了紫外、可见光后，分子中的价电子发生了电子能级跃迁，产生特异性的分子吸收光谱，能引起电子跃迁的基团叫发色基团。因此，凡具有发色基团的有机化合物均可以用此法进行定量和定性分析。常见的发色基团有 >C=C<、—C≡C—、>C=O、—COOH、—CONH$_2$、—NO$_2$、—N=O、—N=N—，见表3-2，其中，溶剂的极性会影响吸收峰的波长、形状和强度。

表3-2　常见发色基团的最大吸收峰

发色基团	化合物	溶剂	λ_{max}（nm）
>C=C<	CH$_2$=CH$_2$	气态	193
—C≡C—	HC≡CH	气态	173
>C=N—	（CH$_3$）$_2$=NOH	气态	190，300
—C≡N	CH$_3$C≡N	气态	167
>C=O	CH$_3$COCH$_3$	正己烷	166，276
—COOH	CH$_3$COOH	水	204
>C=S	CH$_3$CSCH$_3$	水	400
—NO$_2$	CH$_3$NO$_2$	水	270
—N=O	CH$_3$（CH$_2$）$_3$—NO	乙醚	300，665
—N=N—	CH$_3$N=NCH$_3$	乙醇	338

（1）定性检测方法　利用紫外吸收光谱对有机化合物进行定性鉴定和组分测定的主要依据是化合物的吸收光谱特征，包括吸收光谱曲线形状、吸收峰的波长位置和数目、摩尔吸光系数等，其中，最大吸收波长 λ_{max} 是有机化合物定性鉴定的主要参数。如果两种物质有同样的组分结构时，其紫外吸收光谱应完全相同。反之，两种物质的紫外吸收光谱完全相同其组分必定完全相同的结论则不一定成立，但可对化合物作出初步判断。

在实际应用中，可通过对比法进行物质鉴定。对比法是将样品的吸收谱和标准图谱或者标准样品的图谱进行比较。如果两者完全相同，则可能是同一种化合物，若两者不同，则肯定不是同一种物质。最常用的紫外-可见光标准谱图是美国费城萨特勒实验室连续出版的《标准紫外光谱》。

（2）定量检测方法

1）标准对照法（直接比较法）　在同样条件下，分别测定标准溶液（浓度为 c_s）和样品溶液（浓度为 c_x）的吸光度 A_s 和 A_x，则可求出样品溶液的浓度：$c_x=c_s\times A_x/A_s$，测试时应确保测试条件严格保持一致，标准溶液浓度应尽量接近被测样品的浓度，以避免因吸光度与浓度之间线性关系发生偏离而带来误差。

2）标准曲线法　先配制一系列浓度不同的标准溶液，在与试样相同条件下，分别测定其吸光度，以吸光度值为纵坐标，标准溶液浓度值为横坐标，绘制标准曲线，得出吸光度与浓度的关系算法；然后测定样品的吸光度，并根据关系算法计算出样品溶液的浓度。

（四）紫外–可见分光光度计

紫外–可见分光光度计操作简便、价格便宜，对实验室要求不高，是一般分析实验室的必备仪器，其基本组件主要有光源、波长选择器、吸收池（样品室）、光检测器和输出装置5大部分。（图3–5）。

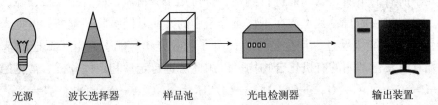

光源　　　波长选择器　　　样品池　　　光电检测器　　　输出装置

图3–5　紫外–可见分光光度计的基本组件

1.光源　在光谱光度测量中，光源需在整个紫外光区、可见光区可以发射稳定的连续光谱，具有足够的辐射强度、较好的稳定性、较长的使用寿命。可见光区常用的光源是钨灯或碘钨灯，波长范围是350~1000nm。由于钨丝灯的输出依赖电压，故一般用6V或12V的电池或变压器稳压输出点亮。在紫外光区，常用的光源为氢灯或氘灯，电子在低压下通过气体时会引起气体分子的激发发光，氢灯发射的连续波长范围是160~375nm。

2.波长选择器　在光谱测量中，需要用到窄带光源，用于增强仪器的选择性和灵敏度。将光源发出的连续光分解成单色光并可从中选出指定波长单色光或窄波段范围的光学系统为波长选择器，它是分光光度计的心脏部分。常见的波长选择器有吸收型滤波片和单色仪。在紫外分光光度计测量连续光谱的应用中，需要在某个波段范围内连续地改变波长，这种仪器称为单色仪，如图3–6所示。单色仪一般由狭缝、色散元件及透镜系统组成，常用的色散元件是棱镜或衍射光栅。

入射狭缝将散射光源变成点光源，再经透镜系统变成平行光。由于材料的折射率随入射光波长的增大而减小。不同波长的光通过棱镜时，传播方向有不同程度的偏折，短波光比长波光的偏折更厉害，因此，平行射入的复合光经过棱镜后被色散，成为按波长顺序排列的单色光。另一种色散元件光栅是由一组相互平行、等宽、等间距的致密狭缝构成的光学器件，波长范围宽，色散均匀，分辨性能好，使用方便。光栅光谱的产生是单狭缝衍射和多狭缝干涉共同作用产生的结果，前者决定谱线强度，后者决定谱线出现的位置，如图3–6（b）所示。

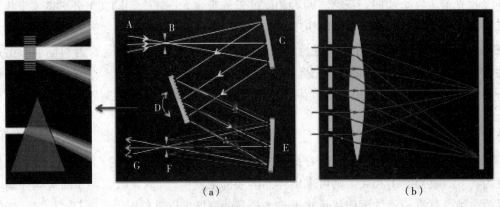

（a）　　　　　　　　　　　　　　（b）

图3–6　单色仪和光栅工作原理

平行射入的复合光经过色散元件后被色散，此时，如果旋转色散元件，可使某一波长的光通过色散元件后从出射狭缝射出。出射狭缝将单色器的散射光过滤成单色光，直接关系到仪器的分辨率，狭缝越小，光的单色性越好。

3.样品池　紫外–可见光吸收谱通常是在液体状态下测定的，为了测定分析物的紫外光谱，通常将样品盛装在一个吸收池（比色皿）中。吸收池所用的材料必须能够透过所测光谱范围的光。玻璃能透过350~3200nm范围内的光，石英能透过185~4000nm的光。一般可见光区使用玻璃吸收池，而紫外光区使用石英吸收池（因为玻璃会吸收紫外光）。常见的吸收池为方形，其内部宽度有0.5、1.0、2.0、5.0cm等规格，也就是液层厚度。在高精度的分析测定中（紫外区尤其重要），吸收池要挑选配对，这是因为吸收池材料的本身吸光特性以及吸收池的光程长度的精度等对分析结果都有影响。

在紫外–可见吸收光谱测量中，被测样品一般溶解于对紫外光透明的溶剂中，如（正）己烷、95%乙醇、甲醇及1，4–二氧杂环乙烷等。样品溶液放置在合适的吸收池中，然后在指定光谱范围进行光谱测量，溶剂本身的吸收可通过测定单独放置在相同规格吸收池中的溶剂的光谱吸收来减除，剩下的便是待测溶质本身的光谱吸收。

4.光电检测器　利用光电效应将透过吸收池的光信号转变成可测量的电信号。当一个光子照射到对光灵敏的材料（如硅、硒、硫化镉、砷化镓）上时，光子能量被该物质中的某个电子全部吸收，电子吸收光子的能量后，动能增加，如果动能增大到足以克服原子核对它的引力，就能逸出金属表面，成为自由光电子，在电压作用下形成光电流。因此，电信号强度与所检测的光信号强度为线性关系。光电检测器要求具有灵敏度高、响应时间短、噪声水平低、稳定性好等优点，常用的有光电倍增管（PMT）、光电二极管等。

光电二极管的两个电极之间的电压约为100V。当一个光子进入管中并轰击阴极时，一个电子会被发射出来并被阳极所吸附，由此产生的电流可被放大并测量。光电材料的响应与光波长相关，不同光谱范围需采用不同的光电管。

光电倍增管由一系列倍增电极组成，相连电极中，下一级电极的电压比前一级电极的电压高50~90V。当光子落在阴极时会发射出电子，而两个相连电极的电压将使电子加速运动到另一个发光阴极，由此会产生二次电子发射，这种过程可经过最高10级放大，信号放大能力强，可用于检测单光子。

5.输出装置　从传感器发出的电信号先经过放大或处理后再传到记录仪或显示器输出，溶剂的光谱等背景信号可从溶液光谱中减去，吸收光强与光波长的关系图即为样品的吸收曲线。

二、无源医疗器械紫外吸光度检测

（一）概述

能在紫外光区产生吸收的生色基团有：C＝C，C＝O，N＝N，—NH₂，—NO₂，—OH，—OR，—SH，—SR，—NR₂，—Cl，—Br，—I等。例如，醛类、酮类、苯、取代苯（苯酚、卤代苯、苯硫酚、苯甲醚、苯胺等）、多环芳烃、杂环化合物（环戊二烯、呋喃、噻吩、吡咯等）。这些物质进入人体会产生一定的伤害，所以应尽量避免。

在无源医疗器械生产过程中加入或生产过程中产生以上物质（如环氧大豆油、有机锡稳定剂等增塑剂、热稳定剂及黏合剂等）的概率比较高，在确实无法避免的情况下应注意其总量的控制。因此在对产品进行评价时需要进行紫外吸光度检测，以评价这些在紫外光区有吸收基团的有机杂质的含量。

（二）紫外吸光度检测方法

在标准GB 8368—2018《一次性使用输液器 重力输液式》中，介绍了输液器紫外吸光度检测的方法，其简要过程是：制备检验液，必要时用0.45μm的微孔滤膜过滤，在制备后5小时内用1cm比色皿以空白对照液为参比，在250~320nm波长范围内测定吸光度。

紫外吸光度用紫外分光光度计进行测试，该仪器的使用应严格按照产品使用说明书进行。常规情况下，主要包含以下几个重要步骤。

1.检验样品的制备与处理 特别要重视的是应用0.45μm的微孔滤膜过滤，以避免漫射光干扰。

2.基线校正 机器预热后，先用空白对照液在选定波长范围内对机器进行基线校正。

3.样品检测 基线校正后，在同样波长范围内进行样品的检测，得出试验数据图。特别需要注意的是比色皿的使用要符合相关规范，以防止人为因素导致试验数据不准确。

通常情况下结合无源医疗器械产品所使用的原材料和生产过程用的添加剂以及生产过程和工艺选择适当的波长范围进行检测，充分了解产品中可能含有的紫外吸收基团和物质，确定最大吸收波长，进行紫外吸光度检测。结合目前已有的一些产品标准，通常情况下要求紫外吸光度不大于0.1。

第六节 重金属含量的检测

一、概述

PPT

重金属是指在规定试验条件下能与硫代乙酰胺或硫化钠作用显色的金属杂质，如铅（Pb）、铬（Cr）、铜（Cu）、锌（Zn）、镉（Cd）、砷（As）、汞（Hg）、镁（Mg）、锰（Mn）等。无源医疗器械中重金属的存在，将一定程度上影响其使用安全。由于生产中遇到铅的机会较多，且铅在人体内易蓄积中毒，故常常以铅为代表检测重金属。

无源医疗器械中重金属根据检测类型可分为重金属总含量的检测和重金属元素含量检测，根据被测材料可分为检验液中重金属检测和材料中重金属检测。目前采用的检测方法主要是比色法和原子吸收分光光度法。

二、重金属总含量的检测方法

微课

（一）硫代乙酰胺比色法

本法适用于在弱酸性条件下测定重金属总含量。

1.检测原理 在弱酸性（pH 3.5）条件下，铅、铬、铜、锌等重金属能与硫代乙酰胺作用生成不溶性有色硫化物，主要反应有式（3–8）和式（3–9）。以铅标准溶液为代表进行比色，测定重金属的总含量。

$$CH_3CSNH_2 + H_2O \xrightarrow{pH\ 3.5} CH_3CONH_2 + H_2S \qquad (3–8)$$

$$Pb^{2+} + H_2S \xrightarrow{pH\ 3.5} PbS\downarrow + 2H^+ \qquad (3–9)$$

2.溶液配制 硫代乙酰胺比色法检测重金属总含量过程中需要配制的溶液如下。

（1）醋酸盐缓冲溶液（pH 3.5） 取醋酸铵25g，加水25ml溶解后，加7mol/L盐酸38ml，用

2mol/L盐酸或5mol/L氨溶液准确调节pH至3.5（电位法指示），用水稀释至100ml。其中7mol/L盐酸试液取盐酸58ml，加水稀释成100ml即得；2mol/L盐酸试液取盐酸16.5ml，加水稀释成100ml即得；5mol/L氨试液取氨水35.5ml，加水稀释成100ml即得。

（2）**硫代乙酰胺试液** 取硫代乙酰胺4g，加水使溶解成100ml，置冰箱中保存。临用前取混合液（由1mol/L氢氧化钠15ml、水5ml及甘油20ml组成）5.0ml，加上述硫代乙酰胺溶液1.0ml，置沸水浴上加热20秒，冷却，立即使用。

（3）**铅标准贮备液**（100μg/ml） 称取110℃干燥恒重的硝酸铅0.1598g，加入5ml硝酸和50ml水溶解解后，用水定容至1000ml，摇匀，作为铅标准贮备液。

（4）**铅标准溶液** 依据产品标准要求，检验前用贮备液准确稀释至所需浓度。

（5）**稀焦糖溶液** 取蔗糖或葡萄糖约5g，置瓷坩埚中，在玻璃棒不断搅拌下，加热至呈棕色糊状，放冷，用水溶解为约25ml，滤过，贮于滴瓶中备用。临用时，根据供试溶液色泽深浅，取适当量调节使用。

3.试验步骤 精密量取检验液25ml于25ml纳氏比色管中，另取一支25ml纳氏比色管，加入铅标准溶液25ml，于上述两支比色管中分别加入醋酸盐缓冲液（pH 3.5）2ml，再分别加入硫代乙酰胺试液2ml，摇匀，放置2分钟，即得供试溶液和对照溶液。

将两支比色管置白色背景下从上方观察，比较供试溶液和对照溶液的颜色深浅。

4.记录与结果判定 记录试验时的室温、取样量、铅标准溶液的浓度和所取毫升数，以及供试溶液与对照液颜色比较的观察结果。

若供试溶液颜色不浓于对照溶液颜色，判定该项检测符合规定；如供试溶液颜色浓于对照溶液颜色，则判定该项检测不符合规定。

5.特殊情况处理 鉴于医疗器械产品的复杂多样，在重金属总含量检测过程中可能出现以下特殊情况。

（1）**检验液显色** 可在标准对照液中加入少量稀焦糖溶液或者其他无干扰的有色溶液，使之与检验液颜色一致。再在检验液和标准对照液中各加入2ml硫代乙酰胺试液，摇匀，放置2分钟。在白色背景下从上方观察，比较颜色深浅。

（2）**检验液中存在吸附或消耗铅的杂质** 为防止这类杂质干扰检测结果，可将检验液和铅标准溶液的加入量调整为10ml，并同时同步配制监控液管进行比较。即精密量取检验液10ml于25ml纳氏比色管中，另取两支25ml纳氏比色管，一支加入铅标准溶液10ml，另一支加入检验液10ml和铅标准溶液10ml，于上述三支比色管中分别加入适当溶液稀释至25ml，再分别依次加入醋酸盐缓冲液（pH3.5）2ml、硫代乙酰胺试液2ml，摇匀，放置2分钟，即得供试溶液、对照溶液和监控溶液。监控液管中显出的颜色应不浅于对照液管，否则需调整或更换检测方法。

（二）硫化钠比色法

本法适用于在碱性条件下测定重金属总含量。

1.检测原理 在碱性溶液中，铅、铬、铜、锌等重金属能与硫化钠作用生成不溶性有色硫化物。以铅为代表制备标准溶液进行比色，测定重金属的总含量。

$$Pb^{2+} + Na_2S \xrightarrow{OH^-} PbS\downarrow + 2Na^+ \tag{3-10}$$

2.溶液配制 硫化钠比色法检测重金属总含量过程中需要配制的溶液如下。

（1）**氢氧化钠试液** 取氢氧化钠4.3g，加水溶解至100ml，即得。

（2）**硫化钠试液** 临用前，称取硫化钠1g，加水溶解至10ml，即得。

（3）铅标准贮备液及铅标准溶液　配制方法同硫代乙酰胺比色法。

3.试验步骤　精密量取检验液25ml于25ml纳氏比色管中，另取一支25ml纳氏比色管，加入铅标准液25ml，于上述两支比色管中分别加入氢氧化钠试液5ml，再分别加入硫化钠试液5滴，摇匀，即得供试溶液和对照溶液。将两支比色管置白色背景下从上方观察，比较颜色深浅。记录与计算、结果与判定步骤同硫代乙酰胺比色法。

4.记录与结果判定　记录试验时的室温、取样量、铅标准溶液的浓度和所取毫升数，以及供试溶液与对照液颜色比较的观察结果。

若供试溶液颜色不浓于对照溶液颜色，判定该项检测符合规定；如供试溶液颜色浓于对照溶液颜色，则判定该项检测不符合规定。

三、重金属元素含量检测方法

（一）比色分析法

以锌为例介绍利用紫外-可见光分光光度计测量金属元素含量。

1.检测原理　锌与锌试剂反应生成蓝色络合物，最大吸收波长为620nm。根据朗伯-比尔定律，在一定条件下，供试溶液与对照溶液吸光度之比即为供试溶液与对照溶液待测物质浓度之比，可用紫外-可见光分光光度计测定吸光度来推算供试液浓度。

2.溶液配制　比色分析法检测锌含量的过程中需要配制的溶液如下。

（1）氯化钾溶液　称取7.455g氯化钾，加水稀释至1000ml。

（2）氢氧化钠溶液（4g/L）　称取4.000g氢氧化钠，加水稀释至1000ml。

（3）硼酸氯化钾缓冲液（pH=9.0）　称取硼酸3.090g加氯化钾溶液500ml使其溶解，再加氢氧化钠溶液（4g/L）210ml，即得。

（4）氢氧化钠试液（40g/L）　称取4.000g氢氧化钠，用水溶解，稀释至100ml。

（5）锌试剂溶液　取0.130g锌试剂（紫棕色粉末，溶于氢氧化钠试液呈红色，不溶于水；遇锌生成蓝色化合物，用于锌的测定），加2ml氢氧化钠试液溶解，用水稀释至100ml。

（6）锌标准贮备液（100μg/ml）　称取0.440g硫酸锌（$ZnSO_4 \cdot 7H_2O$），溶于水，移入1000ml容量瓶中，稀释至刻度。

（7）锌标准溶液　临用前精密量取锌标准贮备液稀释至所需浓度。

3.试验步骤　精密量取空白液5ml置10ml量瓶中，加2ml硼酸氯化钾缓冲液与0.6ml锌试剂溶液，用水稀释至刻度，放置1小时，即为测定吸光度用参比溶液。精密量取锌标准溶液5ml置10ml量瓶中，加2ml硼酸氯化钾缓冲液与0.6ml锌试剂溶液，用水稀释至刻度，放置1小时，置1cm比色皿中，即为测定吸光度用标准对照溶液。精密量取检验液5ml置10ml量瓶中，加2ml硼酸氯化钾缓冲液与0.6ml锌试剂溶液，用水稀释至刻度，放置1小时即为检验液。

将参比溶液置1cm比色皿中，在620nm波长处调零，再分别测定检验液吸光度A_s和标准对照溶液在该波长下的吸光度A_r。

4.结果计算　根据测得吸光度值，按式（3-11）计算检验液相应重金属含量。

$$c_s = c_r \times (A_s / A_r) \qquad\qquad (3\text{-}11)$$

式中，c_s为检验液相应重金属的浓度，单位为微克每毫升（μg/ml）；c_r为标准对照溶液相应重金属的浓度，单位为微克每毫升（μg/ml）；A_s为检验液吸光度；A_r为标准对照溶液吸光度。

（二）原子吸收分光光度法

1.检测原理　元素在原子化器中被加热原子化，成为基态原子蒸汽，对空心阴极灯发射的特征辐射进行选择性吸收。在一定浓度范围内，其吸收强度与待测溶液中被测元素的含量成正比，其定量关系适用朗伯–比尔定律。原子吸收分光光度法测量常用于医疗器械材料或浸提液中单个金属元素含量的测定。

2.试验步骤　在仪器推荐的浓度线性范围内，配制一组至少5份含有不同浓度被测元素的标准溶液和空白溶液，在与样品测定完全相同的条件下，先将空白溶液和标准溶液按照浓度由低到高的顺序测定吸光度；每个溶液至少测定二次，取其吸光度的平均值。以浓度为横坐标，吸光度为纵坐标绘制标准曲线，建立吸光度–浓度线性方程。

标准溶液组成应和被测样品溶液的组成尽可能接近，建议使用2%稀硝酸作为溶液稀释剂，必要时可加入基体的改进剂和干扰抑制剂。

测得样品溶液吸光度后，可代入吸光度–浓度线性方程计算待测元素浓度。

样品溶液待测元素浓度应在标准曲线线性范围内。若待测溶液重金属含量过低，可通过蒸发试验液的方式，使其浓缩来提高检测范围。

第七节　氯化物的检测

PPT

一、概述

无源医疗器械在生产过程中可能会使用盐酸、盐酸盐等试剂，若生产工艺未能将它们全部除去，则可能在最终产品中残留氯化物。同时氯化物作为杂质广泛存在于大自然中，如果医疗器械在生产或贮运过程中被污染，那么也可能检出氯化物。氯离子本身无毒，但其含量可以反映医疗器械原料的纯净程度及生产工艺水平，故少数医用输液、输血、注射器具等医疗器械需要进行氯化物检测。

二、方法

（一）检测原理

氯化物的检测是利用氯离子在稀硝酸溶液中与银离子反应，生成不溶于硝酸的白色氯化银沉淀，导致溶液浑浊。在一定浓度范围内，氯化物浓度越高，浊度越大。在相同条件下通过比较供试溶液产生的浊度与一定量氯化钠标准溶液产生的浊度，来判断产品中的氯化物是否超限。

微课

$$Cl^- + Ag^+ \xrightarrow{HNO_3} AgCl \downarrow \qquad （3-12）$$

能与银离子反应生成沉淀的酸根较多，如碳酸根、磷酸根等，但这些酸根与银离子生成的沉淀能溶解于硝酸，而氯化银不溶于硝酸。因此，加入稀硝酸可避免碳酸根、磷酸根等的干扰。

（二）溶液配制

1.氯化钠标准贮备液（氯浓度为100μg/ml）　称取0.165g经110℃干燥至恒重的氯化钠，加水溶解后转移至1000ml容量瓶中，稀释至刻度。

2.氯化钠标准溶液　依据产品标准要求，临用前精密量取氯化钠标准贮备液稀释至所需浓度而得。

3.硝酸银试液（17.5g/L） 取硝酸银1.75g，加水溶解并稀释至100ml，贮存于棕色瓶中，避光保存。

4.稀硝酸 取105ml硝酸，用水稀释至1000ml，含HNO_3应为9.5%~10.5%。

（三）试验步骤

精密量取检验液10ml，加入50ml纳氏比色管中，加10ml稀硝酸，加水至约40ml，混匀，即得供试溶液。

精密量取氯化钠标准溶液10ml至另一支50ml纳氏比色管中，加10ml稀硝酸，加水至约40ml，摇匀，即得对照溶液。

在以上两个纳氏比色管中分别加入硝酸银试液1.0ml，用水稀释至50ml，在暗处放置5分钟，置黑色背景上从比色管上方观察，比较供试溶液和对照液的浑浊情况。

（四）观察与记录

记录试验时的室温、取样量、氯化钠标准溶液的浓度和所取毫升数，以及供试溶液与对照液比浊的观察结果。

若供试溶液所产生的浑浊不浓于对照溶液产生的浑浊，判定该项检测符合规定；若供试溶液所产生的浑浊浓于对照溶液产生的浑浊，则判定该项检测不符合规定。

（五）特殊情况处理

1.待检验液呈碱性 可滴加硝酸使其呈中性，再加10ml稀硝酸，加水至约40ml，混匀，配制供试溶液。

2.供试溶液不澄清 可预先用含硝酸的水洗净滤纸中的氯化物，再滤过供试溶液，使其澄清。滤纸去除氯化物方法：用2%硝酸溶液通过滤纸，弃去初滤液若干，取续滤液50ml，加硝酸银试液1.0ml，摇匀，浊度不得大于同体积纯化水。

3.待检验液有颜色 除另有规定外，可取待检验液两份，分置50ml纳氏比色管中。一份中加硝酸银试液1.0ml，摇匀，放置10分钟，如显浑浊，可反复过滤至滤液完全澄清，再加规定量的氯化钠标准溶液与水适量至50ml，摇匀，在暗处放置5分钟，作为对照液；另一份中加硝酸银试液1.0ml与水适量至50ml，摇匀，在暗处放置5分钟，作为供试液，与对照溶液同置黑色背景上，从比色管上方向下观察，比较所产生的浑浊。

第八节　炽灼残渣、蒸发残渣和干燥失重的检测

一、炽灼残渣检测

（一）炽灼残渣概述

炽灼残渣是指经炽灼（灼烧）至完全灰化时所残留的物质。根据美国药典（USP<281>）给出的释义，炽灼残渣（或硫酸化灰分）检测就是将样品经硫酸炭化后，再炽灼至完全灰化，测出未挥发的剩余残渣的总量。炽灼残渣检测通常用来检测有机物质中的无机杂质（如氧化物或无机盐类）的含量。

PPT

医药大学堂
WWW.YIYADXT.COM

炽灼残渣是衡量一些药品包装材料、医用敷料、容器类和输注器具类医疗器械（如血袋）品质的重要指标，目的是控制材料中的无机杂质，这些医疗器械的材质是一些聚烯烃、聚氯乙烯（PVC）、聚酯等有机化合物，其生产过程中，常会添加润滑剂、抗氧化剂、光亮剂、透亮剂、高岭土等，为严格控制上述物质的加入量，有必要进行炽灼残渣检查。

炽灼残渣检查原理在于，样品在炽灼至恒重的坩埚中炭化后，加硫酸（H_2SO_4）湿润，然后在高温条件下，灼烧至恒重（即碳被彻底灰化），得到炽灼残渣（即硫酸化灰分）。

炭化是指将有机物慢速热解，将其中的氢、氧等元素去除，只留下碳。加硫酸处理是使杂质转化为稳定的硫酸盐，并帮助有机物炭化。灰化是将物质中可燃性成分氧化去除，只留下不可燃的成分（灰分）。不经炭化而直接灰化，碳粒易被包住，灰化不完全。

（二）炽灼残渣的检测

在GB/T 14233.1—2008《医用输液、输血、注射器具检验方法　第1部分：化学分析方法》及《中国药典》2020年版第四部通则0841中，介绍了炽灼残渣检测的方法，下面简要介绍GB/T 14233.1—2008中规定的检测过程。

1.取样品2~5g，切成5mm×5mm，置于已炽灼至恒重的坩埚中，精确称重。在通风橱中缓缓灼烧至完全炭化，放冷。

2.加0.5~1ml硫酸使湿化，低温加热至硫酸蒸汽除尽，在700~800℃灼烧至完全灰化。

3.移置干燥器内，放冷至室温，称重。再在700~800℃炽灼至恒重，即得残渣。

如需将残渣留作重金属检查，则灼烧温度应控制在500~600℃。炽灼残渣按式（3–13）计算。

$$A = \frac{m_2 - m_0}{m_1 - m_0} \times 100\% \tag{3-13}$$

式中，A为炽灼残渣，%；m_0为样品加入前坩埚的质量，单位为克（g）；m_1为样品加入后坩埚的质量，单位为克（g）；m_2为样品灼烧后坩埚的质量，单位为克（g）。

试验过程中，如果需要，可以使用马弗炉进行灼烧，必须小心避免空气中的水分积聚。水分的吸收会改变初始样品和残渣的重量，从而影响炽灼残渣的百分比。聚合物粉尘对呼吸道有刺激性，应避免吸入。硫酸具有极强的腐蚀性，会造成严重烧伤。皮肤接触可导致大面积和严重烧伤，长期接触可能导致肺损伤和癌症，测试过程中应注意防护。

结合目前已有的一些产品标准，通常情况下要求炽灼残渣的总量不超过0.5~1mg/g。如，聚烯烃血袋要求炽灼残渣的总量应不超过0.5mg/g，含增塑剂的PVC血袋要求炽灼残渣的总量应不超过1mg/g。

二、干燥失重

（一）干燥失重概述

干燥失重系指待测物品在规定的条件下，经干燥至恒重后所减少的重量，通常以百分率表示。在透明质酸钠等组织工程类医疗器械产品中，可用于测定在特定的条件下物质中的挥发性成分，不仅包含水分（吸附水和结晶水），还包括其他挥发性物质和因降解而产生重量变化的成分。常用的干燥方法有常压恒温干燥法、干燥剂干燥法、减压干燥法、热重法等。

（二）干燥失重检测

在《中国药典》（2020年版）第四部通则0831和行业标准YY/T 1571—2017《组织工程医疗器械产品　透明质酸钠》等标准中，介绍了干燥失重的检测方法，简要步骤如下。

取供试品，混合均匀（如为较大的结晶，应先迅速捣碎使成2mm以下的小粒），取约1g或各品种项下规定的重量，置于与供试品相同条件下干燥至恒重的扁形称量瓶中，精密称定，除另有规定外，在105℃中干燥至恒重。由减失的重量和取样量计算供试品的干燥失重。

$$干燥失重\%=（W_1-W_2）/W_1×100\%$$ （3-14）

式中，W_1为干燥前的样品重量；W_2为干燥后的样品重量。

供试品干燥时，应平铺在扁形称量瓶中，厚度不可超过5mm，如为疏松物质，厚度不可超过10mm。放入烘箱或干燥器进行干燥时，应将瓶盖取下，置称量瓶旁，或将瓶盖半开进行干燥；取出时，须将称量瓶盖好。置烘箱内干燥的供试品，应在干燥后取出置干燥器中放冷，然后称定重量。

供试品如未达规定的干燥温度即融化时，除另有规定外，应先将供试品在低于熔化温度5~10℃的温度下干燥至大部分水分除去后，再按规定条件干燥。生物制品应先将供试品于较低的温度下干燥至大部分水分除去后，再按规定条件干燥。

当用减压干燥器（通常为室温）或恒温减压干燥器（温度应按各品种项下的规定设置。生物制品除另有规定外，温度为60℃）时，除另有规定外，压力应在2.67kPa（20mmHg）以下。干燥器中常用的干燥剂为五氧化二磷、无水氯化钙或硅胶；恒温减压干燥器中常用的干燥剂为五氧化二磷。应及时更换干燥剂，使其保持在有效状态。

对于一些医疗器械产品，如组织工程医疗器械产品透明质酸钠，通常情况下，取0.5g样品，以五氧化二磷为干燥剂，在105℃干燥6小时后进行测定，要求干燥失重不得超过15.0%（质量分数）。

三、蒸发残渣

（一）蒸发残渣概述

蒸发残渣又称总迁移量，指的是样品接触血液、药液等液体后，所溶出的所有非挥发性物质的总量。医疗器械蒸发残渣的检测原理是，通过水浴加热的方式，将挥发性成分直接蒸干后进行称重，求得未挥发成分的质量。

大量的无源医疗器械，特别是输血器、输液器等输血、输液用产品，是由聚氯乙烯（PVC）、热塑性弹性体（TPE）、尼龙（PA）、聚烯烃（PO）、聚丙烯（PP）、聚对苯二甲酸乙二醇酯（PET）等有机化合物加工而成的，其生产过程中会加入一些发泡剂、塑料着色剂母料、抗冻剂、增塑剂及黏合剂等加工助剂。这些物质在使用过程中会从材料中析出，向血液、药液迁移而进入人体，不仅导致材料性能的下降，还会给人体健康带来影响，因此要控制其析出的总量。

（二）蒸发残渣检测

输液器、输血器等液体输注器具通常需要进行蒸发残渣的检测，下面以国家标准GB/T 14233.1—2008中介绍的方法为例，简要介绍检测过程。

1.将蒸发皿在105℃的恒温箱内烘2小时，再放入干燥器中冷却至恒重，精确称量，确保连续两次干燥后称重的差异在0.3mg以下。

2.分别取50ml供试液和空白对照液于已恒重的蒸发皿中，在略低于沸点的水浴上蒸干，并在105℃的恒温箱内干燥2小时至恒重，冷却至室温称重。

按式（3-15）计算蒸发残渣：

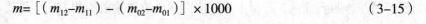

$$m=［（m_{12}-m_{11}）-（m_{02}-m_{01}）］×1000$$ （3-15）

式中，m 为蒸发残渣的质量，单位为毫克（mg）；m_{11} 为未加入检验液的蒸发皿质量，单位为克（g）；m_{12} 为加入检验液的蒸发皿质量，单位为克（g）；m_{01} 为未加入空白液的蒸发皿质量，单位为克（g）；m_{02} 为加入空白液的蒸发皿质量，单位为克（g）。

结合目前已有的一些产品标准，通常情况下要求蒸发残渣的总量不超过 1~5mg。如一次性使用重力式输液器要求蒸发残渣的总量应不超过 5mg。

📖 拓展阅读

恒 重

《中国药典》2020版中规定：恒重，除另有规定外，系指供试品连续两次干燥或烧灼后的重量差异在 0.3mg 以下（样品 1g）的重量。干燥至恒重的第二次及以后各次称重均应在规定条件下继续干燥 1 小时后进行。烧灼至恒重的第二次称重应在继续烧 30 分钟后进行。在每次干燥后应立即取出放入干燥器中，待冷却至室温后称量（若烧灼应在高温炉内降温至 300℃ 左右时取出放干燥器中，待冷却至室温后称量）。

第九节 环氧乙烷残留量的检测

PPT

💬 案例讨论

案例 某公司购得有证标准物质环氧乙烷标准品（浓度为 10mg/ml），拟用其配制 1~10μg/ml 六个系列浓度的标准溶液。方案1：先将标准品稀释成 10μg/ml 的标准溶液，配制出 200ml 左右，再用其依次配制出 1、2、4、6、8、10μg/ml 系列浓度的标准溶液。方案2：直接从 10mg/ml 的标准品中取样，稀释成 1、2、4、6、8、10μg/ml 系列浓度的标准溶液。

讨论 1.方案1和方案2选哪一个？为什么？

2.配制过程是否应选择在通风橱里进行？操作者应该采取哪些防护措施？

一、概述

环氧乙烷（Ethylene Oxide，EO）为一种最简单的环醚，是一种非常活泼的灭菌剂，杀菌能力强且广泛，有很强的穿透能力。在低温时为无色透明液体，沸点为 10.73℃，在常温下为无色带有醚刺激性气味的气体。环氧乙烷灭菌，是基于其在作用时，环状结构断裂，经羟化（CH_2—CH_2—OH），与菌体内蛋白质上的氨基—NH_2、羧基—COOH、羟基—OH 等活性基团烷基化作用，使酶代谢过程发生障碍，破坏菌体的新陈代谢，造成微生物的死亡，从而达到杀灭微生物的目的。环氧乙烷灭菌，可使用纯气，也可用混合气体，通常的混合对象为 CO_2、N_2。灭菌后，应采取新鲜空气置换，使残留环氧乙烷和其他易挥发性残留物消散，并对灭菌物品中的环氧乙烷残留的情况进行监控，以证明其不超过规定的浓度，避免其在使用过程中产生毒性伤害。

二、意义

环氧乙烷毒性很大，若通过呼吸器官吸入体内刺激呼吸道，会引起恶心、呕吐、头昏、头痛、嗜睡等症状，严重者可引起肺水肿；通过皮肤、黏膜接触后，引起红肿、水泡及血泡，严重者可出现局部皮肤烧伤及黏膜组织灼伤，造成毛发脱落；超量进入人体血液内，可致红细胞溶解，补体灭活和凝血酶破坏引起全身性溶血。

环氧乙烷应用广、毒性大、挥发性强，为了保护与其接触的相关人员，如灭菌操作人员、患者、医护及监管人员等，必须控制医疗器械的环氧乙烷残留量，这是制造商的法定责任。

三、方法

（一）气相色谱法

气相色谱法系采用气体为流动相（载气）流经装有填充剂的色谱柱进行分离测定的色谱方法。物质或其衍生物汽化后，被载气带入色谱柱进行分离，各组分先后进入检测器，用记录仪、积分仪或数据处理系统记录色谱信号。

气相色谱仪由载气源、进样部分、色谱柱、柱温箱、检测器和数据处理系统组成。进样部分、色谱柱和检测器的温度均在控制状态。

环氧乙烷残留量的限量执行GB/T 16886.7—2015《医疗器械生物学评价　第7部分：环氧乙烷灭菌残留量》标准，并要求通过EO灭菌来实现最终灭菌的医疗器械产品，制造商在产品标准上必须明确环氧乙烷的残留量限值，作为出厂检验项目。环氧乙烷残留量分析方法可按GB/T 14233.1—2008的规定进行。

用气相色谱仪进行环氧乙烷残留量的检测，使用时应按照仪器说明书操作。任何气相色谱分析方法，只要证明分析可靠，都可以使用。"分析可靠"是指当对一规定环氧乙烷（EO）残留量的器械进行测定时，所选择的分析方法具有足够的准确度、精密度、选择性、线性和灵敏度，且适合于所要分析的器械。对不同的产品，需进行必要的方法学评价以确定所选择方法的可靠性。

1.样品浸提方法　有两种基本的样品浸提方法用于确定采用EO灭菌的医疗器械的EO残留量：模拟使用浸提法和极限浸提法。

模拟使用浸提法是指所采用的浸提方法尽量模拟产品使用状态的方法。这一模拟过程使测量的EO残留量相当于患者使用该器械的实际EO摄入量。极限浸提法是指再次浸提测得的EO的量小于首次浸提测得值的10%，或浸提测得的累积残留量无明显增加。产品标准或技术要求应规定浸提方法，若未规定浸提方法，则均按极限浸提方法进行。样品包装打开后应立即制备浸提液，否则应将供试样品封于由聚四氟乙烯密封的金属容器中保存。

（1）模拟使用浸提法　采用模拟使用浸提法时，应在产品标准中根据产品的具体使用情况，规定在最严格的预期使用条件下的浸提方法和采集方法，并尽量采用以下条件。

1）浸提介质　用水作为浸提介质。

2）浸提温度　整个或部分与人体接触的器械在37℃（人体温度）浸提，不直接与人体接触的器械在25℃（室温）浸提。

3）浸提时间　当确定浸提时间时，应考虑在推荐或预期使用最为严格的时间条件下进行，但不短于1小时。

4）浸提表面　器械与药液或血液接触表面。

（2）极限浸提法　包括热极限浸提法和溶剂极限浸提法。推荐以水为溶剂的极限浸提方法。取供试品中与人体接触的EO相对残留含量最高的部件进行试验，截为5mm长碎块（或10mm² 片状物），取1.0g放入20ml萃取容器中，精密加入5ml水，密封，（60±1）℃温度下平衡40分钟。

2.环氧乙烷标准贮备液配制　取外部干燥的50ml容量瓶，加入约30ml水，加瓶塞，精确称重。用注射器注入约0.6ml环氧乙烷，不加瓶塞，轻轻摇匀，盖好瓶塞，称重，前后两次称重之差，即为溶液中所含环氧乙烷重量。加水至刻度制成约含环氧乙烷10mg/ml的溶液，作为标准贮备液。

3.绘制标准曲线 用贮备液配制1~10μg/ml六个系列浓度的标准溶液。精确量取5ml，置20ml萃取容器中，密封，恒温（60±1）℃中平衡40分钟。用进样器依次从平衡后的标准样迅速取上部气体，注入进样室，记录环氧乙烷的峰高（或面积），绘出标准曲线（X为EO浓度，μg/ml；Y为峰高或面积）。

4.试验样品的测量 用进样器从平衡后的试样萃取容器中迅速取上部气体，注入进样室，记录环氧乙烷峰高（或面积）。根据标准曲线计算出样品相应的浓度。如果所测样品结果不在标准曲线范围内，应调整标准溶液的浓度重新作标准曲线。

5.结果计算 环氧乙烷残留量用绝对含量或相对含量表示。

（1）计算单位产品中环氧乙烷绝对含量：

$$W_{EO} = 5cm_1/m_2 \times 10^{-3} \tag{3-16}$$

式中，W_{EO}为单位产品中环氧乙烷绝对含量，单位为毫克（mg）；5为量取的浸提液体积，单位为毫升（ml）；c为标准曲线上找出的供试液相应的浓度，单位为微克每毫升（μg/ml）；m_1为单位产品的质量，单位为克（g）；m_2为称样量，单位为克（g）。

（2）计算样品中环氧乙烷相对含量：

$$C_{EO} = 5c/m \tag{3-17}$$

式中，C_{EO}为产品中环氧乙烷相对含量，单位为微克每克（μg/g）；5为量取的浸提液体积，单位为毫升（ml）；c为标准曲线上找出的供试液相应的浓度，单位为微克每毫升（μg/ml）；m为称样量，单位为克（g）。

（二）比色分析法

1.原理 环氧乙烷在酸性条件下水解成乙二醇，乙二醇经高碘酸氧化生成甲醛，甲醛与品红–亚硫酸试液反应产生紫红色化合物，通过比色分析可求得环氧乙烷含量。

2.溶液配制 比色法检测环氧乙烷残留量过程中需要配制的溶液如下。

（1）0.1mol/L盐酸 取9ml盐酸稀释至1000ml。

（2）高碘酸溶液（5g/L） 称取高碘酸0.5g，溶于水，稀释至100ml。

（3）硫代硫酸钠（10g/L） 称取硫代硫酸钠1.0g，溶于水，稀释至100ml。

（4）亚硫酸钠溶液（100g/L） 称取10.0g无水亚硫酸钠，溶于水，稀释至100ml。

（5）品红–亚硫酸试液 称取0.1g碱性品红，加入120ml热水溶解，冷却后加入10%亚硫酸钠溶液20ml、盐酸2ml置于暗处。试液应无色，若发现有微红色，应重新配制。

（6）乙二醇标准贮备液 取一个外部干燥、清洁的50ml容量瓶，加水约30ml，精确称重。精确量取0.5ml乙二醇，迅速加入瓶中，摇匀，精确称重。两次称重之差即为溶液中所含乙二醇的重量，加水至刻度，混匀，计算其浓度：

$$c = m/50 \times 1000 \tag{3-18}$$

式中，c为乙二醇标准贮备液浓度，单位为克每升（g/L）；m为溶液中乙二醇质量，单位为克（g）。

（7）乙二醇标准溶液（浓度$c_1 = c \times 10^{-3}$） 精确量取标准贮备液1.0ml，用水稀释至1000ml。

3.样品浸提方法 模拟使用浸提法，除了使用0.1mol/L盐酸作为浸提介质外，其他的步骤与气相色谱法一致。极限浸提法，取样品上有代表性的部位，截为5mm长碎块，称取2.0g置于容量瓶中，加0.1mol/L盐酸10ml，室温放置1小时，作为供试液。对于容器类样品，可加0.1mol/L盐酸至公称容量，在（37±1）℃下恒温1小时，作为供试液。

4.试验步骤 取5支纳氏比色管，分别精确加入0.1mol/L盐酸2ml，再精确加入0.5、1.0、1.5、2.0、2.5ml乙二醇标准溶液。另取一支纳氏比色管，精确加入0.1mol/L盐酸2ml作为空白对照。于上述各管中分别加入高碘酸溶液（5g/L）0.4ml，摇匀，放置1小时。然后分别滴加硫代硫酸钠溶液（10g/L）至出现的黄色恰好消失。再分别加入品红–亚硫酸试液0.2ml，再用蒸馏水稀释至10ml，摇匀，35~37℃条件下放置1小时，于560nm波长处以空白液作参比，测定吸光度。绘制吸光度–体积标准曲线。

精确量取供试液2.0ml于纳氏比色管中，重复上述步骤操作，以测得的吸光度从标准曲线上查得试液相应的体积。

5.结果计算 环氧乙烷残留量用绝对含量或相对含量表示。

（1）计算样品中环氧乙烷绝对含量：

$$W_{EO} = 1.775Vc_1m \tag{3-19}$$

式中，W_{EO}为单位产品中环氧乙烷绝对含量，单位为毫克（mg）；V为标准曲线上找出的供试液相应的体积，单位为毫升（ml）；c_1为乙二醇标准贮备液浓度，单位为克每升（g/L）；m为单位产品的质量，单位为克（g）。

（2）计算样品中环氧乙烷相对含量：

$$C_{EO} = 1.775Vc_1 \times 10^3 \tag{3-20}$$

式中，C_{EO}为单位产品中环氧乙烷相对含量，单位为微克每克（ug/g）；V为标准曲线上找出的供试液相应的体积，单位为毫升（ml）；c_1为乙二醇标准贮备液浓度，单位为克每升（g/L）。

（3）对于容器类样品，按式（3-21）计算容器中环氧乙烷绝对含量：

$$W_{EO} = 0.335Vc_1V_1 \tag{3-21}$$

式中，W_{EO}为单位产品中环氧乙烷绝对含量，单位为毫克（mg）；V为标准曲线上找出的供试液相应的体积，单位为毫升（ml）；c_1为乙二醇标准贮备液浓度，单位为克每升（g/L）；V_1为单位样品的公称容量，单位为毫升（ml）。

（4）对于容器类样品，按式（3-22）计算单位体积中环氧乙烷含量：

$$C_{EO} = 0.3355Vc_1 \times 10^3 \tag{3-22}$$

式中，C_{EO}为单位产品中环氧乙烷相对含量，单位为微克每克（μg/g）；V为标准曲线上找出的供试液相应的体积，单位为毫升（ml）；c_1为乙二醇标准贮备液浓度，单位为克每升（g/L）。

拓展阅读

色谱法

色谱法是一种分离分析方法，利用不同物质在不同相态的选择性分配，利用混合物在固定相与流动相组成的系统里的相互作用机制，混合物中不同的物质会以不同的速度沿固定相移动，最终达到分离的效果。色谱过程的本质是待分离物质分子在固定相和流动相之间分配平衡的过程，不同的物质在两相之间的分配会不同，这使其随流动相运动速度各不相同，随着流动相的运动，混合物中的不同组分在固定相上相互分离。

按两相状态可分为气固色谱法、气液色谱法、液固色谱法、液液色谱法；按固定相的几何形式可分为柱色谱法、纸色谱法、薄层色谱法；按分离原理可分为吸附色谱、分配色谱、离子交换色谱、凝胶色谱、亲和色谱等。

岗位对接

本章是医疗器械类专业学生从事质量管理与控制、产品检测、产品注册必须掌握的内容。

本章对应医疗器械检验员、医疗器械注册专员、医疗器械质量管理、医疗器械质量控制岗位的相关工种。

上述从事相关岗位的从业人员需掌握医疗器械检测工作职业素养的基本要求，保持科学、严谨的职业态度，树立勇于承担的责任意识。

习题

习题

一、不定项选择题

1.无源医疗器械质量标准或技术要求中的"化学性能指标"通常包括（　　）。

A.生产工艺或原辅料带入的杂质

B.在贮存过程中产生的降解产物

C.变更生产工艺或变更原辅料而产生的新的杂质

D.掺入或污染的外来物质

2.制备检验液时，应当注意（　　）。

A.浸提时间不少于产品正常使用时间

B.尽量使样品所有被测表面都被萃取到

C.当产品的使用时间较长时（超过24小时），应考虑采用加速试验条件制备检验液

D.所用的玻璃容器刻度精准即可，无材质要求

3.间接滴定法测还原物质过程中，（　　）的加入量是过量的。

A.高锰酸钾溶液　　　　B.稀硫酸　　　　　　C.KI　　　　　　　D.硫代硫酸钠溶液

4.要确定溶液的酸碱度，可以使用（　　）。

A.石蕊试液　　　　　　B.酚酞试液　　　　　C.PH试纸　　　　　D.蓝色石蕊试纸

5.一次性使用重力式输液器的紫外吸光度检测，应在（　　）波长范围内测定吸光度。

A.200~400nm　　　　　　　　　　　　　B.250~320nm

C.300~400nm　　　　　　　　　　　　　D.250~400nm

6.硫代乙酰胺比色法检测重金属总含量，以下结果判断说法正确的是（　　）。

A.供试溶液所产生的颜色不浓于对照溶液产生的颜色，则判定该项检测不符合规定

B.供试溶液所产生的颜色浓于对照溶液产生的颜色，则判定该项检测符合规定

C.供试溶液所产生的颜色不浓于对照溶液产生的颜色，则判定该项检测符合规定

D.供试溶液所产生的颜色浓于对照溶液产生的颜色，则判定该项检测不符合规定

7.用AgNO₃试液作沉淀剂，检测无源医疗器械中氯化物时，为了调整溶液适宜的酸度和排除某些阴离子的干扰，应加入一定量的（　　）。

　　A.稀盐酸　　　　　　　B.氢氧化钠试液　　　　C.稀硫酸　　　　　　D.稀硝酸

8.若要检测某医用高分子材料中的无机杂质含量，应检测（　　）。

　　A.干燥失重　　　　　　B.炽灼残渣　　　　　　C.蒸发残渣　　　　　D.过滤沉淀

9.环氧乙烷残留量检测的常用方法有（　　）。

　　A.气相色谱法　　　　　B.比色分析法　　　　　C.定性分析法　　　　D.重量比较法

10.以下关于环氧乙烷残留量样品的浸提方法说法正确的是（　　）。

　　A.一般采用极限浸提法

　　B.可以采用模拟使用浸提法

　　C.应先浸提再选取样品

　　D.模拟使用浸提和极限浸提都在37℃浸提

二、简答题

1.通常情况下无源医疗器械需检测哪些化学性能指标？

2.紫外吸光度检测中吸收池应如何清洗？基线校正的目的是什么？

3.若待检验液有颜色，检测重金属总含量时应如何处理？

4.比较干燥失重、蒸发残渣和炽灼残渣3个检测项目，试分析三者的适用对象、检测条件和检测项目。

第四章　微生物检测

📖 知识目标

1. **掌握**　培养基适用性检查、微生物限度检查、无菌检查原理和操作流程。
2. **熟悉**　检验液制备的方法。
3. **了解**　检测过程中所用培养基、稀释液、冲洗液及其制备。

👆 能力目标

1. 学会无源医疗器械微生物限度检查方法和无菌检查方法及其检测相关培养基、缓冲液、冲洗液的制备。
2. 具备微生物限度检查和无菌检查基本操作技能。

💬 案例讨论

案例　检测员甲、乙分别在不同检测室对某产品进行无菌检测，观察结果时甲发现供试品、阳性对照、阴性对照皆为阳性；乙的试验结果如下：供试品有一管为阳性，其余为阴性，阳性对照为阳性，阴性对照为阴性。

讨论　1. 甲和乙谁的试验结果有效？其检测结论如何？
　　　　2. 试验结果无效的原因可能是什么？

第一节　微生物限度检查

一、概述

微生物限度检查法包括微生物计数法和控制菌检查法。其中，微生物计数法系用于能在有氧条件下生长的嗜温细菌和真菌的计数；而控制菌检查法系用于在规定的试验条件下，检查供试品中是否存在特定的微生物，当供试品检出控制菌或其他致病菌时，按一次检出结果为准，不再复试。

微生物限度检查的环境应符合微生物限度检查的要求。检验全过程必须严格遵守无菌操作，防止再污染，防止污染的措施不得影响供试品中微生物的检出。单向流空气区域、工作台面及检查环境应定期进行监测。

如供试品有抗菌活性，应尽可能去除或中和。供试品检查时，若使用中和剂或灭活剂，应确认其有效性及对微生物的无毒性。

制备供试液时如果使用表面活性剂，应确认其对微生物的无毒性以及与所使用中和剂或灭活剂的相容性。

PPT

微课

医药大学堂
WWW.YIYAODXT.COM

二、微生物计数法

（一）分类

微生物计数方法包括平皿法、薄膜过滤法和最可能数法（most-probable-number method，MPN法）。MPN法用于微生物计数时精确度较差，但对于某些微生物污染量很小的供试品，MPN法可能是更适合的方法。

供试品检查时，应根据供试品理化特性和微生物限度标准等因素选择计数方法，检测的样品量应能保证所获得的试验结果能够判断供试品是否符合规定。所选用的方法及使用的培养基的适用性须经确认。

（二）培养基适用性检查

1.培养基的制备　供试品微生物计数中常用的培养基为胰酪大豆胨琼脂培养基、沙氏葡萄糖琼脂培养基和胰酪大豆胨液体培养基，胰酪大豆胨琼脂培养基用于需氧菌总数计数，沙氏葡萄糖琼脂培养基用于霉菌和酵母菌计数，这两种培养基适用于平皿法和薄膜过滤法；而胰酪大豆胨液体培养基适用于最可能数法，用于需氧菌总数计数。

培养基可按以下处方制备，亦可使用该处方生产的符合规定的脱水培养基或成品培养基。配制后应采用验证合格的灭菌程序灭菌，配制的培养基均应进行培养基适用性检查。

（1）胰酪大豆胨液体培养基的制备　按照表4-1，除葡萄糖外，取配方中其余试剂，混合，微温溶解，滤过，调节pH使灭菌后在25℃的pH为7.3±0.2，加入葡萄糖，分装，灭菌。

表4-1　胰酪大豆胨液体培养基配方

试剂名称	试剂量	试剂名称	试剂量
胰酪胨	17.0g	氯化钠	5.0g
磷酸氢二钾	2.5g	大豆木瓜蛋白酶水解物	3.0g
葡萄糖/无水葡萄糖	2.5g/2.3g	水	1000ml

（2）胰酪大豆胨琼脂培养基的制备　按照表4-2，除琼脂外，取配方中其余试剂，混合，微温溶解，调节pH使灭菌后在25℃的pH为7.3±0.2，加入琼脂，加热，溶化后，摇匀，分装，灭菌。

表4-2　胰酪大豆胨琼脂培养基配方

试剂名称	试剂量	试剂名称	试剂量
胰酪胨	15.0g	琼脂	15.0g
大豆木瓜蛋白酶水解物	5.0g	水	1000ml
氯化钠	5.0g		

（3）沙氏葡萄糖液体培养基的制备　按照表4-3，除葡萄糖外，取配方中其余试剂，混合，微温溶解，调节pH使灭菌后在25℃的pH为5.6±0.2，加入葡萄糖，摇匀，分装，灭菌。

表4-3　沙氏葡萄糖液体培养基配方

试剂名称	试剂量	试剂名称	试剂量
动物组织胃蛋白酶水解物和胰酪胨等量混合物	10.0g	水	1000ml
葡萄糖	20.0g		

（4）沙氏葡萄糖琼脂培养基的制备　按照表4-4，除葡萄糖、琼脂外，取配方中其余试剂，混合，微温溶解，调节pH使灭菌后在25℃的pH为5.6±0.2，加入琼脂，加热溶化后，再加入葡萄糖，摇匀，分装，灭菌。

表4-4　沙氏葡萄糖琼脂培养基配方

试剂名称	试剂量	试剂名称	试剂量
动物组织胃蛋白酶水解物和胰酪胨等量混合物	10g	琼脂	15.0g
葡萄糖	40.0g	水	1000ml

2.菌种及菌液制备

（1）菌种　试验用菌株的传代次数不得超过5代（从菌种保藏中心获得的干燥菌种为第0代），并采用适宜的菌种保藏技术进行保存，以保证试验菌株的生物学特性。计数培养基适用性检查和计数方法适用性试验用菌株见表4-5。

表4-5　试验菌液的制备和使用

试验菌株	试验菌液的制备	计数培养基适用性检查		计数方法适用性试验	
		需氧菌总数计数	霉菌和酵母菌总数计数	需氧菌总数计数	霉菌和酵母菌总数计数
金黄色葡萄球菌〔CMCC（B）26003〕	胰酪大豆胨琼脂培养基或胰酪大豆胨液体培养基，培养温度为30~35℃，培养时间18~24小时	胰酪大豆胨琼脂培养基和胰酪大豆胨液体培养基，培养温度30~35℃，培养时间不超过3天，接种量不大于100cfu		胰酪大豆胨琼脂培养基/胰酪大豆胨液体培养基（MPN法），培养温度30~35℃，培养时间不超过3天，接种量不大于100cfu	
铜绿假单胞菌〔CMCC（B）10104〕	胰酪大豆胨琼脂培养基或胰酪大豆胨液体培养基，培养温度30~35℃，培养时间18~24小时	胰酪大豆胨琼脂培养基和胰酪大豆胨液体培养基，培养温度30~35℃，培养时间不超过3天，接种量不大100cfu		胰酪大豆胨琼脂培养基/胰酪大豆胨液体培养基（MPN法），培养温度30~35℃，培养时间不超过3天，接种量不大于100cfu	
枯草芽孢杆菌〔CMCC（B）63501〕	胰酪大豆胨琼脂培养基或胰酪大豆胨液体培养基，培养温度30~35℃，培养时间18~24小时	胰酪大豆胨琼脂培养基和胰酪大豆胨液体培养基，培养温度30~35℃，培养时间不超过3天，接种量不大于100cfu		胰酪大豆胨琼脂培养基/胰酪大豆胨液体培养基（MPN法），培养温度30~35℃，培养时间不超过3天，接种量不大于100cfu	
白色念珠菌〔CMCC（F）98001〕	沙氏葡萄糖琼脂培养基或沙氏葡萄糖液体培养基，培养温度20~25℃，培养时间2~3天	胰酪大豆胨琼脂培养基，培养温度30~35℃，培养时间不超过5天，接种量不大于100cfu	沙氏葡萄糖琼脂培养基，培养温度20~25℃，培养时间不超过5天，接种量不大于100cfu	胰酪大豆胨琼脂培养基（MPN法不适用），培养温度30~35℃，培养时间不超过5天，接种量不大于100cfu	沙氏葡萄糖琼脂培养基，培养温度20~25℃，培养时间不超过5天，接种量不大于100cfu
黑曲霉〔CMCC（F）98003〕	沙氏葡萄糖琼脂培养基或马铃薯葡萄糖琼脂培养基，培养温度20~25℃，培养时间5~7天，或直到获得丰富的孢子	胰酪大豆胨琼脂培养基，培养温度20~25℃，培养时间不超过5天，接种量不大于100cfu	沙氏葡萄糖琼脂培养基，培养温度20~25℃，培养时间不超过5天，接种量不大于100cfu	胰酪大豆胨琼脂培养基（MPN法不适用），培养温度30~35℃，培养时间不超过5天，接种量不大于100cfu	沙氏葡萄糖琼脂培养基，培养温度20~25℃，培养时间不超过5天，接种量不大于100cfu

（2）**菌液制备** 按表4-5规定程序培养各试验菌株。取金黄色葡萄球菌、铜绿假单胞菌、枯草芽孢杆菌、白色念珠菌的新鲜培养物，用pH7.0无菌氯化钠–蛋白胨缓冲液或0.9%无菌氯化钠溶液制成适宜浓度的菌悬液；取黑曲霉的新鲜培养物加入3~5ml含0.05%（ml/ml）聚山梨酯80的pH7.0无菌氯化钠–蛋白胨缓冲液或0.9%无菌氯化钠溶液，将孢子洗脱。然后，采用适宜的方法吸出孢子悬液至无菌试管内，用含0.05%（ml/ml）聚山梨酯80的pH7.0无菌氯化钠–蛋白胨缓冲液或0.9%无菌氯化钠溶液制成适宜浓度的黑曲霉孢子悬液。

菌液制备后若在室温下放置，一般应在2小时内使用；若保存在2~8℃，可在24小时内使用。黑曲霉孢子悬液可保存在2~8℃，在验证过的贮存期内使用。

3.**阴性对照** 为确认试验条件是否符合要求，应进行阴性对照试验，阴性对照试验应无菌生长。如阴性对照有菌生长，应进行偏差调查。

4.**培养基适用性检查** 按表4-5规定，接种不大于100cfu的菌液至胰酪大豆胨液体培养基管或胰酪大豆胨琼脂培养基平板或沙氏葡萄糖琼脂培养基平板，置于表4-5规定条件下培养。每一试验菌株平行制备2管或2个平皿。同时，用相应的对照培养基替代被检培养基进行上述试验。

被检固体培养基上的菌落平均数与对照培养基上的菌落平均数的比值应为0.5~2，并且菌落形态大小应与对照培养基上的菌落一致；被检液体培养基管与对照培养基管比较，试验菌应生长良好。

（三）计数方法适用性试验

供试品的微生物计数方法应进行方法适用性试验，以确认所采用的方法适合于该产品的微生物计数。若检验程序或产品发生变化可能影响检验结果时，计数方法应重新进行适用性试验。

1.**计数方法选择** 可参考图4-1选择适宜微生物计数方法。

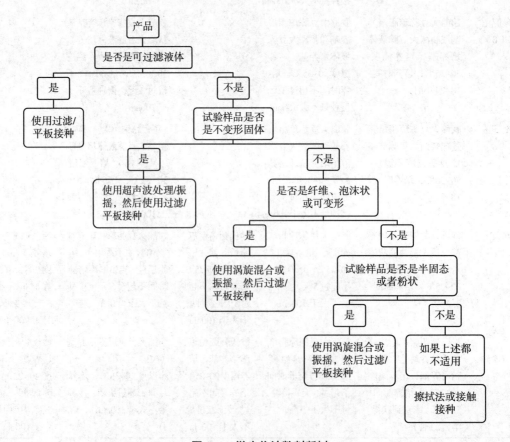

图4-1 微生物计数判断树

2.样品份额选择　样品份额（sample item portion，SIP）系指被测试的医疗器械规定部分。进行微生物限度测试时，应尽量使用整个产品，但由于实验室玻璃器皿很难容纳整个产品，所以宜选用尽可能大的产品部分，并且通过所用的产品部分宜可以测定出整个产品的微生物限度。

如果已验证微生物在本产品上或本产品内是均匀分布的，则SIP可以是该产品的任何部分。否则，样品应包含能代表所制产品的每种相应材质而随机选取的产品部位。若已知微生物分布，则可以从认为对灭菌工艺最严峻挑战的产品部分选择SIP。不同产品可参考表4-6依据长度、质量、体积或表面积等计算SIP。

表4-6　样品份额选择实例

选SIP依据	产品
表面积	植入物（不可吸收）
质量	粉末、手术服
长度	管路（直径一致）
体积	流体

3.供试液的制备　为了尽可能得到产品实际微生物负载（微生物负载是指被测试的一个单位物品上存在微生物的总数），应根据供试品的理化特性与生物学特性选择适宜的微生物采集技术，可采用处理技术包括漂洗（同时施以物理力）或直接表面取样。

当使用漂洗方法制备供试液时，应选择适宜的洗脱液和冲洗液。供试液制备若需加温时，应均匀加热，且温度不应超过45℃。供试液从制备至加入检验用培养基，不得超过1小时。制备供试液常用洗脱液和稀释液见表4-7。

表4-7　常用洗脱液和稀释液

溶液	水中的浓度	应用
缓冲蛋白胨水溶液	0.067mol/L磷酸盐 0.43%氯化钠 0.1%蛋白胨	通用
六偏磷酸钠林格氏溶液	1/4强度	溶解海藻酸钙拭子
蛋白胨水溶液	0.1%~1.0%	通用
磷酸盐缓冲液	0.02mol/L磷酸盐；0.9%氯化钠	通用
林格氏溶液	1/4强度	通用
氯化钠溶液	0.25%~0.9%	通用
硫代硫酸盐林格氏溶液	1/4强度	中和余氯
水	不适用	稀释水样品；计数前制备可溶材料的等渗压溶液

常用微生物采集技术主要包括以下几种。

（1）袋蠕动　将试验样品和已知体积的洗脱液装在一个无菌的均值袋中。利用拍打式无菌均质器，开动往复式搅拌，使洗脱液贯穿试验样品内外。处理规定时间后即得样品制备液。该方法尤其适用于软质、纤维和（或）吸附性材料，但可能不适用于可能刺破袋的任何材质（如带针或含有坚硬部分的器械）。若使用了较大量的洗脱液，可能会生成含有低浓度微生物的悬浮液。宜使用薄膜过滤法滤掉洗脱液。

例如对于一次性使用去白细胞过滤器，可按下列步骤制备检测液：①消毒去白细胞过滤器外壳；②用剪刀剪开外壳，取出过滤膜置于含有200ml 0.9%无菌氯化钠溶液的均质袋中，封口；

③将均质袋安装至拍打式无菌均质器上，设定拍打频率和拍打时间（拍打时间和频率需经确认），拍打完成后即得检测液。

（2）超声波洗脱　将试验样品浸入装有已知体积洗脱液的适当容器中。将容器连同内装物一起在超声波清洗器中进行处理，或将超声波探头浸入到容器内洗脱液中进行处理。样品处理时宜规定超声处理的常规频率和处理时间，而且，还宜规定试验样品在超声波清洗器中的安放位置。宜注意限制同时进行处理的试验样品数量以及阻断超声处理源。

超声波能使微生物失去活性，尤其是大能量传输时，使用超声波探头会比超声波清洗器更有可能使其失去活性。超声处理能量和超声处理持续时间不宜太强或太长，以免破坏微生物并导致死亡，或是使洗脱液过热。该方法尤其适用于不透过液体的固体试验品以及形状复杂的产品。该方法对某些医疗器械可能产生破坏作用。

例如肝素帽，可将其浸入装有100ml 0.9%无菌氯化钠溶液中容器中，然后在超声仪器上进行超声一定时间后即可获得检测液。

（3）振摇（机械或手工方式）　将试验样品浸入装有已知体积洗脱液的适当容器中，并用机械振动器（如往复式、轨道或机械腕摇床）进行振摇。也可用手工振摇，但其效力会因操作人员而异。按规定频率和时间振摇后即得供试液。可以加入一定大小的玻璃珠增加表面磨损，由此提高回收效率。加入的玻璃珠的大小以及振摇时间和频率不宜导致过热和（或）对微生物造成可能的破坏。

例如麻醉面罩，可将其浸入装有0.9%无菌氯化钠溶液中容器中，其洗脱液应足以浸没麻醉面罩，然后在振摇器中进行振摇，振摇规定时间即得检测液。

（4）涡旋混合　将试验样品浸入装有已知体积洗脱液的密闭容器内，该容器压在涡旋混合器的旋转垫上以形成涡旋。涡旋的形成取决于手动施加的压力。涡旋中的变化会使微生物洗脱产生差异。宜规定所用的容器、混合时间以及设定的混合器速度。该方法操作简单快捷，但仅适用于小的试验样品。

例如，一些输液输血器中使用小配件鲁尔接头，可将小配件浸没在含有0.9%无菌氯化钠溶液不超过三分之一体积的试管中，将试管置于涡旋混合器振摇规定时间即得检测液。

（5）冲洗　让洗脱液通过试验样品的内腔。可以靠重力或泵来使液体流动。另外也可将洗脱液充入产品中，夹住并抖动。宜规定器械与洗脱液的接触时间、冲洗速度及液体体积，另外器械结构及腔体尺寸会限制从内表面完全移除微生物所必需的冲力。

例如输液器，在输液器一端连接100ml 0.9%无菌氯化钠溶液，以一定的速度使溶液通过输液器内部，使用无菌容器在另一端接收洗出液即得检测液。

（6）搅切（碎裂）　将试验样品浸入装有已知体积洗脱液的密闭容器内。在规定的一段时间搅切或振摇试验样品。根据试验样品和搅切器规定搅切时间，但不宜超过会导致洗脱液过热和对微生物造成破坏的时间。该技术提供了将试验样品分成足够小的部分的方法，以便通过接种平板培养技术对微生物进行计数。例如海藻酸盐敷料可使用此采集技术进行微生物采集。

（7）擦拭　通常情况下是用洗脱液润湿棉拭子，然后用棉拭子界定好的试验样品的表面。在某些情况下，也可以先湿润表面，然后用干棉拭子擦拭，这样可以提高回收效率。擦试完后将棉拭子转放至洗脱液中并搅动，使棉拭子上微生物洗脱。另外，若使用的是可溶性棉拭子，拭子或溶解到稀释液中。

擦拭法是对不规则形状产品或难接近区域取样的一个有效方法，也可以用于大面积区域的取样。该方法会因擦拭方式的不同更易出错。而且，通过擦拭不可能将表面上全部微生物都收集起来。有些微生物会被棉拭子本身吸附，以至于不被检测到。

（8）接触板 打开接触板盖子，将接触板的培养基部分直接平贴在样品表面，均匀按压接触板底部，保持约10秒钟后盖上接触板盖子，确保全部培养基表面与样品接触，使样品表面存活的微生物能附着在该接触板培养基的表面，然后培养接触板，至形成可计数的菌落。由于该方法的回收率（回收率是指实际测得产品上微生物数与产品上生物负载比值，用百分比表示）通常较低，只有在其他方法不适用的情况下才宜使用。该方法优点在于使用方便，但结果与凝固培养基的接触表面直接相关，接触板法通常只适用于平的或规则的表面。光滑不锈钢器械表面，可采用此采集技术。

（9）琼脂覆盖 当产品中微生物负载低以及产品构造适合时，在产品的表面涂上熔化的琼脂培养基（45℃左右）并固化，培养至产生可见菌落。

4.供试液制备方法确认

（1）对于微生物负载比较大的产品，可采用相同采集技术，对同一个产品反复进行微生物采集，确认其是否还有存活的微生物。所采用的采集技术最好能满足第1次处理回收率达50%~200%。

（2）对于微生物负载较低的产品，可首先接种一定数量的微生物至产品上，一般接种不大于100个存活微生物，在层流条件下干燥后按（1）规定方法进行回收率测试。选用的微生物一般为能抵抗干燥的需氧菌芽孢（例如枯草杆菌黑色变种芽孢）。

5.接种 按下列要求进行供试液的接种，制备微生物回收试验用的供试液。所加菌液的体积应不超过供试液体积的1%。

（1）试验组 取上述制备好的供试液，加入试验菌液，使每1毫升供试液或每张滤膜所滤过的供试液中含菌量不大于100cfu。

（2）供试品对照组 取制备好的供试液，以稀释液代替菌液同试验组操作。

（3）菌液对照组 取不含中和剂及灭活剂的相应稀释液替代供试液，按试验组操作加入试验菌液并进行微生物回收试验。

6.抗菌活性的去除或灭活 供试液接种后，按"7.供试品中微生物回收"规定的方法进行微生物计数。若试验组菌落数减去供试品对照组菌落数的值小于菌液对照组菌落数值的50%，可采用下述方法消除供试品的抑菌活性。

（1）增加洗脱液和冲洗液或培养基体积。

（2）加入适宜的中和剂或灭活剂。中和剂或灭活剂（表4-8）可用于消除干扰物的抑菌活性，最好在稀释液或培养基灭菌前加入。若使用中和剂或灭活剂，试验中应设中和剂或灭活剂对照组，即取相应量稀释液替代供试品同试验组操作，以确认其有效性和对微生物的无毒性。中和剂或灭活剂对照组菌落数与菌液对照组的菌落数的比值应为0.5~2。

表4-8 常见干扰物的中和剂或灭活方法

干扰物	可选用的中和剂或灭活方法
戊二醛、汞制剂	亚硫酸氢钠
酚类、乙醇、醛类、吸附物	稀释法
醛类	甘氨酸
季铵化合物、对羟基苯甲酸、双胍类化合物	卵磷脂
季铵化合物、碘、对羟基苯甲酸	聚山梨酯
水银	巯基醋酸盐
水银、汞化物、醛类	硫代硫酸盐
EDTA、喹诺酮类抗生素	镁或钙离子
磺胺类	对氨基苯甲酸
β-内酰胺类抗生素	β-内酰胺酶

（3）采用薄膜过滤法。

（4）上述几种方法的联合使用。

若没有适宜消除供试品抑菌活性的方法，对特定试验菌回收的失败，表明供试品对该试验菌具有较强抗菌活性，同时也表明供试品不易被该类微生物污染。但是，供试品也可能仅对特定试验菌株具有抑制作用，而对其他菌株没有抑制作用。因此，根据供试品须符合的微生物限度标准和菌数报告规则，在不影响检验结果判断的前提下，应采用能使微生物生长的更高稀释级的供试液进行计数方法适用性试验。若方法适用性试验符合要求，应以该稀释级供试液作为最低稀释级的供试液进行供试品检查。

7. 供试品中微生物的回收　表4-5所列的计数方法适用性试验用的各试验菌应逐一进行微生物回收试验。微生物的回收可采用平皿法、薄膜过滤法或MPN法。

（1）平皿法　包括倾注法和涂布法。表4-5中每株试验菌每种培养基至少制备2个平皿，以算术均值作为计数结果。

1）倾注法　取照上述"供试液的制备""接种""抗菌活性的去除或灭活"制备的供试液1ml，置直径90mm的无菌平皿中，注入15~20ml温度不超过45℃熔化的胰酪大豆胨琼脂或沙氏葡萄糖琼脂培养基，混匀，凝固，倒置培养。若使用直径较大的平皿，培养基的用量应相应增加。按表4-5规定条件培养、计数。同法测定供试品对照组及菌液对照组菌数。计算各试验组的平均菌落数。

2）涂布法　取15~20ml温度不超过45℃的胰酪大豆胨琼脂或沙氏葡萄糖琼脂培养基注入直径90mm的无菌平皿，凝固，制成平板，采用适宜的方法使培养基表面干燥。若使用直径较大的平皿，培养基用量也应相应增加。每一平板表面接种上述照"供试液的制备""接种""抗菌活性的去除或灭活"制备的供试液不少于0.1ml。按表4-5规定条件培养、计数。同法测定供试品对照组及菌液对照组菌数。计算各试验组的平均菌落数。

（2）薄膜过滤法　所采用的滤膜孔径应不大于0.45μm，直径一般为50mm，若采用其他直径的滤膜，冲洗量应进行相应的调整。供试品及其溶剂应不影响滤膜材质对微生物的截留。微生物过滤系统以及滤膜使用前应采用适宜的方法灭菌。使用时，应保证滤膜在过滤前后的完整性。水溶性供试液过滤前先将少量的冲洗液过滤以润湿滤膜。油类供试品，其滤膜和滤器在使用前应充分干燥。为发挥滤膜的最大过滤效率，应注意保持供试品溶液及冲洗液覆盖整个滤膜表面。供试液经薄膜过滤后，若需要用冲洗液冲洗滤膜，每张滤膜每次冲洗量一般为100ml。总冲洗量不得超过1000ml，以避免滤膜上的微生物受损伤。

取照上述"供试液的制备""接种""抗菌活性的去除或灭活"制备的供试液适量（一般取整个供试品或样本份额的量，根据供试品中所含的菌数酌情加、减供试品量），加至适量的稀释液中，混匀，过滤。用适量的冲洗液冲洗滤膜。

若测定需氧菌总数，转移滤膜菌面朝上贴于胰酪大豆胨琼脂培养基平板上；若测定霉菌和酵母总数，转移滤膜菌面朝上贴于沙氏葡萄糖琼脂培养基平板上。按表4-5规定条件培养、计数。每株试验菌每种培养基至少制备一张滤膜。同法测定供试品对照组及菌液对照组菌数。

（3）MPN法　MPN法的精密度和准确度不及薄膜过滤法和平皿计数法，仅在供试品需氧菌总数没有适宜计数方法的情况下使用，本法不适用于霉菌计数。由于本法使用频率较低且操作复杂，此处不再详细介绍，具体测试可参照《中华人民共和国药典》有关规定。

8. 结果判断　计数方法适用性试验中，采用平皿法或薄膜过滤法时，试验组菌落数减去供试品对照组菌落数的值与菌液对照组菌落数的比值应在0.5~2；采用MPN法时，试验组菌数应在菌液对照组菌数的95%置信限内。若各试验菌的回收试验均符合要求，按照所用的供试液制备方法及计数方法进行该供试品的需氧菌总数、霉菌和酵母菌总数计数。

方法适用性确认时，若采用上述方法还存在一株或多株试验菌的回收达不到要求，那么选择回收最接近要求的方法和试验条件进行供试品的检查。

（四）供试品检查

1.检验量 即一次试验所用的供试品量。对于生物负载水平的常规监测，通常使用3~10件样品量。测定时，应尽量使用整个产品，但由于实验室玻璃器皿很难容纳整个产品，所以宜选用尽可能大的产品部分，并且通过所用的产品部分宜可以测定出整个产品微生物负载。

2.供试品的检查 按计数方法适用性试验确认的计数方法进行供试品中需氧菌总数、霉菌和酵母菌总数的测定。

胰酪大豆胨琼脂培养基或胰酪大豆胨液体培养基用于测定需氧菌总数；沙氏葡萄糖琼脂培养基用于测定霉菌和酵母菌总数。

（1）平皿法

1）测试操作 除另有规定外，取规定量供试品，按方法适用性试验确认的方法进行供试液制备和菌数测定，每稀释级每种培养基至少制备2个平板。

2）培养和计数 除另有规定外，胰酪大豆胨琼脂培养基平板在30~35℃培养3~5天，沙氏葡萄糖琼脂培养基平板在20~25℃培养5~7天，观察菌落生长情况，点计平板上生长的所有菌落数，计数并报告。菌落蔓延生长成片的平板不宜计数。点计菌落数后，计算各稀释级供试液的平均菌落数，按菌数报告规则报告菌数。若同稀释级两个平板的菌落数平均值不小于15，则两个平板的菌落数不能相差1倍或以上。

3）菌数报告规则 需氧菌总数测定宜选取平均菌落数小于300cfu的稀释级、霉菌和酵母菌，总数测定宜选取平均菌落数小于100cfu的稀释级，作为菌数报告的依据。取最高的平均菌落数，计算1件、1g、1ml或10cm²供试品中所含的微生物数，取两位有效数字报告。

如各稀释级的平板均无菌落生长或仅最低稀释级的平板有菌落生长，但平均菌落数小于1时，以<1乘以最低稀释倍数的值报告菌数。

（2）薄膜过滤法

1）试验步骤 除另有规定外，按计数方法适用性试验确认的方法进行供试液制备。取适宜体积（例如整件样品或相当于1g、1ml或10cm²供试品的量）供试品的供试液，若供试品所含的菌数较多时，可取适宜稀释级的供试液，照方法适用性试验确认的方法加至适量稀释液中，立即过滤，冲洗，冲洗后取出滤膜，菌面朝上贴于胰酪大豆胨琼脂培养基或沙氏葡萄糖琼脂培养基上培养。

2）培养和计数 培养条件和计数方法同平皿法，每张滤膜上的菌落数应不超过100cfu。

3）菌数报告规则 以相当于1件、1g、1ml或10cm²供试品的菌落数报告菌数；若滤膜上无菌落生长，以<1报告菌数（每张滤膜过滤1件、1g、1ml或10cm²供试品），或<1乘以最低稀释倍数的值报告菌数。

3.阴性对照试验 以稀释液代替供试液进行阴性对照试验，阴性对照试验应无菌生长。如果阴性对照有菌生长，应进行偏差调查。

4.结果判断 需氧菌总数是指胰酪大豆胨琼脂培养基上生长的总菌落数（包括真菌菌落数）；霉菌和酵母菌总数是指沙氏葡萄糖琼脂培养基上生长的总菌落数（包括细菌菌落数）。若因沙氏葡萄糖琼脂培养基上生长的细菌使霉菌和酵母菌的计数结果不符合微生物限度要求，可使用含抗生素（如氯霉素、庆大霉素）的沙氏葡萄糖琼脂培养基或其他选择性培养基（如玫瑰红钠琼脂培养基）进行霉菌和酵母菌总数测定。使用选择性培养基时，应进行培养基适用性检查。若采用MPN法，测定结果为需氧菌总数。

各品种项下规定的微生物限度标准解释如下。①$10^1$cfu：可接受的最大菌数为20；②$10^2$cfu：可接受的最大菌数为200；③$10^3$cfu：可接受的最大菌数为2000，依此类推。

若供试品的需氧菌总数、霉菌和酵母菌总数的检查结果均符合该品种项下的规定，判供试品符合规定；若其中任何一项不符合该品种项下的规定，判供试品不符合规定。

三、控制菌检查法

供试品控制菌检查中所使用的培养基应进行适用性检查，其检查方法应进行方法适用性试验，以确认所采用的方法适合该产品的控制菌检查。若检验程序或产品发生变化可能影响检验结果时，控制菌检查方法应重新进行适用性试验。

控制菌检查一般包括耐胆盐革兰阴性菌、大肠埃希菌、沙门菌、铜绿假单胞菌、金黄色葡萄球菌、梭菌、白色念珠菌。因为只有极少数的医疗器械对控制菌检查有要求，本章中不对控制菌检查作具体介绍，具体检查方法可参考相应产品质量标准和《中华人民共和国药典》有关规定。

第二节　无菌检查

一、无菌检查法的概述

无菌检查法系用于检查要求无菌的药品、生物制品、医疗器械、原料、辅料及其他品种是否无菌的一种方法。若供试品符合无菌检查法的规定，仅表明供试品在该检验条件下未发现微生物污染。

无菌检查应在无菌条件下进行，试验环境必须达到无菌检查的要求，检验全过程应严格遵守无菌操作，防止微生物污染，防止污染的措施不得影响供试品中微生物的检出。单向流空气区、工作台面及受控环境应定期按医药工业洁净室（区）悬浮粒子、浮游菌和沉降菌的测试方法的现行国家标准进行洁净度确认。隔离系统应定期按相关的要求进行验证，其内部环境的洁净度须符合无菌检查的要求。日常检验需对试验环境进行监测。

二、培养基的适用性检查

（一）培养基的制备及培养条件

无菌检查通常使用硫乙醇酸盐流体培养基和胰酪大豆胨液体培养基，前者主要用于厌氧菌的培养，也可用于需氧菌的培养；后者用于真菌和需氧菌的培养。当使用其他种类培养基时，应经过确认其符合无菌检查要求。

培养基可按以下处方制备，亦可使用该处方生产的符合规定的脱水培养基或成品培养基。配制后应采用验证合格的灭菌程序灭菌。制备好的培养基应保存在2~25℃、避光的环境，若保存于非密闭容器中，一般在3周内使用；若保存于密闭容器中，一般在一年内使用。不同培养基的制备方法如下。

1.硫乙醇酸盐流体培养基制备　按照表4-9，除葡萄糖和刃天青溶液外，取上述成分混合，微温溶解，调节pH为弱碱性，煮沸，滤清，加入葡萄糖和刃天青溶液，摇匀，调节pH，使灭菌后在25℃的pH为7.1±0.2。分装至适宜的容器中，其装量与容器高度的比例应符合培养结束后培

PPT

微课

医药大学堂
WWW.YIYAODXT.COM

养基氧化层（粉红色）不超过培养基深度的1/2；灭菌。在供试品接种前，培养基氧化层的高度不得超过培养基深度的1/3，否则，须经100℃水浴加热至粉红色消失（不超过20分钟），迅速冷却，只限加热一次，并防止被污染。

除另有规定外，硫乙醇酸盐流体培养基置30~35℃培养。

表4-9 硫乙醇酸盐流体培养基配方

试剂名称	试剂量	试剂名称	试剂量
胰酪胨	15.0g	氯化钠	2.5g
酵母浸出粉	5.0g	新配制的0.1%刃天无水青溶液	1.0ml
葡萄糖	5.0g	琼脂	0.75g
L-胱氨酸	0.5g	水	1000ml
硫乙醇酸钠（或硫乙醇酸）	0.5g（0.3ml）		

2.胰酪大豆胨液体培养基制备 按照表4-10，除葡萄糖外，取上述成分，混合，微温溶解，滤过，调节pH使灭菌后在25℃的pH为7.3±0.2，加入葡萄糖，分装，灭菌。胰酪大豆胨液体培养基置20~25℃培养。

表4-10 胰酪大豆胨液体培养基配方

试剂名称	试剂量	试剂名称	试剂量
胰酪胨	17.0g	氯化钠	5.0g
磷酸氢二钾	2.5g	大豆木瓜蛋白酶水解物	3.0g
葡萄糖/无水葡萄糖	2.5g/2.3g	水	1000ml

3.中和或灭活用培养基制备 按上述硫乙醇酸盐流体培养基或胰酪大豆胨液体培养基的处方及制法，在培养基灭菌或使用前加入适宜的中和剂、灭活剂或表面活性剂，其用量同下文"四、无菌检查方法适用性试验"中规定。

（二）培养基的适用性检查

无菌检查用的硫乙醇酸盐流体培养基和胰酪大豆胨液体培养基等应符合培养基的无菌性检查及灵敏度检查的要求。本适用性检查可在供试品的无菌检查前或与供试品的无菌检查同时进行。

1.无菌性检查 每批培养基随机取不少于5支（瓶），置各培养基规定的温度培养14天，应无菌生长。

2.灵敏度检查

（1）菌种 培养基灵敏度检查所用的菌株传代次数不得超过5代（从菌种保存中心获得的干燥菌种为第0代），并采用适宜的菌种保存技术进行保存，以保证试验菌株的生物学特性。

（2）菌液制备 接种金黄色葡萄球菌、铜绿假单胞菌、枯草芽孢杆菌的新鲜培养物至胰酪大豆胨液体培养基中或胰酪大豆胨琼脂培养基上，接种生孢梭菌的新鲜培养物至硫乙醇酸盐流体培养基中，30~35℃培养18~24小时；接种白色念珠菌的新鲜培养物至沙氏葡萄糖液体培养基中或沙氏葡萄糖琼脂培养基上，20~25℃培养2~3天，上述培养物用PH7.0无菌氯化钠-蛋白胨缓冲液或0.9%无菌氯化钠溶液制成适宜浓度的菌悬液。接种黑曲霉至沙氏葡萄糖琼脂斜面培养基上，20~25℃培养5~7天，加入3~5ml含0.05%（ml/ml）聚山梨酯80的pH7.0无菌氯化钠-蛋白胨缓冲液或0.9%无菌氯化钠溶液，将孢子洗脱。然后，采用适宜的方法吸出孢子悬液至无菌试管内，用含0.05%（ml/ml）聚山梨酯80的pH7.0无菌氯化钠-蛋白胨缓冲液或0.9%无菌氯化钠溶液制成适宜浓度的孢子悬液。

菌悬液若在室温下放置，一般应在2小时内使用；若保存在2~8℃可在24小时内使用。黑曲霉孢子悬液可保存在2~8℃，在验证过的贮存期内使用。

（3）培养基接种　取每管装量为12ml的硫乙醇酸盐流体培养基7支，分别接种不大于100cfu的金黄色葡萄球菌、铜绿假单胞菌、生孢梭菌各2支，另1支不接种作为空白对照，培养不超过3天；取每管装量为9ml的胰酪大豆胨液体培养基7支，分别接种不大于100cfu的枯草芽孢杆菌、白色念珠菌、黑曲霉各2支，另1支不接种作为空白对照，培养不超过5天，逐日观察结果。

（4）结果判定　空白对照管应无菌生长，若加菌的培养基管均生长良好，判该培养基的灵敏度检查符合规定。

三、稀释液、冲洗液及其制备方法

稀释液、冲洗液配制后应采用验证合格的灭菌程序灭菌。常用的稀释液、冲洗液有以下两种，其制备方法如下。

（一）0.1%无菌蛋白胨水溶液

取蛋白胨1.0g，加水1000ml，微温溶解，滤清，调节pH至7.1±0.2，分装，灭菌。

（二）pH7.0无菌氯化钠-蛋白胨缓冲液

取磷酸二氢钾3.56g，无水磷酸氢二钠5.77g，氯化钠4.30g，蛋白胨1.00g，加水1000ml，微温溶解，滤清，分装，灭菌。

根据供试品的特性，也可选用其他经验证的适宜溶液作为稀释液或冲洗液（如0.9%无菌氯化钠溶液）。

如需要，可在上述稀释液或冲洗液的灭菌前或灭菌后加入表面活性剂或中和剂等。

四、无菌检查方法适用性试验

进行产品无菌检查时，应进行方法适用性试验，以确认所采用的方法适合于该产品的无菌检查。若检验程序或产品发生变化可能影响检验结果时，应重新进行方法适用性试验。

方法适用性试验按"供试品的无菌检查"的规定及下列要求进行操作。对每一试验菌应逐一进行方法确认。

（一）菌种及菌液制备

金黄色葡萄球菌、枯草芽孢杆菌、生孢梭菌、白色念珠菌、黑曲霉的菌株及菌液制备同培养基灵敏度检查。大肠埃希菌的菌液制备同金黄色葡萄球菌。

（二）试验方法

1.产品直接浸入法　取符合产品直接浸入法培养基用量要求的硫乙醇酸盐流体培养基6管，分别接入不大于100cfu的金黄色葡萄球菌、大肠埃希菌、生孢梭菌各2管，取符合产品直接浸入法培养基用量要求的胰酪大豆胨液体培养基6管，分别接入不大于100cfu的枯草芽孢杆菌、白色念珠菌、黑曲霉各2管。其中1管按供试品的无菌检查要求接入每支培养基规定的供试品接种量，另1管作为对照，置规定的温度培养，培养时间不得超过5天。

2.从产品上洗脱微生物法

（1）薄膜过滤法　按供试品的无菌检查要求取每种培养基规定接种的供试品总量，采用薄膜过滤法过滤，冲洗，每张滤膜每次冲洗量一般为100ml，总冲洗量一般不超过500ml，最高不得超过1000ml，以避免滤膜上的微生物受损伤。在最后一次的冲洗液中加入不大于100cfu的试验菌，过滤。加培养基至滤筒内，接种金黄色葡萄球菌、大肠埃希菌、生孢梭菌的滤筒内加硫乙醇酸流体培养基；接种枯草芽孢杆菌、白色念珠菌、黑曲霉的滤筒内加胰酪大豆胨液体培养基。另取一装有同等体积培养基的容器，加入等量试验菌，作为对照。置规定温度培养，培养时间不得超过5天。

（2）直接接种法　取符合直接接种法培养基用量要求的硫乙醇酸盐流体培养基6管，分别接入不大于100cfu的金黄色葡萄球菌、大肠埃希菌、生孢梭菌各2管，取符合直接接种法培养基用量要求的胰酪大豆胨液体培养基6管，分别接入不大于100cfu的枯草芽孢杆菌、白色念珠菌、黑曲霉各2管。其中1管按供试品的无菌检查要求接入每支培养基规定的供试品接种量，另1管作为对照，置规定的温度培养，培养时间不得超过5天。

3.**结果判断**　与对照管比较，如含供试品各容器中的试验菌均生长良好，则说明供试品的该检验量在该检验条件下无抑菌作用或其抑菌作用可以忽略不计，可按照此检查方法和检查条件进行供试品的无菌检查。如含供试品的任一容器中的试验菌生长微弱、缓慢或不生长，则说明供试品的该检验量在该检验条件下有抑菌作用，应采用增加冲洗量、增加培养基的用量、使用中和剂或灭活剂、更换滤膜品种等方法，消除供试品的抑菌作用，并重新进行方法适用性试验。

方法适用性试验可与供试品的无菌检查同时进行。

五、供试品的无菌检查

（一）检验数量

检验数量是指一次试验所用供试品最小包装容器的数量，成品每一批均应进行无菌检查。除另有规定外，出厂产品按表4-11规定；上市产品监督检验按表4-12规定。表4-11、表4-12中最少检验数量不包括阳性对照试验的供试品用量。

表4-11　批出厂产品及生物制品的原液和半成品最少检验数量

供试品	批产量N（个）	接种每种培养基所需的最少检验数量
医疗器械	≤100	10%或4件（取较多者）
	100<N≤500	10件
	>500	2%或20件（取较少者）

注：若供试品每个容器内的装量不够接种两种培养基，那么表中的最少检验数量应增加相应倍数。

表4-12　上市抽验样品的最少检验数量

供试品	供试品最少检验数量（件）
医疗器械	10

注：若供试品每个容器内的装量不够接种两种培养基，那么表中的最少检验数量应增加相应倍数。

（二）检验量

检验量是指供试品每个最小包装接种至每份培养基的最小量（份、g、ml或cm²）。条件允许时，试验中应使用整个供试品，但不适用于所有供试品，在这种情况下，可以用供试品的选定部分代替。除另有规定外，供试品检验量按表4-13规定。若每件供试品的量按规定足够接种两种培养基，则应分别接种硫乙醇酸盐流体培养基和胰酪大豆胨液体培养基。采用薄膜过滤法时，只要供试品特性允许，应将所有容器内的全部内容物过滤。

表4-13 供试品的最少检验量

供试品	供试品装量	每支供试品接入每种培养基的最少量
医疗器械	外科用敷料棉花及纱布	取100mg或1cm×3cm
	缝合线、一次性医用材料	整个材料①
	带导管的一次性医疗器械（如输液袋）	二分之一内表面积
	其他医疗器械	整个器械①（切碎或拆散开）

注：①如果医用器械体积过大，培养基用量可在2000ml以上，将其完全浸没。

（三）阳性对照

应根据供试品特性选择阳性对照菌：无抑菌作用及抗革兰阳性菌为主的供试品，以金黄色葡萄球菌为对照菌；抗革兰阴性菌为主的供试品，以大肠埃希菌为对照菌；抗厌氧菌的供试品，以生孢梭菌为对照菌；抗真菌的供试品，以白色念珠菌为对照菌。阳性对照试验的菌液制备同方法适用性试验，加菌量小于100cfu，供试品用量与供试品无菌检查时每份培养基接种的样品量相同。阳性对照管培养72小时内应生长良好。

（四）阴性对照

供试品无菌检查时，应取相应溶剂和稀释液、冲洗液同法操作，作为阴性对照。阴性对照不得有菌生长。

（五）供试品处理及接种培养基

操作时，用适宜的方法对供试品容器表面进行彻底消毒，除另有规定外，按下列方法进行供试品处理及接种培养基。

1.产品直接浸入法 直接浸入法为医疗器械无菌检查首选方法。采用直接浸入法时，使用无菌操作技术，将产品或样品份额（SIP）平均分解成两等份，分别放入盛有硫乙醇酸盐流体培养基和胰酪大豆胨液体培养基的容器中进行培养。应使用足够量培养基以实现培养基与整个产品或样品份额（SIP）的接触。此外，如产品较大不方便浸入，可考虑：①灭菌前对产品进行分解，但需评估此方法适用性，因为在灭菌过程中分解的产品与实际产品灭菌效果有差别；②浸入培养基之前进行分解和（或）操作；③放入培养基之后进行搅拌；④在培养基中加入表面活性剂（已被证明没有抑制生物或杀灭微生物作用）以更好地湿润产品表面。应在整个培养周期内保持培养基与产品或样品份额（SIP）之间的接触。

2.从产品上洗脱微生物法 由于医疗器械的特性，例如抑菌/抑真菌活性，而无法采用直接浸入法时，可能需要从产品上洗脱微生物。洗脱微生物方法参照第一节"微生物限度检查法"中有关"供试液的制备"规定执行。将可能存在产品上的微生物洗脱后，可通过薄膜过滤法过滤后培养或采用直接接种法培养洗脱液。

采用此技术时应谨慎。此技术不能从产品上洗脱所有微生物。无法从产品上洗脱所有微生物可能导致试验无效。相关操作期间产生的污染可能导致假阳性的出现。

（1）薄膜过滤法 一般应采用封闭式薄膜过滤器，又称集菌培养器，根据供试品及其溶剂的特性选择滤膜材质。无菌检查用的滤膜孔径应不大于0.45μm。滤膜直径约为50mm，若使用其他尺寸的滤膜，应对稀释液和冲洗液体积进行调整，并重新验证。使用时，应保证滤膜在过滤前后的完整性。

检测时，将薄膜过滤器安装在集菌仪上，先以少量的冲洗液过滤，以润湿滤膜，然后取规定量检测液直接过滤，或混合至含不少于100ml适宜稀释液的无菌容器中，混匀，立即过滤。如供试品具有抑菌作用，须用冲洗液冲洗滤膜，冲洗次数一般不少于三次，所用的冲洗量、冲洗方法同方法适用性试验。冲洗后，1份滤器加入100ml硫乙醇酸盐流体培养基，1份滤器加入100ml胰酪大豆胨液体培养基。

（2）直接接种法　适用于冲洗液本身就是培养基或者不需要使用太多冲洗液的供试品。如果冲洗液本身就是培养基，则直接将冲洗液进行培养即可；如果冲洗液为非培养基，则应将冲洗液接种至硫乙醇酸盐流体培养基和胰酪大豆胨液体培养基中。除另有规定外，每个容器中培养基的用量应符合接种的供试液体积不得大于培养基体积的10%，同时，硫乙醇酸盐流体培养基每管装量不少于15ml，胰酪大豆胨液体培养基每管装量不少于10ml。供试品检查时，培养基的用量和高度同方法适用性试验。

3.培养及观察　将上述接种供试品后的培养基容器分别按各培养基规定的温度培养14天；其中，接种供试品的硫乙醇酸盐流体培养基的容器置于30~35℃下培养，接种供试品的胰酪大豆胨液体培养基应置于20~25℃下培养。培养期间应至少在中途和培养结束时各观察1次（总共至少2次）并记录是否有菌生长。如在加入供试品后或在培养过程中，培养基出现浑浊，培养14天后，不能从外观上判断有无微生物生长，可取该培养液适量转种至同种新鲜培养基中，培养3天，观察接种的同种新鲜培养基是否再出现浑浊；或取培养液涂片，染色，镜检，判断是否有菌。

4.结果判断　阳性对照管应生长良好，阴性对照管不得有菌生长；否则试验无效。若供试品管均澄清，或虽显浑浊但经确证无菌生长，判供试品符合规定；若供试品管中任何一管显浑浊并确证有菌生长，判供试品不符合规定，除非能充分证明试验结果无效，即生长的微生物非供试品所含。当符合下列至少一个条件时方可判试验结果无效：①无菌检查试验所用的设备及环境的微生物监控结果不符合无菌检查法的要求；②回顾无菌试验过程，发现有可能引起微生物污染的因素；③供试品管中生长的微生物经鉴定后，确证是因无菌试验中所使用的物品和（或）无菌操作技术不当引起的。

试验若经确认无效，应重试。重试时，重新取同量供试品，依法检查，若无菌生长，判供试品符合规定；若有菌生长，判供试品不符合规定。

岗位对接

本章是医疗器械类专业学生从事质量管理与控制、产品检测、产品注册必须掌握的内容。

本章对应医疗器械检验员、医疗器械注册专员、医疗器械质量管理、医疗器械质量控制岗位的相关工种。

上述从事相关岗位的从业人员需掌握检测工作职业素养的基本要求，保持科学、严谨的职业态度，树立勇于承担的责任意识。

习题

一、不定项选择题

1.微生物计数方法包括（　　）。

A.控制菌检查法　　　　　　　　　B.平皿法

C.薄膜过滤法　　　　　　　　　　D.最可能数法

2.微生物计数常用的培养基为（　　）。

    A.胰酪大豆胨琼脂培养基   B.沙氏葡萄糖琼脂培养基

    C.胰酪大豆胨液体培养基   D.沙氏葡萄糖液体培养基

3.供试液制备时，所使用的微生物采集技术包括（　　）。

    A.袋蠕动   B.超声波洗脱

    C.振摇（机械或手工方式）   D.冲洗

    E.擦拭

4.当胰酪大豆胨琼脂培养基/沙氏葡萄糖琼脂培养基用于供试品需氧菌总数/霉菌和酵母菌总数检测时，其培养温度和时间分别为（　　）。

    A.30~35℃培养3~5天；20~25℃培养5~7天

    B.30~35℃培养5~7天；20~25℃培养3~5天

    C.20~25℃培养3~5天；30~35℃培养5~7天

    D.20~25℃培养5~7天；30~35℃培养3~5天

5.无菌检查通常适用的培养基是（　　）。

    A.胰酪大豆胨琼脂培养基   B.沙氏葡萄糖琼脂培养基

    C.胰酪大豆胨液体培养基   D.硫乙醇酸盐流体培养基

6.无菌检查时，硫乙醇酸盐流体培养基用于培养（　　）。

    A.需氧菌   B.厌氧菌   C.真菌和需氧菌   D需氧菌和厌氧菌

7.胰酪大豆胨液体培养基灵敏度测试用菌种为（　　）。

    A.金黄色葡萄球菌   B.铜绿假单胞菌

    C.枯草芽孢杆菌   D.白色念珠菌

    E.黑曲霉

8.当使用直接接种法进行供试品无菌检查时，当培养容器中接种供试液体积为20ml时，应加入培养基量最少为（　　）。

    A.300ml   B.200ml   C.150ml   D.100ml

二、简答题

简述新开发的无菌产品的无菌检查流程。

第五章　生物学评价

第一节　概　述

PPT

一、总则

无源医疗器械生物学评价的目的，是对人类在使用医疗器械时所产生的潜在生物学风险进行评估，其本质上是一种风险管理活动，是风险管理过程中的一个环节。材料或器械进入机体后，会引起的生物反应有：局部组织反应、全身性反应、血液系统反应、免疫系统反应。与此同时，进入机体的材料或器械，也会在机体的作用下发生物理性能、化学性能和力学性能的改变。器械或材料与机体的相互作用的过程中，对引起健康危害发生的概率及危害的严重程度进行评价的过程，就是生物学评价。

随着科学技术的发展，对材料本身的物理化学特性和组织机理研究不断深化，研究数据不断丰富，生物学评价也不再侧重于单纯做试验，而是建立在对相关科学数据的评审、物理化学表征的分析以及所需的体外和体内试验一系列全面完整的信息之上的。如果从已知的数据中已可推断出材料或器械的风险是可接受的，则不需要再进行毒理学试验。只有在已有数据不充分，不足以作出风险预判时，才需要进行下一步的毒理学试验。

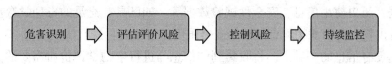

图5-1　风险控制过程

如图5-1所示，医疗器械风险控制过程包括危害识别、评估评价风险、控制风险、持续监控等子过程。生物学评价往往并不意味着对风险的完全预估，不能保证完全无生物危害，仅可通过材料信息、器械本体、临床应用、研究资料、生物学试验等数据信息，对该材料或器械在临床上使用预期的风险和收益进行评估。在生物学评价完成后，器械上市投入使用也并不意味着结束，还要在器械后期临床使用中，对非预期的人体不良反应或不良事件进行持续的监控和分析。

二、生物学评价的基本原则

生物学评价应由具有资质的专业技术人员进行，在进行生物学评价时，首先应根据其用途进行分类，根据分类确定风险级别，从而进行危害识别。由于器械的原材料、配方、加工工艺、包装运输、老化都可能对终产品的生物相容性有所影响，故而评价内容应包括但不限于器械的设计结构、材料构成、预期用途、生产工艺、包装材料、物理特性、化学表征、降解产物、临床使用数据、毒理学数据等。

医疗器械既要考虑每一个组成的材料和组件，也要考虑整体，需要做多方面的考量。从器械使用周期上来看，需要考虑器械与人体接触后在短期和长期的不同作用，短期毒性如急性全身毒、刺激、溶血、细胞毒性；长期毒性如亚慢性、慢性全身毒，遗传毒性，致癌致畸等。同时，评价也需要涵盖器械使用的全生命周期，对器械或其材料在生命周期过程中发生的状态变化进行全面的考量，如原位发生聚合或生物降解，则应考虑该产品在整个变化环节中组分变化所产生的风险。循环使用器械，即使每次使用周期较短，也需要结合该类器械最大循环使用量，从严进行评价。在评价接触程度上，也需要考虑器械作为一个整体与人体接触时，对局部组织和全身作用，如植入类产品，既要有针对性地考虑植入物对局部组织产生的作用，也要综合考虑植入后对全身的毒性作用。

如材料有可证实的安全使用数据充足，可不必进行生物学试验，如果需要进行试验，应按照风险评定的要求选择所需试验项目，并且在执行体内试验前，先行进行体外试验的筛选。

三、生物学评价的步骤

（一）生物学评价的一般步骤

生物学评价作为风险管理的组成部分，需要遵循以下的评价思路，其过程分为以下几步。

（1）根据器械或材料的配方、研究和使用历史，预期临床用途、临床前研究、临床数据、毒理学数据、器械的风险级别，从而评价材料的收集程度。

（2）收集器械或材料的理化信息。化学表征包括了解材料的及其替代材料的表征、材料的危害识别、生产过程（加工助剂或添加剂）识别、对化学物降解释放物质的识别、人体预估的接触量识别及其他安全数据等，通过化学表征的识别，可以提示在后续毒理评价的关注重点以及对试验中使用剂量的设计提供依据。物理特性主要指物理形态的信息，包括材料表面几何形态、多孔性、表面质地、可能释放磨损微粒等。如器械中所含材料、化学物及其加工过程已有明确的安全应用史，物理学特性无改变，可不必要开展进一步的表征和评价。

（3）收集生物安全信息。器械的生物安全信息包括材料或化合物的毒理学数据、可沥滤化学物潜在毒性数据、历史使用信息、安全性试验数据等。如已具有充足的毒理学数据，结合器械的风险级别，其溶出物和可沥滤物均有足够的安全限度，可不必再进行试验。

（4）在收集现有信息的基础上，将收集到的信息与进行生物学评价所需要的数据信息进行对比分析，决定是否进行进一步的补充试验。试验宜遵循先理化试验，后体外试验，最后体内试验这一递进方法。

（5）进行生物学试验。当认为进行医疗器械生物学试验有必要时，根据前期对产品信息的分析，选择合理的生物学试验项目进行测试。

（6）结合收集信息及补充的试验结果，进行总体的评定。

（二）生物学评价的总体评定

总体评定应由具有理论知识和实践经验、能对各种材料的优缺点和试验程序的适用性进行判断的评价专业人员进行策划、实施并形成文件。

（1）医疗器械生物学评价的策略和程序内容。

（2）确定材料和预期目的在风险管理计划范畴内的可接受性准则。

（3）材料表征的适当性。

（4）选择和（或）豁免试验的说明。

（5）已有数据和试验结果的解释。

（6）完成生物学评价所需的其他数据。

（7）医疗器械总体生物学安全性的结论。

（三）重新进行生物学风险评定要求

在下列条件中满足任意一条，应对材料或终产品重新进行生物学风险评定。

（1）制造产品所用材料来源或技术规范改变时。

（2）产品配方、工艺、初包装或灭菌改变时。

（3）生产商的说明书或储存期望中任何改变时，如改变货架寿命和（或）运输的改变。

（4）产品预期用途改变时。

（5）产品用于人体后出现了不良反应迹象时。

第二节　生物学性能评价试验的选择

💬 案例讨论

案例　某公司主要生产非吸收缝合线和可吸收缝合线两种产品，质检部人员在进行产品生物学评价性能指标拟定的时候需进行一系列分析。

讨论　1.两种产品的预期接触时间及风险级别有何不同？

　　　　2.两种产品应选择的生物学评价试验分别是哪些？

PPT

一、生物学性能评价相关标准

目前，医疗器械生物学评价主要应用ISO 10993-GB/T 16886系列指南，该套生物学评价标准体系中的标准分为四类。

（一）指导性标准

指导性标准在ISO10993-GB/T 16886标准体系中起总领作用，规定了这一标准体系的基础概念、适用范围、使用原则等，如GB/T 16886.1。

（二）通用标准

通用标准是体系内其余标准使用的前提性原则，适用于同一标准体系中所有的方法，如GB/T 16886.2、GB/T 16886.12。

微课

（三）方法标准

方法标准重点在于阐述某一类生物学试验的原理、具体的方法步骤、统一的结果评价准则，如GB/T 16886.5、GB/T 16886.6等，均详细地规定了具体试验方法、结果评价等内容。

（四）非方法标准

标准中并无具体试验步骤，以方法设计和结果评价原则为主，如GB/T 16886.3、GB/T 16886.4、GB/T 16886.20等，虽无具体试验方法，但详细讲述了基础参数概念、适用范围、评价该项目需要考虑的指标、可以参考的方法来源、结果评价原则等信息，以便研究人员可以针对不同特性的产品设计或选择合适的方法进行试验。为了更好地规范这一类试验，国内各标准委员会及研究团队在GB/T 16886系列标准的基础上，参考国际上常用的OECD、ASTM系列标准，亦发展衍生推行出了各类行业标准，以作为对GB/T 16886系列的参考和补充。如：YY/T 0870系列标准，是针对GB/T 16886.3的要求进行的补充；YY/T 0878系列标准，给GB/T 16886.4提供了可供参考的操作方法；YY/T 0879系列标准，则为GB/T 16886.10增加了新的评价方法。

由于医疗器械在材料、结构、工艺、应用上的涉及面广，在参考GB/T 16886的基础上，也发布了对材料和器械有针对性的国家标准和行业标准。如专门适用于口腔医疗器械的YY/T 0127系列标准。

二、医疗器械的分类

医疗器械的分类是进行医疗器械生物学评价的基础，直接决定了医疗器械的风险等级、生物学风险评定的终点，即生物学试验覆盖范围。在医疗器械生物安全性评价的分类体系中，医疗器械按照其使用时长和与人体的接触部位进行分类，根据这一分类体系可对医疗器械的风险级别进行划分，从而决定其生物学评价终点，而非接触人体的医疗器械则不需要进行生物相容性评价。

（一）按照与人体接触性质分类

可分为非接触器械、表面接触器械、外部接入器械、植入器械，见表5-1。

表5-1　按人体接触性质分类医疗器械

接触性质	接触部位	说明	举例
非接触器械	与人体无直接或间接接触	不需要生物相容性信息	体外诊断器械，采血管
表面接触器械	皮肤	仅接触完好皮肤	血压袖带、皮肤电极、耳温计
	黏膜	仅接触完好黏膜	导尿管、阴道扩张器、义齿
	损伤表面	与损伤组织表面接触	创伤敷料
外部接入器械	间接血路	不与血液直接接触，但向血管系统输入	输液管路、输血管路
	组织/骨/牙本质	与组织、骨或牙髓/牙本质系统直接或间接接触	腹腔引流管、齿科填充材料、非吸收缝合线
	循环血液	与循环血液接触	透析器、中心静脉导管、血液吸附柱
植入器械	组织/骨	与组织/组织液、骨接触	人工骨、人工肌腱、可吸收缝合线
	血液	与血液接触	人工心脏、人工血管、血管支架

（二）按接触时间分类

1.瞬时接触　某些与机体非常快速/短暂接触的医疗器械。

2.短期接触（A）　在24小时以内一次、多次或重复使用或接触的器械。

3.长期接触（B）　在24小时以上30天以内一次、多次或重复长期使用或接触的器械。

4.持久接触（C）　超过30天以上一次、多次或重复长期使用或接触的器械。

当一种材料或器械同时属于两种以上的时间分类，应采取从严原则，以最苛刻的条件进行评价。如创伤敷料，临床上因创伤的严重程度及伤口恢复程度不同，可短期或长期重复使用，这时则宜根据产品设计时预期接触时长，考虑其在重复使用时潜在的累积作用，归类为长期接触甚至是持久接触产品。

三、生物学性能评价试验及各试验的选择要点

（一）概述

生物学试验是生物学评价的一个重要环节，进行生物学试验的产品，首先应综合了解器械各类信息，可沥滤化学物的存在与评价，器械预期使用方式与人体接触的部位、程度、剂量、时间、频率等信息确定试验方案的设计。用于试验产品的加工方式、灭菌方式应与终产品一致，试验时应取终产品中具有代表性的样品、部件或材料进行试验。

在经过对器械或材料的各种信息评估后，认为不足以豁免生物学试验的情况下，则根据器械的分类，有针对性地选择相应的评价试验项目。

（二）评价试验简介

1.细胞毒性　将器械、材料和（或）其浸提液直接或间接与细胞接触后，评估其对细胞生长状况的影响。

2.迟发型超敏反应　将器械、材料和（或）其浸提液与合适的动物模型接触后，评估其潜在的接触过敏反应作用。

3.皮内反应　将器械、材料浸提液注射入动物皮内，评估其潜在的皮内组织反应作用。

4.刺激　将医疗器械、材料和（或）其浸提液与动物相应的临床应用部位模拟接触（如皮肤、眼和黏膜），评估其潜在的刺激作用。

5.血液相容性　将医疗器械、材料与体内或体外的血液模型接触，评估其对血液各参数的潜在影响。

6.热原　将器械、材料浸提液与体内或体外血液模型接触，评估其致热反应。

7.全身毒性　将医疗器械、材料和（或）其浸提液与动物接触，评价动物的全身毒性反应情况。全身毒性试验根据器械与动物接触周期长短，分为急性全身毒性、亚急性全身毒性、亚慢性全身毒性和慢性全身毒性。

8.植入反应　将材料通过手术方式放置入活体组织内，经指定周期后，观察材料与组织之间的反应状况。

9.遗传毒性　将医疗器械、材料浸提液与细菌、细胞或动物接触，评价其引起基因突变、染色体结构和数量的改变以及其他DNA或基因毒性的风险。

（三）试验选择应考虑的因素

试验项目选择应在充分考虑以下前提后进行。

（1）该器械在正常预期使用中与人体接触的性质、程度、时间、频次和条件。

（2）最终产品的化学和物理性质。

（3）最终产品配方中化学物的毒理学活性。

（4）如排除了可沥滤化学物的存在，或化学成分已按GB/T 16886.17进行了安全使用的评价，并按YY/T 0316进行了风险评定，得知具有可接受的毒性，可能就不需要再进行某些试验（如设计成评价全身作用的试验）。

（5）器械表面积与接受者身体大小的关系。

（6）已有的文献、以前的经验和非临床试验方面的信息。

（7）考虑试验的灵敏性及其与有关生物学评价数据组的特异性。

（8）确保动物的福利并使实验动物的数量为最小。

（四）试验选择依据的框架

现行生物学试验终点的选择一般依据表5-2提供的框架进行。

表5-2的要求仅是一个评价的框架，而非必须的清单，医疗器械最终的评价终点应结合产品的实际情况进行论证，选择合适的试验组合，并可在此框架的基础上扩增或减少。

例如，皮肤刺激、黏膜刺激和皮内反应归属于同一个大类，在选择项目时，一般情况下，并不需要全部覆盖，只需要根据产品的临床应用选择其中一项，如与损伤皮肤接触的产品、植入类产品、与血液接触的产品，一般选择皮内反应；与完整黏膜接触的产品，则根据产品在临床适用时实际接触部位，选择口腔黏膜、阴道黏膜、直肠黏膜刺激；与完好皮肤接触的产品，则选择皮肤刺激。

通过植入方式接触的医疗器械或材料，可在满足动物数量和观察周期的基础上，结合全身毒性的参数进行评价，可不用再单独进行急性、亚急性或亚慢性、慢性全身毒性的研究。如果医疗器械或材料可能含有致癌、致突变或生殖毒性物质，则需要增加致癌性、致突变性及生殖发育毒性评价；用于特殊用途的器械，特定人群使用器械及当下欠缺毒理学数据的新材料，使用新材料的新器械，则需根据其特性增加评价终点；凡是可降解材料或器械，均需增加生物降解性能的评价。

第三节　生物学性能评价试验样品的制备

一、样品和参照材料的选择

（一）试验样品的选择

试验样品应为最终产品或取自最终产品中最具代表性的样品，如器械不能整体用于试验，应选取最终产品中有代表性的各部件，按比例组合成试验样品，部件选择中需要包括涂层材料与基质材料，包括加工过程中产生的残留物，如部件制造过程中使用了黏合剂、密封剂，则选择部件中应包括含有黏合剂、密封剂的部分。

对于原位聚合固化的材料，试验样品应参照临床使用条件，选择材料应包含原位固化起点开始到固化完成的过程中各代表性阶段。如固化过程为体外进行，则选择固化后的材料进行试验。

当试验样品需要是某种特殊形态，原产品不能直接用以试验，则试验材料需要与终产品经过同样的工艺过程制备得出。如植入材料需要按标准要求加工成指定形态，同时加工工艺、灭菌过程等均需要保持与成品一致。

PPT

表5-2　生物学风险评定终点

器械分类	人体接触性质 接触	接触时间	物理和(或)化学信息	细胞毒性	致敏反应	刺激或皮内反应	材料介导热原	急性全身毒性	亚急性毒性	亚慢性毒性	慢性毒性	植入反应	血液相容性	遗传毒性	致癌性	生殖/发育毒性	生物降解性
表面器械	完好皮肤	短期(≤24h) A	X	E[h]	E	E											
		长期(>24h~30d) B	X	E	E	E											
		持久(>30d) C	X	E	E	E											
	黏膜	A	X	E	E	E											
		B	X	E	E	E		E	E			E		E			
		C	X	E	E	E		E	E	E	E	E		E	E		
	损伤表面	A	X	E	E	E		E									
		B	X	E	E	E	E	E	E	E		E		E			
		C	X	E	E	E	E	E	E	E	E	E		E	E		
外部接入器械	血路，间接	A	X	E	E	E	E	E					E	E			
		B	X	E	E	E	E	E	E	E		E	E	E			
		C	X	E	E	E	E	E	E	E	E	E	E	E	E		
	组织/骨/牙本质	A	X	E	E	E	E	E				E		E			
		B	X	E	E	E	E	E	E	E		E		E			
		C	X	E	E	E	E	E	E	E	E	E		E	E		
	循环血液	A	X	E	E	E	E	E				E	E	E			
		B	X	E	E	E	E	E	E	E		E	E	E			
		C	X	E	E	E	E	E	E	E	E	E	E	E	E		
植入器械	组织/骨	A	X	E	E	E	E	E				E		E			
		B	X	E	E	E	E	E	E	E		E		E			
		C	X	E	E	E	E	E	E	E	E	E		E	E		
	血液	A	X	E	E	E	E	E				E	E	E			
		B	X	E	E	E	E	E	E	E		E	E	E			
		C	X	E	E	E	E	E	E	E	E	E	E	E	E		

表中，X表示某一风险评定需要的信息；E表示在风险评定中需要评价的终点（可通过使用已有数据，附加的终点评定或终点特异性试验或终点评定不需要附加数据组评定的理由）。

（二）参照材料的选择

参照材料一般作为生物学试验的阴性/阳性对照，有着稳定的重现性，是试验体系有效性的保障。参照材料和对照可使用GB/T 16886系列标准中推荐的示例材料，亦可由各实验室选择纯度高、关键表征符合预期用途且易获取的材料，经过验证后建立。

空白对照指不含试验样品的浸提介质。浸提期间，置于与试验样品相同的容器中并采用同样的浸提条件。空白对照设置的目的是为了排除浸提容器、浸提介质和浸提过程中的干扰作用。在部分试验中，空白浸提介质/溶剂可用作阴性对照。

所有用于试验体系的器械样品或对照样品原则上应无菌，如试验样品来源于非无菌状态，而使用前要求灭菌，则应按照制造商推荐方法灭菌；如试验样品使用时并无无菌要求，则在应用于试验前，应选择合适的灭菌方式对试验材料和参照样品进行灭菌处理。

二、浸提液的制备

（一）浸提通用要求

在医疗器械或材料无法以成品的形式直接用以试验时，需将其制备为浸提液用于试验。为保证与浸提介质有充足的接触面积，一般情况下，材料浸提之前需要切成小块，标准中推荐聚合物材料宜裁剪成10mm×50mm或5mm×25mm小块。但对于部分材料如弹性体、复合材料、多层材料、涂层材料，由于其完整表面材料与切割后暴露的表面材料存在浸提性能的差异，则应结合内层材料暴露的风险，选择性地完整浸提。

选择浸提方法时，要使材料的浸提量达到最大，需综合考虑器械材料的物理化学特性、临床用途、潜在的可沥滤物或残留物，一方面，选择的浸提方法应与最终产品的性质和用途相适应；另一方面，亦要让器械中的可沥滤物或残留物得以最大限度地溶出，浸提液应与所选择的试验方法相适应，与试验体系相容。

制备浸提液容器选择以不对材料浸提液造成干扰为前提，一般使用洁净、化学惰性、封闭、死腔容积为最小的容器，如硼硅酸盐玻璃、聚四氟乙烯材料的容器，特定的材料选择特殊浸提程序时，根据特殊需要选择其他的惰性浸提容器。

浸提方法需要结合试验样品的物理化学特性、预期用途、可沥滤物或残留物综合考虑，一般情况下，从浸提介质、浸提比例、浸提条件三个方面进行选择。

（二）浸提介质的选择

浸提时推荐使用极性和非极性两种溶剂，浸提介质选择原则：①所选浸提介质需要与试验体系相容；②所选浸提介质可对器械临床使用进行模拟；③浸提量宜达到最大。常见浸提介质见表5-3。

表5-3　常见浸提介质

介质属性	常见介质名称
极性介质	生理盐水、无血清培养基、水
非极性介质	植物油（符合《中国药典》质量规定）如棉籽油、芝麻油
其他介质	乙醇/水、乙醇/生理盐水、聚乙二醇400、DMSO、含血清培养基、丙酮橄榄油（AOO）

在有足够论证的前提下，也可以选择其他合适的浸提介质。一般来说，体外试验接触细胞体系多选择培养基、生理盐水或二甲基亚砜，但后两者均需要经过稀释后才可以与试验体系接触，

在选择时需要考虑接触体系的溶出物剂量是否能得到有效的保证。由于含血清培养基与细胞试验体系相容，浸提后可以以初始浓度接触细胞，且在细胞毒性试验中被认为具有极性和非极性介质的特性，故在该试验中推荐选择。体内试验考虑接触活体动物，浸提液不能有明显的刺激性或毒性，故在极性和非极性介质的选择中一般常选用生理盐水和植物油，但需根据具体试验要求而定，如在致敏试验LLNA法中，则出于对浸提液在皮肤表面的黏附力等因素考虑，一般选择AOO（丙酮：橄榄油4：1混合物）作为浸提介质。

（三）浸提比例的选择

医疗器械多为固态，形态各异，一般根据器械形态参照表5-4选择合适的浸提比例，一般而言，推荐优先选择表面积作为浸提比例选择依据，表面积的计算应以器械所有暴露面积为准，使用表面积时应计算所有表面积的总和。当表面积总和无法计算时，则按照质量选择浸提液体积。

常用浸提比例见表5-4，无论选择哪种浸提比例，均要求浸提物质的量在适宜的浸提液体积范围内达到最大，所浸提材料需要被溶剂浸没。

表5-4　器械表面积与浸提液体积的选择

厚度（mm）	浸提比例 （表面积或质量/体积±10%）	材料形态举例
<0.5	6cm²/ml	膜，薄片，管壁
0.5~1.0	3cm²/ml	管壁、厚片、小型模制件
>1.0	3cm²/ml	大型模制件
>1.0	1.25cm²/ml	弹性密封件
不规则形状	0.2g/ml	粉剂、球体、泡沫材料、无吸收性模制件
不规则形状多孔器械（低密度材料）	0.1g/ml	薄膜、织物、低密度非吸水材料
吸水材料	推荐方案： 测定材料对浸提介质吸收量（每0.1g或1.0cm²材料所吸收的量） 在进行浸提时，对浸提混合物按每0.1g或1.0cm²额外加入浸提介质的吸收量	

（四）浸提条件的选择

多数情况下，浸提条件应从以下条件中选择。

（1）（37±1）℃，4~24小时　该条件仅用于细胞毒性试验，适用于短期完好皮肤或黏膜接触器械，非植入类医疗器械。

（2）（37±1）℃，（24±2）小时　与细胞接触的试验采用组织培养基作为浸提介质时。

（3）（37±1）℃，（72±2）小时。

（4）（50±2）℃，（72±2）小时。

（5）（70±2）℃，（24±2）小时。

（6）（121±2）℃，（1±0.1）小时。

浸提是一个复杂的过程，受到多方面的因素影响，如在高温的浸提条件下，器械或材料可能出现理化特性的改变，产生新的降解产物溶出，在选择浸提条件时应既要考虑在合理的范围内加严，也要考虑对器械实际使用条件的模拟。

除了上述浸提条件以外，采用模拟临床使用对器械采用等效条件浸提也是可以被接受的，但应加以说明和论证。如血液透析器、血液透析管路等器械，涉及部件多，组成复杂，按部件取用制备浸提介质有一定的难度并存在污染风险。这类器械在浸提制备时可考虑在器械内灌注浸提介质，使器械在模拟临床使用的条件下运行，在此条件下，重复循环浸提也是可接受的，如有可能，加严一个或多个试验条件（如温度、时间、体积、流速），对浸提介质通过在该条件下流转后溶出的可沥滤物或其他物质的危害进行评估。

（五）其他注意事项

在确认上述浸提参数后，浸提液的制备还需要注意以下几点。

1.如材料可以通过模拟临床使用的方式直接用以试验，推荐不经浸提直接使用。比如本身为水溶液或与试验体系相容，可直接用于细胞毒性试验或某些遗传毒性试验；如材料本身物理形态可直接接触细胞或动物，可考虑使用直接接触的方法进行试验。

2.浸提应在搅动或循环的条件下进行，如选择静态条件需论证。

3.浸提液制备后应立即使用，如存放超过24小时，需对其稳定性和均一性进行验证。

4.浸提液不应经过过滤、离心、PH调整等处理，如需要处理，需进行相应的说明。

5.使用条件下预期不溶解或吸收的材料或器械，选择浸提介质不应导致其发生明显降解。使用条件下预期会溶解或吸收的材料或器械，宜结合其使用特性、理化特性，通过预试验确定适宜条件，模拟加严接触情况，完全或部分溶解均是可以被接受的。

（六）聚合材料的极限浸提

聚合材料的生产过程中通常会涉及少量的低分子量化学物质，如催化剂、加工助剂或其他添加剂、残留单体、低聚物等，种类很多，这类可释放至人体的可沥滤物的毒性需要关注。标准中规定了针对聚合物中低分子量化学物质选择适宜的浸提介质、极限的浸提条件，对其中获取残留物的评价等信息。

第四节　体外细胞毒性试验

PPT

一、概述

体外细胞毒性试验用于评价医疗器械材料或其浸提液对细胞生长影响，该试验反应灵敏、操作简单、观察周期短、可定性定量，广泛应用于各种医疗器械和材料的评价。各标准中所使用的细胞毒性试验方法原理基本类似，但仍需要根据产品特性不同对样品的制备、接触细胞的方法、结果的评价选择合适的流程。

（一）制样方法的选择

1.含血清培养基为首选，在明确要求浸提极性物质时宜考虑无血清培养基或生理盐水，其他适宜的介质包括纯水和DMSO，但由于DMSO对细胞有毒性，故使用DMSO制备浸提液在与细胞接触前体积需稀释到0.5%。

2.应参照前文进行选择，培养基作为浸提介质仅能选择（37±1）℃，4~24小时。选择其他浸提介质时，可在更高的温度下进行浸提。

3.液体、凝胶及有至少一个平面的固体材料，可考虑直接用以试验。

4.由于细菌污染细胞会造成细胞的死亡，产生虚假的细胞毒性，故所有用于细胞毒性试验样品均应无菌。非无菌使用器械也应采用合理的灭菌程序进行灭菌后方用以试验。

（二）分组设置及对照材料选择

分组应包含试验组、阴性对照组、阳性对照组，根据试验方法的不同选择性设置空白对照组，每个试验组均不少于3个平行。

1.试验样品组　用于生物学试验评价的材料、器械、器械组件或浸提液。

2.阴性对照组　阴性对照的目的是显示细胞的背景反应，应选择按照GB/T 16886–ISO 10993的本部分试验推荐的不产生细胞毒性反应的材料。如高密度聚乙烯已作为合成聚合物的阴性对照，氧化铝陶瓷棒则用作牙科材料的阴性对照。

3.阳性对照组　阳性对照设置的目的是确认试验系统的反应适用，应选择按照GB/T 16886–ISO 10993的本部分试验推荐的可再现细胞毒性反应的材料，如含有机锡作稳定剂的聚氨酯、含二乙基二硫代氨基甲酸锌（ZDEC）和二乙基二硫代氨基甲酸盐（ZDBC）的聚氨酯或其他材料，可用作固体材料和浸提液的阳性对照。除了单种材料外，还可采用纯化学物作为阳性对照来证明试验系统的性能。如0.5%苯酚稀释液、不同稀释度的十二烷基硫酸钠（SLS），均可用于浸提液的阳性对照。部分方法中，还可使用25mmol/L的乙酰氨基酚（APAP）、1%的聚乙二醇辛基苯基醚溶（Triton–X–100），作为阳性对照。

4.空白对照组　空白的目的是为了评价浸提器皿、浸提介质和浸提过程可能的干扰作用，使用不含试验样品的浸提介质，浸提期间置于与试验样品相同的器皿中，并经受与试验样品相同的条件。

（三）细胞系选择

用于试验的细胞应优先采用已建立的细胞系并应从认可的贮源获取细胞系，悬浮细胞或贴壁细胞均可，通常选用小鼠成纤维细胞L929细胞，部分试验推荐使用BALB/c 3T3细胞、V79细胞。试验前细胞至少传代一次，用显微镜观察细胞状况，确认细胞生长良好。

在需要特殊敏感性时，如细胞毒性反应的再现性和准确度经过验证，也可使用直接从活体组织获取的原代培养细胞、细胞系和器官型培养物。

细胞应妥善保管冻存，无支原体污染，且应定期检查细胞（如形态、倍增时间、有代表性的染色体数目），以避免试验敏感性会随着传代次数而发生改变。

（四）试验方法

根据样品接触细胞方式不同分为三类：浸提液试验、直接接触试验、间接接触试验。浸提液试验一般按照GB/T 16886.12要求制备浸提液，试验样品以浸提液的形式直接接触细胞。直接接触试验可使用浸提液，也可直接使用材料与细胞直接接触。间接接触试验中，试验样品可以以浸提液或原材料的形式使用，但并不直接接触细胞，供试品与细胞之间隔一层滤膜或琼脂。

（五）结果评价

细胞接触结束后，对细胞损伤的程度进行评价，用于评价细胞损伤类型如下。

1.细胞形态变化　接触后通过显微镜观察细胞形态、贴壁状况、成熟程度、生长状况。生长良好的细胞呈梭形，贴壁，受损后则变圆、溶解、疏松，如显微观察法。

2.细胞损伤的测定　通过染色鉴别细胞活性，从而对细胞损伤程度进行测定，如中性红摄取（NRU）细胞毒性试验。

3.细胞生长的测定　对细胞的生长能力进行测定，如相对增殖度法。

4.细胞代谢的测定　通过定量测定细胞某种代谢产物或合成功能评价细胞损伤作用，如MTT

法、XTT法。

（六）试验有效性保证

每个试验组均不少于3个平行，平行培养皿如检测结果有显著差异，则判定试验无效，应重复试验或采取替代方法。

为了确保试验的有效性，每一次试验均必须包含阳性对照和阴性对照。在与细胞接触时使用液态试验体系时还应对空白对照进行验证。在试验体系中，阴性、阳性及任何其他对照品（参照品、介质对照、空白对照、试剂对照）在试验系统中没达到预期反应，则试验无效，应重复试验。

拓展阅读

体外细胞毒性试验常用标准

GB/T 16886.5—2017《医疗器械生物学评价　第5部分：体外细胞毒性试验》

GB/T 14233.2—2005《医用输液、输血、注射器具检验方法　第2部分：生物学试验方法》

GB/T 16175—2008《医用有机硅材料生物学评价试验方法》

YY/T 0993—2015《医疗器械生物学评价　纳米材料：体外细胞毒性试验（MTT试验和LDH试验）》

YY/T 0127.9—2009《口腔医疗器械生物学评价　第2单元：试验方法　细胞毒性试验：琼脂扩散法及滤膜扩散法》

YY 0719.7—2011《眼科光学　接触镜护理产品　第7部分：生物学评价试验方法》

二、细胞毒性试验的方法

（一）细胞试验基础

1.细胞的冻存与复苏　细胞冻存是细胞保存的主要方法，防止细胞在不断传代中老化、污染、基因变异，并保持细胞活力，冻存的细胞可长期储存，根据试验需求取用、复苏，并传代培养至试验所需状态。

细胞冻存和复苏的原则是"慢冻速融"，冻存时应在不同的温度梯度下缓慢冷冻，减少因冷冻产生的冰晶对细胞造成损伤，复苏时则宜将细胞冻存管直接投入水浴锅中快速解冻，减少对细胞的伤害。

（1）细胞冻存方法　选择对数期生长良好的细胞，使用胰蛋白酶消化成单个细胞后，1000r/min离心5分钟，弃上清，更换新鲜培养液，轻轻吹打均匀，重复离心后加入适量冻存液（冻存液配方举例：培养基–血清–DMSO=7∶2∶1或血清/培养基–DMSO=9∶1）配置成细胞悬液，细胞浓度一般每毫升为$10^6 \sim 10^7$个。

将细胞悬液尽快分装至冻存管中，转移至4℃环境下存放10~30分钟，转入–20℃环境下放置1.5~2小时，再转入–80℃低温冰箱放置2~12小时后即可转移至液氮（–196℃）中长期保存。

（2）细胞复苏方法　从液氮罐中取出冻存管，立即投入37~40℃水浴中快速解冻约1分钟，解冻时摇动冻存管，加快融化速度。使用75%乙醇消毒冻存管外部，吸出细胞悬液，加入10倍于细胞体积的细胞培养液，混匀后1000r/min离心5分钟。

微课

医药大学堂
WWW.YIYAODXT.COM

弃上清，加入新鲜培养液，并轻轻吹打悬浮细胞，将细胞悬液分装入培养瓶，置37℃二氧化碳培养箱中静置培养，取少量细胞悬液进行计数并观察细胞存活率。

2.细胞的传代培养 细胞毒性试验所选取细胞通常置于37℃，5%二氧化碳环境下培养，细胞群体增殖一般遵循停滞期、对数期（指数期）、平台期、衰退期四个阶段，传代选择在细胞处于对数期时，即细胞长到70%~80%时，把细胞从一个培养瓶中，以1:2或其他比例（视细胞生长速度而定）转移到另一培养瓶中培养。培养基品种及配方根据细胞种类不同而选择，常用的是RPMI1640、MEM培养基，在培养细胞时按5%~10%的比例加入小牛血清/胎牛血清。

（1）贴壁细胞的传代培养 取生长良好的细胞，倒去旧培养液，加入Hanks液轻轻荡洗1次，加入胰蛋白酶消化至贴壁细胞脱落后，加少量培养液中止消化，反复吹打成细胞悬液并转移到离心管中1000r/min离心5分钟。弃去培养液，重悬细胞，将细胞悬液按合适比例分装至新培养瓶，放置于37℃二氧化碳培养箱中继续培养。

（2）悬浮细胞的传代培养 取生长良好的细胞，吹打均匀后，移到离心管中1000r/min离心5分钟。弃去上清液，加入适量新培养液，用吸管吹打细胞，制成悬液。将细胞悬液按合适比例分装至新培养瓶，放置于37℃二氧化碳培养箱中继续培养。细胞传代培养24小时后，可观察培养液颜色变化及细胞生长情况，也可使用0.5%台盼蓝染色计数（活细胞不被染色，死细胞特异性染成蓝色），以确定活细胞的比例。

3.细胞的计数 细胞计数可使用光学显微镜和血细胞计数板对细胞进行观察和计数，也可应用电子细胞计数器自动计数。

取稀释至一定倍数的细胞悬液0.1ml，加入0.3ml PBS中吹打均匀，加入0.1ml 0.5%台盼蓝染液，吹打混匀。血细胞计数板使用前用70%乙醇浸泡清洁，晾干，放置盖玻片，吸取约1μl细胞悬液从盖玻片边缘注入至充满计数器，在低倍镜下对计数板中每个区域内染色与未染色的细胞进行计数。计数9个亚区中四角4个大正方形内细胞数，取平均值，乘以稀释倍数，再乘以10^4，即为每毫升细胞个数。

（二）浸提液试验法

1.适用范围 本试验使用医疗器械或材料浸提液进行，用于细胞毒性的定性和定量评定。

2.方法 选用从认可贮源获取的已建立细胞系细胞株，悬浮细胞或贴壁细胞均可，通常选用小鼠成纤维细胞L929细胞。试验前细胞至少传代一次，用显微镜观察细胞状况，确认细胞生长良好。

使用胰酶将贴壁细胞消化，培养基重悬，用生长培养基配置成浓度为$1×10^5$/ml细胞悬液。试验体系可根据需要设置，下文以2ml试验体系为例。选用6孔细胞培养板，每孔加入2ml细胞悬液，37℃含5%体积分数二氧化碳环境下培养24小时至细胞生长至近汇合。

每组至少设置3个平行试验样品数和对照样品数。小鼠成纤维细胞L929细胞为贴壁细胞，弃去培养皿中的培养基，分别加入浸提液、阳性对照、阴性对照和空白对照，适用时，可直接使用新鲜培养基作为空白对照，加样举例如下，每皿终体积2ml。

（1）当浸提介质为含血清培养基时 阴性对照组：阴性材料浸提液2ml；阳性对照组：含血清培养基稀释的0.5%苯酚溶液2ml；空白对照组：与试验组同法处理的含血清培养基2ml；试验样品组：含血清培养基浸提液2ml。

（2）当浸提液为不含血清培养基时 阴性对照组：阴性材料浸提液1.8ml，0.2ml小牛血清；阳性对照组：含血清培养基稀释的0.5%苯酚溶液2ml；空白对照组：与试验组同法处理的不含血清培养基1.8ml，0.2ml小牛血清；试验样品组：不含血清培养基浸提液1.8ml，0.2ml小牛血清。

（3）当浸提液为生理盐水时　阴性对照组：阴性材料浸提液0.2ml，不含血清培养基1.6ml，0.2ml小牛血清；阳性对照组：含血清培养基稀释的0.5%苯酚溶液2ml；空白对照组：与试验组同法处理的生理盐水0.2ml，不含血清培养基1.6ml，0.2ml小牛血清；试验样品组：生理盐水浸提液0.2ml，不含血清培养基1.6ml，0.2ml小牛血清。

（4）当浸提液为DMSO时　阴性对照组：阴性材料DMSO浸提液使用含血清培养基稀释至0.5%；阳性对照组：含血清培养基稀释的0.5%苯酚溶液2ml；空白对照组：与试验组同法处理的DMSO使用含血清培养基稀释至0.5%；试验样品组：DMSO浸提液使用含血清培养基稀释至0.5%。

（5）当浸提液为水时　阴性对照组：阴性材料水浸提液与2~5倍浓缩培养基稀释至正常浓度使用；阳性对照组：含血清培养基稀释的0.5%苯酚溶液2ml；空白对照组：与试验组同法处理的水与2~5倍浓缩培养基稀释至正常浓度使用；试验样品组：水浸提液与2~5倍浓缩培养基稀释至正常浓度使用；如使用悬浮细胞，则不弃去培养基，按照同样的原理进行加样。

加样完毕所有平行皿均放置入37℃含5%体积分数二氧化碳环境下培养至少24小时（可选择48~72小时）。培养结束后，在显微镜下观察细胞形态，并按照表5-5的标准要求评价细胞毒性程度，对细胞毒性形态进行定性分级。

表5-5　浸提液细胞毒性形态学定性分级

级别	反应程度	全部培养细胞观察
0	无	胞浆内有离散颗粒，无细胞溶解，无细胞增殖下降情况
1	轻微	不超过20%的细胞呈圆缩、疏松贴壁、无胞浆内颗粒或显示形态学方面的改变；偶见细胞溶解；仅观察到轻微的细胞生长抑制现象
2	轻度	不超过50%的细胞呈圆缩、无胞浆内颗粒，无大范围细胞溶解；可观察到不超过50%的细胞生长抑制现象
3	中度	不超过70%的细胞层包含圆缩细胞或溶解细胞；细胞层未完全破坏，但可观察到超过50%的细胞生长抑制现象
4	重度	细胞层几乎完全或完全破坏

细胞毒分级大于2级时被认为有细胞毒性。

（三）直接接触法

1.适用范围　本试验可直接使用某些医疗器械或材料进行，也可使用浸提液，用于细胞毒性的定性和定量评定。

2.方法　选用从认可贮源获取的已建立细胞系细胞株，通常采用小鼠成纤维细胞L929细胞。试验前细胞至少传代一次，用显微镜观察细胞状况，确认细胞生长良好。

使用胰酶将贴壁细胞消化，培养基重悬，用生长培养基配置成浓度为1×10^5/ml细胞悬液。使用6孔细胞培养板，每孔加入2ml细胞悬液，37℃含5%体积分数二氧化碳环境下培养24小时至细胞生长至近汇合。弃去原培养基，加入新鲜培养基，按照以下方法加样。

（1）阴性对照　选用面积约1cm²无菌滤纸片，使用含血清培养基湿润后，放置于每只器皿中央部位的细胞上层。或使用高密度聚乙烯薄片，灭菌处理后，裁剪成面积约1cm²尺寸同法使用。

（2）阳性对照　选用面积约1cm²无菌滤纸片，使用0.5%苯酚溶液湿润后（不少于100μl），放置于每只器皿中央部位的细胞上层。

（3）试验样品　当试验样品为器械或材料时，取器械或材料约1cm²（约覆盖细胞层表面1/10），放置于每只器皿中央部位的细胞上层。当试验材料为凝胶、液体或浸提液时，选用面积约1cm²无菌滤纸片，蘸取适量试验材料，同法放置于每只器皿中央部位的细胞上层。

操作时注意防止试样不必要的移动，避免细胞受到物理损伤。加样完毕所有平行皿均放置于37℃含5%体积分数二氧化碳环境下培养至少24小时（可选择48~72小时）。培养结束后，在显微镜下观察细胞形态，并按照表5-6的标准要求评价细胞毒性程度以及对细胞毒性形态进行定性分级。

表5-6　琼脂和滤膜扩散试验以及直接接触试验反应分级

级别	反应程度	反应区域观察
0	无	试样周围和试样下面未观察到反应区域
1	轻微	试样下面有一些畸形细胞或退化细胞
2	轻度	反应区域局限在试样下方范围
3	中度	反应区域超出试样尺寸至1.0cm
4	重度	反应区域超出试样1.0cm以上

细胞毒分级大于2级时被认为有细胞毒性。

（四）间接接触法

1.琼脂扩散法

（1）适用范围　本试验可直接使用某些医疗器械或材料进行，也可使用浸提液，适用于能通过琼脂层进行扩散并不与琼脂相互作用的可沥滤物细胞毒性评价。

（2）方法　选用从认可贮源获取的已建立细胞系细胞株，通常采用小鼠成纤维细胞L929细胞。试验前细胞至少传代一次，用显微镜观察细胞状况，确认细胞生长良好。

使用胰酶将贴壁细胞消化，培养基重悬，用生长培养基配置成浓度为$1×10^5$/ml细胞悬液。根据试验体系的大小，可选择直径为35~90mm细胞培养板，每孔加入适量的细胞悬液，37℃含5%体积分数二氧化碳环境下培养24小时至细胞生长至近汇合。

琼脂培养基的配置：将融化的琼脂与含血清新鲜培养基混合，使琼脂终浓度为0.5%~2%。

弃去原培养基，加入保持在48℃新配置的琼脂培养基，置于二氧化碳培养箱中凝固，在凝固琼脂表面加入中性红活体染色液并在（37±1）℃暗处保存30分钟后，吸出多余的中性红染液。中性红染色液也可选择在样品接触培养结束后加，方法相同。

在每个培养皿中分别按照以下方法加样。

1）阴性对照　选用面积约1cm²无菌滤纸片，使用空白浸提介质湿润后，放置于每只器皿中央部位的琼脂上层。或使用高密度聚乙烯薄片，灭菌处理后，裁剪成面积约1cm²尺寸同法使用。

2）阳性对照　选用面积约1cm²无菌滤纸片，使用0.5%苯酚溶液湿润后（不少于100μl），放置于每只器皿中央部位的琼脂上层。

3）试验样品　当试验样品为器械或材料时，取器械或材料约1cm²（约覆盖细胞层表面1/10），放置于每只器皿中央部位的细胞上层。当试验材料为凝胶、液体或浸提液时，选用面积约1cm²无菌滤纸片，蘸取适量试验材料，同法放置于每只器皿中央部位的琼脂上层。

将培养皿放置在（37±1）℃含5%体积分数二氧化碳环境下培养24~72小时。观察各试验材料和对照材料正下方和周围细胞的生长状况及褪色区域。

试验结果可根据GB/T 16886.5要求，按照表5-6（琼脂和滤膜扩散试验以及直接接触试验反应分级）对试验结果进行评价。

（3）其他标准中的琼脂扩散法　在YY/T 0127.9—2009《口腔医疗器械生物学评价　第2单元：试验方法　细胞毒性试验：琼脂扩散法及滤膜扩散法》中，琼脂扩散法基本试验步骤和原理基本相同，但在试验细节上另有一些详细的规定。在YY/T 0719.7—2011《眼科光学接触镜护理产

品　第7部分：生物学评价试验方法》标准中细胞毒性试验同样采用的琼脂扩散法，此标准针对的接触镜护理产品以液体为主，在试验方法中的细节上亦有相应规定。

2.滤膜扩散法

（1）适用范围　本试验可直接使用某些医疗器械或材料进行，也可使用浸提液，适用于能通过滤膜进行扩散的可沥滤物细胞毒性评价。

（2）方法　选用从认可贮源获取的已建立细胞系细胞株，通常采用小鼠成纤维细胞L929细胞。试验前细胞至少传代一次，用显微镜观察细胞状况，确认细胞生长良好，使用胰酶将贴壁细胞消化，培养基重悬，用生长培养基配置成浓度为1×10^5/ml细胞悬液。

在试验用的平行平皿内，放置一枚孔径0.45μm、无表面活性剂的滤膜，在平皿内加入等量的细胞悬液，轻轻转动平皿使细胞均匀分散于滤膜表面。于37℃含5%体积分数二氧化碳环境下培养24小时至细胞生长至近汇合。

弃去皿内培养基，将滤膜有细胞的一面朝下，放在固化的琼脂层上（琼脂层的制备与琼脂扩散法中相同），在每个培养皿中分别按照以下方法加样。

1）阴性对照　选用面积约1cm²无菌滤纸片，使用空白浸提介质湿润后，放置于每只器皿中央部位的滤膜上层。

2）阳性对照　选用面积约1cm²无菌滤纸片，使用0.5%苯酚溶液湿润后（不少于100μl），放置于每只器皿中央部位的滤膜上层。

3）试验样品　当试验样品为器械或材料时，取器械或材料约1cm²，放置于每只器皿中央部位的细胞上层。当试验材料为凝胶、液体或浸提液时，选用面积约1cm²无菌滤纸片，蘸取适量试验材料，同法放置于每只器皿中央部位的滤膜上层。

将培养皿放置在（37±1）℃含5%体积分数二氧化碳环境下培养2小时±10分钟。从滤膜上小心取下试样，并从琼脂面上小心分离出滤膜，使用琥珀酸脱氢酶染色液对滤膜上细胞进行染色，判断材料接触部位下细胞生长状况及褪色范围，参照表5-6进行结果评价。

（3）其他标准中的滤膜扩散法　在YY/T 0127.9—2009《口腔医疗器械生物学评价　第2单元：试验方法　细胞毒性试验：琼脂扩散法及滤膜扩散法》中，滤膜扩散法的试验细节另有一些详细的规定。

（五）MTT细胞毒性试验

1.适用范围　本试验使用某些医疗器械或材料浸提液进行，适用于对浸提液细胞毒性定性和定量的评价。

2.原理　黄色水溶液MTT在活细胞内被线粒体中的琥珀酸脱氢酶代谢性还原，生成蓝紫色不溶甲臜，使用DMSO或异丙醇溶解甲臜后，通过酶标仪测定吸光度与阴性对照组相比较，可计算试验样品组生长抑制百分比。

3.方法　选用小鼠成纤维细胞L929细胞。试验前细胞应传代2~3次，用显微镜观察细胞状况，确认细胞生长良好，使用胰酶将贴壁细胞消化，培养基重悬，用生长培养基配置成浓度为1×10^5/ml细胞悬液。

使用96孔板，外围孔加入细胞培养液或PBS缓冲液，每孔100μl。其余各孔接种细胞悬液，每孔接种100μl。将所有培养板放入在37℃含5%体积分数二氧化碳环境下培养24小时至细胞生长为70%~80%的半汇合状态。使用前检查每个板各孔细胞增长相对相等。

取出生长细胞的96孔板，吸出培养基，按照模板排序加入100μl的试验样品和各对照样品，试验或阳性对照液至少有4个浓度，最高浓度为100%浸提液，其余浓度可为单一对数间隔范围内适当浓度，阴性对照只检查100%对照液，平行重复至少3个孔，继续于37℃含5%体积分数二氧化碳环境下培养24小时。铺板示例见表5-7。

表5-7　MTT细胞毒性试验铺板示例

序号	1	2	3	4	5	6	7	8	9	10	11	12
A	PBS	PBS	PBS	PBS	PBS	PBS	PBS	PBS	PBS	PBS	PBS	PBS
B	PBS	B	P	N	S1	S2	S3	S4	S5	S6	B	PBS
C	PBS	B	P	N	S1	S2	S3	S4	S5	S6	B	PBS
D	PBS	B	P	N	S1	S2	S3	S4	S5	S6	B	PBS
E	PBS	B	P	N	S1	S2	S3	S4	S5	S6	B	PBS
F	PBS	B	P	N	S1	S2	S3	S4	S5	S6	B	PBS
G	PBS	B	P	N	S1	S2	S3	S4	S5	S6	B	PBS
H	PBS	PBS	PBS	PBS	PBS	PBS	PBS	PBS	PBS	PBS	PBS	PBS

PBS：PBS缓冲液；B：培养基空白；P：阳性液；N：阴性液；S1~S6：不同浓度的样品浸提液。

培养结束后检查每个板，若对照细胞生长不良表明试验存在误差，则试验应重新进行。弃去原培养基，每孔加入50μl MTT溶液（MTT使用细胞培养基配制，经无菌过滤法除菌，终浓度为1mg/ml），37℃下孵育2小时。取出96孔板，吸出MTT溶液，每孔加入100μl异丙醇溶液，置振荡器上混匀。

使用酶标仪检测各孔OD值，检测波长570nm，参照波长650nm。

记录每孔的吸光值，计算各平行孔的平均值，按照式（5-1）计算各组的细胞存活率（%）。

$$存活率(\%) = \frac{100 \times OD_{570e}}{OD_{570b}} \tag{5-1}$$

式中，OD_{570e}为试验样品100%浸提液光密度平均值；OD_{570b}为空白光密度平均值。

存活率较低时，试验样品潜在的细胞毒性较高。

如存活率下降到<空白的70%，则具有潜在的细胞毒性。试验样品50%浸提液存活率宜至少与100%浸提液的存活率相同或较高，否则宜重复试验。

MTT细胞毒性试验流程简述如表5-8所示。

表5-8　MTT细胞毒性试验流程

时间（h）	步骤
00：00	接种96孔板：1×10^4个细胞/100μl MEM培养基/孔 孵育（37℃，5%CO$_2$，22~26h）
24：00	除去培养基 加入用处理培养基制备的≥4个浓度的试验样品浸提液（100μl） （未处理空白＝处理培养基） 孵育（37℃，5%CO$_2$，24h）
48：00	形态学改变的显微镜评价 除去培养基，加入50μl MTT溶液 孵育（37℃，5%CO$_2$，2h）
51：00	除去MTT溶液 每孔加入100μl异丙醇 振荡滴定板
51：30	在570nm测量吸光度（参照650nm）

（六）XTT细胞毒性试验

1.适用范围　本试验使用某些医疗器械或材料浸提液进行，适用于对浸提液细胞毒性定性和定量的评价。

2.原理　XTT在活细胞内经线粒体脱氢酶代谢性还原，产生水溶性橙色甲䐶产物，活细胞减少会导致样品中线粒体脱氢酶总体活性降低，通过酶标仪测定吸光度与阴性对照组相比较，可计算试验样品组生长抑制百分比。

3.方法　选用小鼠成纤维细胞L929细胞。试验前细胞应传代2~3次，用显微镜观察细胞状况，确认细胞生长良好，使用胰酶将贴壁细胞消化，培养基重悬，用生长培养基配置成浓度为$1×10^5$/ml细胞悬液。

使用96孔板，外围孔加入细胞培养液，每孔100μl。其余各孔接种细胞悬液，每孔接种100μl。将所有培养板放入在37℃含5%体积分数二氧化碳环境下培养24小时至细胞生长为70%~80%的半汇合状态。使用前检查每个板各孔细胞增长相对相等。

取出生长细胞的96孔板，吸出培养基，参考上述铺板示例排序加入100μl的试验样品和各对照样品，试验或阳性对照液至少有4个浓度，最高浓度为100%浸提液，其余浓度可为单一对数间隔范围内适当浓度，阴性对照只检查100%对照液，平行重复至少3个孔，继续于37℃含5%体积分数二氧化碳环境下培养24小时。

XTT/PMS溶液的配制：XTT新鲜溶于不含酚红、56~60℃的MEM培养基中，终浓度为1mg/ml，振荡混匀，溶液采用无菌过滤法除菌。吩嗪硫酸甲酯（PMS）用PBS缓冲液配制成5mmol/ml溶液，使用无菌过滤法除菌。使用前，将PMS溶液加到XTT溶液中，浓度为25μmol/ml（即每毫升XTT溶液中加5μl的5mmol/ml的PMS），XTT/PMS溶液配制好后立即使用。

培养结束后检查每个板，若对照细胞生长不良表明实验存在误差。每孔加入50μl XTT/PMS溶液（XTT/PMS现配现用），37℃下避光孵育3~5小时。

取出96孔板，小心振荡混匀。从每孔中吸出100μl等份的液体至一块新平板的对应孔，使用酶标仪检测各孔OD值，检测波长450nm，参照波长650nm。

记录每孔的吸光值，计算各平行孔的平均值，按照式（5-2）计算各组的细胞存活率（%）。

$$存活率(\%) = \frac{100 × OD_{450e}}{OD_{450b}} \tag{5-2}$$

式中，OD_{450e}为试验样品100%浸提液光密度平均值；OD_{450b}为空白光密度平均值。

存活率较低时，试验样品潜在的细胞毒性较高。

如存活率下降到<空白的70%，则具有潜在的细胞毒性。试验样品50%浸提液存活率宜至少与100%浸提液的存活率相同或较高，否则宜重复试验。

XTT细胞毒性试验流程简述如表5-9所示。

表5-9　XTT细胞毒性试验流程

时间（h）	步骤
00：00	接种96孔板：$1×10^4$个细胞/100μl MEM培养基/孔
	孵育（37℃，5%CO₂，22~26h）
24：00	除去培养基
	加入用处理培养基制备的≥4个浓度的试验样品浸提液（100μl）
	（未处理空白=处理培养基）
	孵育（37℃，5%CO₂，24h）

续表

时间（h）	步骤
48：00	形态学改变的显微镜评价 加入50μl XTT/PMS溶液 孵育（37℃，5%CO$_2$，3~5h）
51：00	振荡平板 每孔中吸出100μl加到新平板中
51：30	在450nm测量吸光度（参照630nm）

（七）LDH细胞毒性试验

1.适用范围 本试验适用于纳米医疗器械或材料浸提液进行，常与MTT试验一同，以综合评价浸提液对细胞线粒体毒性作用以及对细胞膜毒性作用作定性和定量的评价。

2.原理 乳酸脱氢酶（LDH）是一种细胞质酶，细胞裂解后释放到细胞外，可以氧化乳酸形成丙酮酸盐，丙酮酸盐和四唑盐反应转化成可溶于水的甲臜染料，通过酶标仪测定吸光度于阴性对照组相比较，可计算试验样品组生长抑制百分比，因此LDH试验可通过检测供试液对细胞膜完整性的损害程度以评价细胞毒性。

3.方法 选用从认可贮源获取的已建立细胞系细胞株，通常采用小鼠成纤维细胞L929细胞。试验前细胞应传代2~3次，用显微镜观察细胞状况，确认细胞生长良好，使用胰酶将贴壁细胞消化，培养基重悬，用生长培养基配置成浓度为1×10^5/ml细胞悬液。

使用96孔板，每孔接种100μl细胞悬液。将所有培养板放入37℃含5%体积分数二氧化碳环境下培养24小时至细胞生长为70%~80%的半汇合状态。使用前检查每个板各孔细胞增长相对相等，分组设置如下。

（1）试验样品组 如果试验样品为纳米材料原材料的稀释液或可分散于细胞培养液的样品，则每一种纳米材料和样品需要测试5~7个不同的浓度。

试验样品为纳米原材料，剂量应设计为在其最大的可溶性范围内所能达到的纳米颗粒的最高浓度，对于非可溶的金属纳米颗粒需要根据预试验选择最大的毒性浓度作为初始浓度，比如细胞生长抑制率在80%左右，最小浓度应该获得10%左右的细胞生长抑制率。如果是样品为含纳米材料的医疗器械浸提液，而且浸提液中的纳米材料的含量很低，细胞毒性小于或等于Ⅱ级，则只需要测试浸提液原液，无需稀释，但如果浸提液中纳米材料的含量较高，细胞毒性大于或等于Ⅲ级，需要稀释5~7个不同的浓度，在不同浓度的浸提液稀释液中，分别添加10%的FBS用于试验。

（2）阴性对照组 阴性材料浸提液或空白浸提介质。

（3）阳性对照组 聚乙二醇辛基苯基醚溶液（Triton-X-100），使用培养基配置成1%浓度，过滤除菌后使用。

（4）空白对照 细胞培养基。

每个实验组均设置无细胞加样对照，即不含细胞的试验液，以测得背景值。

取出生长细胞的96孔板，吸出培养基，按照模板排序加入100μl的试验样品和各对照样品，每个样品每个浓度平行重复至少3个孔（宜5孔），铺板示例见表5-10，铺板完成后继续于37℃含5%体积分数二氧化碳环境下培养24小时。

培养结束后，弃去Triton-X-100阳性对照孔中液体，加入100μl 1%的Triton-X-100，室温下放置10分钟，700g离心3分钟。从每孔吸出50μl液体转移到另一块96孔板，每孔再加入50μl反应混合液，在漩涡混匀器上混匀。室温避光孵育30分钟。

表5–10　LDH细胞毒性试验铺板示例

序号	1	2	3	4	5	6	7	8	9	10	11	12
A	PBS	PBS	PBS	PBS	PBS	PBS	PBS	PBS	PBS	PBS	PBS	PBS
B	PBS	B	S1	S2	S3	S4	S5	S6	P1	P2	N	PBS
C	PBS	B	S1	S2	S3	S4	S5	S6	P1	P2	N	PBS
D	PBS	B	S1	S2	S3	S4	S5	S6	P1	P2	N	PBS
E	PBS	B	S1	S2	S3	S4	S5	S6	P1	P2	N	PBS
F	PBS	B	S1	S2	S3	S4	S5	S6	P1	P2	N	PBS
G	PBS	BN	SN1	SN2	SN3	SN4	SN5	SN6	PN1	PN2	NN	PBS
H	PBS	PBS	PBS	PBS	PBS	PBS	PBS	PBS	PBS	PBS	PBS	PBS

PBS：PBS缓冲液；B：含细胞培养基空白；BN：不含细胞培养基空白；P1：阳性试验液25mmol/L的APAP（在MTT试验中使用）；P2：阳性试验液1%的Triton–X–100；PN1~PN2：不含细胞的阳性试验液；N：阴性试验液；NN：不含细胞的阴性试验液；S1~S6：不同浓度的样品浸提液；SN1~SN6：不含细胞的不同浓度的样品浸提液。

　　使用酶标仪检测各孔OD值，检测波长490nm，参照波长680nm。记录每孔的吸光值，计算各平行孔的平均值，各组平均值减去背景值后，按照式（5–3）计算各组的LDH总释放率T（％）。

$$T = \frac{OD_a - OD_b}{OD_c - OD_b} \times 100\% \tag{5–3}$$

　　式中，T为LDH总释放率，％；OD_a为试验样品组的平均吸光值；OD_b为溶剂对照组的平均吸光值；OD_c为Triton–X–100对照组的平均吸光值

　　溶剂对照组OD_{570}值应大于或等于0.2。以证实接种的细胞是否在两天的试验过程中处于正常的倍增生长期。

　　对乙酰氨基酚（APAP）阳性对照组，24小时的细胞增殖率不超过50%，且LDH总释放率应大于10%。

　　如果试验组细胞相对活性（增值率）与溶剂对照组相比小于70%，则判断该浓度有细胞毒性；试验组50%浸提液的细胞相对活性（增值率）应至少等于或高于100%试验组浸提液的细胞相对活性（增值率）。

（八）中性红摄取（NRU）细胞毒性试验

1.适用范围　本试验使用某些医疗器械或材料浸提液进行，适用于对浸提液细胞毒性定性和定量的评价。

2.原理　中性红经摄取进入溶酶体和活细胞液泡，利用活细胞接触试验液后摄取中性红（NRU）能力变化，通过酶标仪测定吸光度与阴性对照组相比较，可计算试验样品组生长抑制百分比。

3.方法　选用从认可贮源获取的已建立细胞系细胞株，推荐采用BALB/c 3T3细胞。试验前细胞应传代2~3次，用显微镜观察细胞状况，确认细胞生长良好，使用胰酶将贴壁细胞消化，培养基重悬，用生长培养基配置成浓度为1×10^5/ml细胞悬液，分组设置如下。

　　（1）试验组　为避免血清蛋白掩盖试验物质的细胞毒性，用于处置样品的培养基血清浓度需要减至5%。试验组样品浸提液浓度需经过预试验决定，样品原液稀释成8个浓度，如样品浸提液原液培养细胞的活性下降30%或更低，则材料被认为是无细胞毒性，不必再进行主试验；以预试验的结果，估算主试验的浓度分组，至少设置3个浓度，浓度范围介于10%~90%，避免设置太多无细胞毒性或100%细胞毒性的浓度。

（2）阴性对照组　已知阴性对照材料同法制备。

（3）阳性对照组　SPU-ZDEC和SPU-ZDBC与试验材料同法制备。

（4）空白对照组　细胞培养基。

使用96孔板，外围孔加入细胞培养液，每孔100μl。其余各孔接种细胞悬液，每孔接种100μl。将所有培养板放入37℃含5%体积分数二氧化碳环境下培养24小时至细胞生长为70%~80%的半汇合状态。使用前检查每个板各孔细胞增长相对相等。

取出生长细胞的96孔板，吸出培养基，每孔加入100μl的试验样品和各对照样品，平行重复至少6个孔，继续于37℃含5%体积分数二氧化碳环境下培养24小时。

用100μl预温的PBS冲洗细胞，轻轻敲打去除清洗液，加100μl NR培养基，在37℃，5% CO_2条件下孵育3小时。孵育后，去除NR培养基，用150μl PBS清洗细胞。清洗后加150μl NR洗脱液（乙醇/乙酸）至所有孔，快速振荡10分钟。

使用酶标仪检测各孔OD值，检测波长540nm。记录每孔的吸光值，计算各平行孔的平均值，并作浓度-反应分析和IC_{50}计算。

样品浸提液最高浓度（100%浸提液）的细胞活性如大于或等于对照组的70%，材料被认为无细胞毒性。

中性红摄取（NRU）细胞毒性试验流程简述如表5-11所示。

表5-11　中性红摄取（NRU）细胞毒性试验流程图

时间（h）	步骤
00：00	接种96孔板：1×10^4个细胞/100μl DMEM培养基/孔 孵育（37℃，5%CO_2，22~24h）
24：00	除去培养基 加入用处理培养基制备的8个浓度的试验样品浸提液（100μl） （未处理空白=处理培养基） 孵育（37℃，5%CO_2，24h）
48：00	形态学改变的显微镜评价 除去培养基，用150μl PBS冲洗一次 加入100μl NR培养基 孵育（37℃，5%CO_2，3h）
51：00	倾倒出NR培养基 用150μl PBS冲洗一次 加入150μl NR洗脱液（乙醇/乙酸液）定色
51：40	振荡滴定板10min
51：50	在540nm测量NR吸光度（即细胞活性）

（九）集落形成细胞毒性试验

1.适用范围　本试验使用某些医疗器械或材料浸提液进行，适用于对浸提液细胞毒性定性和定量的评价。

2.原理　试验物与细胞接触后，通过对细胞形成集落的数量和大小与阴性对照组相比较，可计算试验样品对细胞生长的作用。

3.方法　选用从认可贮源获取的已建立细胞系细胞株，本试验选用V79细胞。试验前细胞应传代2~3次，用显微镜观察细胞状况，确认细胞生长良好，使用胰酶将贴壁细胞消化，培养基重悬，用生长培养基配置成浓度为1×10^5/ml细胞悬液，分组设置如下。

（1）试验组　样品制备依据GB/T 16886.12原则，但推荐使用$6cm^2/ml$或$0.1g/ml$比例。为避免血清蛋白掩盖试验物质的细胞毒性，用于处置样品的培养基血清浓度需要减至5%。试验组样品浸提液浓度需经过预试验决定，样品原液稀释成4个浓度，如样品浸提液原液培养细胞的活性下降30%或更低，则材料被认为是无细胞毒性，不必再进行主试验；以预试验的结果，估算主试验的浓度分组，至少设置4个浓度，浓度范围介于10%~90%，避免设置太多无细胞毒性或100%细胞毒性的浓度。

（2）阴性对照组　已知阴性对照材料同法制备。

（3）阳性对照组　SPU-ZDEC和SPU-ZDBC与试验材料同法制备。

（4）空白对照组　细胞培养基。

使用含5%小牛血清的MEM培养基将细胞悬液配制成每毫升33.3个，使用6孔板，每孔加入3ml细胞悬液。将培养板放入37℃含5%体积分数二氧化碳环境下培养24小时至细胞生长为70%~80%的半汇合状态。

取出生长细胞的6孔板，吸出培养基，每孔加入2ml使用含5%小牛血清的MEM培养基制备的试验样品和各对照样品，平行重复3个孔，继续于37℃含5%体积分数二氧化碳环境下培养6天。

培养结束后，从每孔中吸出培养基，用PBS冲洗，加入甲醇固定集落，再用5%吉姆萨染色液染色，计算每一孔集落数。

浸提液平均集落数目除以对照组集落数目，以百分数表示系数（平板效率：PE）。

样品浸提液最高浓度（100%浸提液）平板效率如小于对照组的70%，则材料应被认为有潜在细胞毒性，试验样品的细胞毒性以IC_{50}值百分数表示。

计算IC_{50}（浓度抑制PE至50%），即50%相对存活率剂量，从较高存活剂量到低于50%存活剂量的数据中进行计算。

平板效率如≥对照组的70%，材料应被认为无细胞毒性。

集落形成细胞毒性试验流程简述如表5-12所示。

表5-12　集落形成细胞毒性试验流程图

时间（h）	步骤
00：00	接种6孔板：每毫升33.3个细胞，每孔3ml 孵育（37℃，5%CO_2，22~24h）
24：00	除去培养基 加入2ml用MEM05培养基制备的100%浸提液或稀释浸提液。每一浓度平行制备3孔 孵育（37℃，5%CO_2，6天）
168：00	从每孔吸出培养基，PBS冲洗每一孔，加入甲醇固定集落，用5%吉姆萨液染色。计算每一孔集落数目

拓展阅读

各试验中对照品与参照品举例

1. 植入试验　阳性对照：含有机锡添加剂的聚氯乙烯（PVC-org.Sn）、含二乙基二硫代氨基甲酸锌（SPU-ZDEC）、天然乳胶；阴性对照：聚乙烯（PE）、聚丙烯（PP）、聚四氟乙烯（PTFE）、硅树脂、氧化铝、不锈钢。

2.**细胞毒性试验** 阳性对照：含有机锡添加剂的聚氯乙烯（PVC-org.Sn）、含二乙基二硫代氨基甲酸锌（SPU-ZDEC）、含二乙基二硫代氨基甲酸盐的聚氨酯（SPU-ZDBC）、天然乳胶、聚氨基甲酸酯、苯酚溶液、十二烷基硫酸钠（SLS）、聚乙二醇辛基苯基醚溶液；阴性对照：聚乙烯（PE）。

3.**皮肤致敏** 阳性对照：2，4-二硝基氯苯（DNCB）。

4.**遗传毒性** 阳性对照：环磷酰胺（CPA）、甲磺酸甲酯（MMS）、甲磺酸乙酯（EMS）、丝裂霉素C（MMC）、7，12-二甲基苯蒽等。

5.**血液相容性** 参照品PVC、PUR已上市同类产品。

第五节 皮肤致敏试验

PPT

一、概述

目前，暂无国际确认并接受的检验致敏物的体外试验，皮肤致敏试验只能通过体内试验进行测定，有三种测定化学物潜在皮肤致敏性的动物实验方法，其中包括两个豚鼠试验和一个小鼠试验。

1.**豚鼠最大剂量试验（GPMT）** 该方法最为敏感，适用范围广，用于器械或材料浸提液或液体状态的材料。

2.**封闭式贴敷试验（Buehler试验）** 该方法周期长，试验样品与完整皮肤接触，适用于局部应用的产品。

3.**小鼠局部淋巴结试验（LLNA）** 该方法周期短，敏感，使用动物数量少，一般适用于检验单一化学物，可提供较为客观的定量数据，目前为化学物的首选测定方法。

为了保证试验的再现性和敏感性，检测实验室应在每次刺激与致敏试验中包括阳性对照组以验证试验系统，并证实阳性反应。然而，对于豚鼠致敏试验，当试验系统一致性在6个月或更长时间得以证实时，每次试验无需包括阳性对照，只需在每6个月中要采用10只动物用于阳性对照。当试验频率比每6个月更频繁的时间内进行时，可以至少采用5只动物用于阳性物和5只用于对照。

试验之前，应考虑在医疗器械制造和装配期间可能接触到的加工助剂和其他化学成分、加工装配的黏合剂溶剂残留物、灭菌残留物和灭菌过程所致的反应产物等在终产品中存在的可能性，这些成分所在终产品中发生渗透和降解风险产生潜在的致敏活性。

结合材料类型和相关的化学信息，如可得出无需进行致敏试验的结论，则无需进行动物实验。

二、致敏试验的方法

（一）豚鼠最大剂量试验（GPMT）

1.**适用范围** 适用于医疗器械的未稀释的浸提液或终产品为液体产品。皮内应用试验样品应无菌。

2.原理 使用某一试验样品经豚鼠皮内注射诱导，局部诱导后，使用试验液或试验品对未经处理的皮肤进行激发，观察豚鼠皮肤红斑和水肿的反应，确定该试验样品是否为致敏物。

3.样品处理 试验样品为液体时，这类样品可直接用于皮内注射；当需要使用浸提液时，可选择的浸提介质为生理盐水、植物油或丙二醇。

4.动物选择与准备 选用健康初成年的白化豚鼠，雌雄不限，同一远交品系，试验开始时，体重300~500g，雌鼠应未产并无孕。新购进动物移进动物房后，需检疫一周方可用于试验，饲养条件需满足GB/T 16886.2标准要求。实验动物进行试验前无需禁食禁水，本试验操作时也不需麻醉。

5.分组 试验设置一个试验组，一个阴性对照组和一个阳性对照组，试验组每组10只动物，阳性对照和阴性对照各5~10只。

（1）试验组 使用供试品浸提液或供试品液。

（2）阴性对照组 使用空白浸提介质。

（3）阳性对照组 0.1%的1-氯-2,4-二硝基苯（DNCB），作为阳性对照液。

6.试验方法 试验前，对每只动物进行编号标识并称量体重，用电动剃刀彻底剪除试验部位被毛，观察每只动物健康状况。

（1）皮内诱导阶段 按图5-2所示，在每只动物去毛的肩胛骨内侧部位成对皮内注射0.1ml。

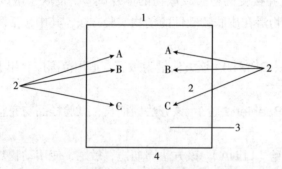

1.头端；2.0.1ml皮内注射点；3.去毛的肩胛骨内侧部位；4.尾部

图5-2 皮肤致敏皮内诱导阶段注射部位

部位A：注射弗氏完全佐剂与选定的溶剂以50∶50（体积比）比例混合的稳定性乳化剂。当试验样品为水溶性材料时，溶剂选择符合《中国药典》、《美国药典》或《英国药典》要求的生理盐水。

部位B：注射试验样品未经稀释的试验液；阴性对照组注射阴性对照液；阳性对照组注射0.1%的DNCB。

部位C：试验样品或对照（部位B中采用的浓度）以50∶50的体积比例与弗氏完全佐剂和溶剂（50%）配制成的乳化剂（部位A中采用的浓度）混合配制成的乳化剂。

（2）局部诱导阶段 皮内诱导后未产生刺激反应。皮内诱导后第（6±1）天，如最大浓度未产生刺激反应，则试验区用10%十二烷基硫酸钠进行预处理，按摩导入皮肤，第（7±1）天用面积8cm²的无菌纱布或滤纸片浸透浸提液，局部贴敷于每只豚鼠的肩胛骨内侧部位，覆盖诱导注射点。用封闭式包扎带固定，48小时后除去包扎带和纱布块。同法用空白浸提介质操作对照组动物。

（3）激发阶段 局部诱导后（14±1）天，按部位C中选定的浓度，使用滤纸或吸收性纱布块分别置于试验样品浸提液和对照液中浸透，局部贴敷于每只动物的腹背部去毛区（诱导阶段未试验部位）。用封闭式包扎带固定，并于（24±2）小时后除去包扎带和敷贴片。

（4）观察　除去敷贴片后（24±2）小时和（48±2）小时观察试验组和对照组动物激发部位皮肤反应情况，按表5-13对每一激发部位和每一观察时间皮肤红斑和水肿反应进行描述并分级。

表5-13　Magnusson和Kligman分级标准表

敷贴试验反应	等级
无明显改变	0
散发性或斑点状红斑	1
中度融合性红斑	2
重度红斑和水肿	3

7.试验结果评价　阳性判断：对照组动物分级小于1，而试验组分级大于或等于1时，一般提示致敏；如对照组动物分级大于或等于1，试验组动物反应超过对照组中最严重的反应，则认为是致敏。疑似阳性反应：如为疑似反应推荐进行再激发以确认首次激发的结果，计算试验组和对照组中阳性结果的发生率。当试验组动物出现反应的动物数多于对照组动物，但反应强度并不超过对照组，在此情况下，需要在首次激发后1~2周进行再次激发，激发方法与首次激发相同，采用动物未进行试验的部位。如再激发后仍有疑似反应，则另取20只实验动物和10只对照动物重新进行试验。

（二）封闭式贴敷试验（Buehler试验）

1.适用范围　适用于局部接触的医疗器械的未稀释的浸提液、终产品为液体或片状产品。

2.原理　使用某一试验样品经豚鼠完整皮肤反复接触诱导后，使用试验液或试验品对未经处理的皮肤进行激发，观察豚鼠皮肤红斑和水肿的反应，确定该试验样品是否为致敏物。

3.样品处理　当试验样品为液体、凝胶、膏状时，这类样品可直接涂抹于无菌纱布片或滤纸片上使用；当试验样品为不规则固体时，制备成浸提液同法操作，当试验样品为片状固体时，可直接裁剪成所需大小使用。

4.动物选择与准备　选用健康初成年的白化豚鼠，雌雄不限，同一远交品系，试验开始时，体重300~500g，雌鼠应未产并无孕。新购进动物移进动物房后，需检疫一周方可用于试验，饲养条件需满足GB/T 16886.2标准要求。实验动物进行试验前无需禁食禁水，本试验操作时也不需麻醉。

5.分组　试验设置一个试验组，一个阴性对照组和一个阳性对照组，试验组每组10只动物，阳性对照和阴性对照各5~10只。

（1）试验组　使用供试品浸提液或供试品。

（2）阴性对照组　使用空白浸提介质。

（3）阳性对照组　0.1%的1-氯-2,4-二硝基苯（DNCB），作为阳性对照液。

6.试验方法　试验前，对每只动物进行编号标识并称量体重，用电动剃刀彻底剪除试验部位被毛。观察每只动物健康状况。

（1）诱导阶段　将试验样品用医用透气胶带局部贴敷于每只动物的背部。（6±0.5）小时后移去固定物、封闭包扎带和敷贴片。1周中连续3天重复该步骤，同法操作3周。阴性对照组动物同法操作。

（2）激发阶段　最后一次诱导贴敷后（14±1）天，用试验样品对实验动物进行激发。用贴敷片单独局部贴敷于每只动物去毛的未试验部位。（6±0.5）小时后去除封闭包扎带和敷贴片。阴性对照组动物同法操作。

（3）动物观察　首次激发后（24±2）小时，用市售脱毛剂或剃毛刀除去动物激发部位和周

医药大学堂
WWW.YIYAODXT.COM

围部位的被毛，用温水彻底清洗脱毛区，擦干后放回笼中，脱毛后至少2小时，按Magnusson和Kligman分级标准表对试验部位进行评分，并在除去激发敷贴片后（48±2）小时再进行评分。

7.试验结果评价 阳性判断：对照组动物分级小于1，而试验组分级大于或等于1时，一般提示致敏；如对照组动物分级大于或等于1，试验组动物反应超过对照组中最严重的反应，则认为是致敏。疑似阳性反应：如为疑似反应推荐进行再激发以确认首次激发的结果，计算试验组和对照组中阳性结果的发生率。当试验组动物出现反应的动物数多于对照组动物，但反应强度并不超过对照组，在此情况下，需要在首次激发后1~2周进行再次激发，激发方法与首次激发相同，采用动物未进行试验的部位。如再激发后仍有疑似反应，则另取20只实验动物和10只对照动物重新进行试验。

（三）小鼠局部淋巴结试验（LLNA）

1.适用范围 适用于终产品或医疗器械的未稀释的浸提液及单一化学物。

2.原理 使用某一试验样品处置小鼠耳背局部皮肤后，测定鼠耳应用部位引流淋巴结内淋巴细胞的增殖程度，确定该试验样品是否为致敏物。

3.样品处理 试验样品为液体、悬浮液、凝胶或膏状物时，这类样品可直接用于小鼠耳部；当需要使用浸提液时，常用的浸提介质是丙酮橄榄油（AOO）4：1混合物；当需要使用水溶性化学物，常使用二甲基亚砜（DMSO）和二甲基甲酰胺（DMF）。

当缺少最高剂量信息时，可采用预筛选试验以确定剂量水平，对于液体试验物质最大试验剂量水平为100%的原液，对于固体或悬混液则最大试验剂量水平为最大可能浸提浓度。

4.动物选择与准备 应用健康的CBA/Ca、CBA/J或BALB/c雌性小鼠或其他经验证的性别品系，小鼠应在8~12周龄，新购进动物移进动物房后，需检疫一周方可用于试验，饲养条件需满足GB/T 16886.2标准要求。实验动物进行试验前无需禁食禁水，本试验操作时也不需麻醉。

5.分组 试验设置一个试验组、一个阴性对照组和一个阳性对照组，每组至少4只动物（一般为4~6只）。

（1）试验组 使用供试品浸提液或供试品液。

（2）阴性对照组 使用丙酮橄榄油4：1混合液。

（3）阳性对照组 丙酮橄榄油4：1混合液中含有25%己基肉桂醛（CAS：101-86-0）和25%丁子香酚（CAS：97-53-0），作为阳性对照液。

6.试验方法 对各组动物进行标记、称重，在各组每只小鼠耳部分别涂敷25μl供试品液，空白介质和阳性对照，连续3日。末次涂敷24小时后，每只小鼠腹腔注射0.5ml浓度为10mg/ml的BrdU溶液。在BrdU注射后约24小时，以人道方式处死动物，剪除小鼠耳部引流淋巴结，并对每只动物的引流淋巴结在磷酸盐缓冲液终进行处理。使用机械方式将淋巴结轻轻挤过74μl（200目）不锈钢网，制备成淋巴细胞（LNC）单细胞悬液。调整淋巴悬液体积至15ml。

（1）日常观察体重 在试验开始和人道处死前测量每只实验动物的体重。

（2）临床观察 每日一次对每只动物任何临床体征进行观察和记录，对作用部位局部刺激（耳部红斑，水肿）按表5-14进行评分；并在试验开始后1、3、6天使用千分尺测量耳朵厚度，观察耳朵厚度变化。

（3）SI值测定 使用市售ELISA试剂盒测量BrdU，将100μl淋巴结细胞悬液加入96孔板各孔中，每只动物平行制备3份，在LNC固定和变性后，每孔加入anti-BrdU抗体进行反应，随后洗去anti-BrdU抗体，加入基质溶液进行反应使之产生色原体，按照说明书的要求测量吸光度，计算各组BrdU指数及SI值。

表5-14 红斑计分表

观察	计分
无红斑	0
极轻红斑（仅能察觉）	1
明显红斑	2
中度到重度红斑	3
重度红斑（鲜红）到焦痂形成不能进行红斑分级	4

按照式（5-4）对BrdU标记指数进行计算：

$$B = (A_1 - A_2) - (A_3 - A_4) \tag{5-4}$$

式中，B为BrdU标记指数；A_1为发射波长吸光度；A_2为空白发射波长吸光度；A_3为参考波长吸光度；A_4为空白参考波长吸光度。

计算试验组阳性对照组的平均BrdU标记指数（SI），除以阴性对照组平均标记指数。

样品组SI=样品组BrdU标记指数/阴性对照组BrdU标记指数

阳性组SI=阳性组BrdU标记指数/阴性对照组BrdU标记指数

7.试验结果评价 当试验组SI≥1.6时认为是阳性结果。处于临界情况（SI值为1.6~1.9）时，需要用阴性对照和阳性对照剂量反应关系的密切性、统计学意义和一致性程度以及其他材料附加信息如全身毒性或严重刺激证据来确认是否为阳性。

拓展阅读

刺激与皮肤致敏试验常用标准

GB/T 16886.10—2017《医疗器械生物学评价 第10部分：刺激与皮肤致敏试验》

GB/T 14233.2—2005《医用输液、输血、注射器具检验方法 第2部分：生物学试验方法》

GB/T 16175—2008《医用有机硅材料生物学评价试验方法》

YY/T 0127.13—2009《口腔医疗器械生物学评价 第2单元：试验方法 口腔黏膜刺激试验》

YY 0719.7—2011《眼科光学 接触镜护理产品 第7部分：生物学评价试验方法》

第六节 刺激和皮内反应试验

一、概述

刺激和皮内反应试验是医疗器械生物学评价中最常用的检验项目之一，用于评价医疗器械潜在局部刺激作用的风险，这类试验一般不预示其他不良作用，仅作局部不良反应的评定。

该类试验均有以下通用要求：任何显示为黏膜、皮肤或眼的刺激物，或pH≤2或pH≥11.5的供试样品不应进行下述试验。在已知被试材料是刺激物或材料PH在上述范围之外仍需要进行测试的，应进行论证并形成文件。任何试验仅在用其他方法得不出安全性数据的情况下进行。采用来源清晰遗传特性稳定的实验动物，除阴道黏膜刺激试验要求采用雌性动物外，其余试验雌雄

PPT

医药大学堂
WWW.YIYAODXT.COM

不限，家兔体重不低于2kg。新购进动物移进动物房后，需检疫一周方可用于试验。需执行保障实验动物福利要求，饲养条件需满足GB/T 16886.2的标准要求，在试验过程中可能会造成动物痛苦时，需经兽医确认给予一定的麻醉程序，并在需要进行处死时采取安乐术。根据医疗器械的具体形态、理化特性和模拟临床使用的部位，以GB/T 16886.12为标准，选择合适的浸提介质和浸提条件对受试物进行处理，部分产品如液体、凝胶、膏体、单一材质片状，在部分试验中可直接使用。当需要使用浸提液进行试验时，优先推荐使用极性和非极性两种浸提介质制备浸提液。皮肤刺激试验应每6个月内使用十二烷基硫酸钠（SLS）作为阳性对照进行试验，以证明试验的敏感性。

二、刺激和皮内反应试验的方法

（一）皮内反应试验

1.适用范围　皮内反应常用于植入器械、外部接入器械和损伤皮肤接触器械，通过皮内注射材料浸提液，对材料在试验条件下产生刺激反应的潜能作出评定。

2.动物选择与准备　每次试验初试应至少选用3只动物，如材料预期有刺激反应，初试应考虑使用1只动物，如初试有明显阳性反应（红斑或水肿计分大于2），则不再复试；如初始无明显阳性反应，则应至少再使用2只动物进行试验，在使用了至少3只动物后，如为疑似反应，应考虑进行复试。

试验前12小时，使用电动剃毛剪或其他除毛方法，将兔背部脊柱两侧被毛整体剃除干净，作为试验和观察部位。

3.试验方法　注射前4~18小时除去试验部位毛发，用75%乙醇擦拭背部去毛区域，擦拭方式以从内往外划圈的方式进行，待乙醇挥发后，按照下图5-3方式进行注射。每只兔脊柱左侧上部5个点皮内每点注射0.2ml 0.9%氯化钠注射液（极性溶剂）制备的浸提液，同侧下部5个点每点皮内注射0.2ml植物油（非极性溶剂）制备的浸提液。每只兔右侧上部5个点每点皮内注射0.9%氯化钠注射液对照液，同侧下部5个点每点注射0.2ml植物油（非极性溶剂）对照液。

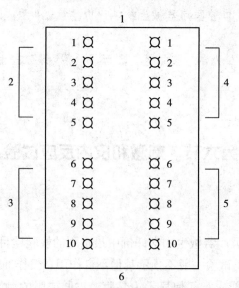

1.头端；2.极性浸提液注射点；3.非极性浸提液注射点；4.极性溶剂对照液注射点；
5.非极性溶剂对照液注射点；6.尾端

图5-3　皮内注射点排列

由于每一动物有多个试验部位，可根据实际需求，将几种试验样品与适宜的阴性对照液或空白液一起使用。

皮内注射操作要点：根据试验材料黏度选用最小规格的注射针进行皮内注射，一般使用0.45#注射针头，注射时左手绷紧皮肤，右手持注射器，针头斜面朝上，呈0~5度刺入皮内，针头斜面进入皮内，将注射器保持平行于皮肤状态，左手按着注射针尾部，防止动物挣扎脱针，右手可开始注射，注射时可轻轻将注射器下压，有利于试验液进入皮内。样品液注入皮内后，皮肤会隆起一个圆形的边界分明的皮丘，皮肤表面变白。如进针角度过大，进针过深，则样品液不能进入皮内，而会注入皮下，皮肤表面不会隆起皮丘。

4.动物观察　注射完毕后即刻在（24±2）小时、（48±2）小时和（72±2）小时观察记录各注射部位的状况，按表5-15的规定对每一接触部位的皮肤红斑和水肿情况进行计分。

在（72±2）小时观察时，可静脉注射适宜的活体染料，如台盼蓝或伊文思蓝，以显示出刺激区域有助于评价。

表5-15　皮内反应计分系统

	反应	记分
红斑和焦痂形成	无红斑	0
	极轻微红斑（勉强可见）	1
	清晰红斑	2
	中度红斑	3
	重度红斑（紫红色）至无法进行红斑分级的焦痂形成	4
水肿形成	无水肿	0
	极轻微水肿（勉强可见）	1
	清晰水肿（肿起边缘清晰）	2
	中度水肿（肿起约1mm）	3
	重度水肿（肿起超过1mm，并超出接触区）	4
刺激最高记分（红斑+水肿）		8

5.结果计算与判断　根据上述的计分系统，对注射完毕（24±2）小时、（48±2）小时和（72±2）小时共3个时间点的观察数据进行计算。统计每一注射点红斑和水肿的得分情况，统计每一只动物注射点红斑和水肿的得分情况，将样品浸提液与空白浸提介质注射点的红斑与水肿的计分相加，计算出1只动物样品/对照3个观察时间点的计分总和，再除以15（3个观察期，每只动物5个注射点，3×5共15个计分点）得到的平均数，则为该样品一只动物浸提液的综合计分，同法求得3只动物的平均综合计分。浸提介质的计分同法计算，将样品组与对照组计分相减，即得出综合平均记分之差。如试验样品与溶剂对照平均计分之差不大于0.1，可判断为无皮内反应，如大于0.1，则判为有皮内反应。

如出现疑似大于空白对照反应，另取3只动物进行复测。

（二）皮肤刺激试验

1.适用范围　皮肤刺激通过试验材料或浸提液与完整皮肤直接接触，对材料在试验条件下产生刺激反应的潜能作出评定。

2.动物选择与准备　每次试验共选用动物3只，如材料预期有刺激反应，初试应考虑使用1只动物，如初试有明显阳性反应（红斑或水肿计分大于2），则不再复试；如初始无明显阳性反应，则应至少再使用2只动物进行试验，在使用了至少3只动物后，如为疑似反应，应考虑进行复试。

试验前12小时，使用电动剃毛剪或其他合适的去毛方式将兔背部脊柱两侧被毛去除干净（约10cm×15cm大小区域），作为试验和观察部位。

3.受试样品的处理 根据医疗器械的具体形态、理化特性和模拟临床使用的部位，以GB/T 16886.12为标准，选择合适的处理方法，参考表5-16要求处理样品。

表5-16 受试物处理示例

产品形态	样品处理方式	对照品处理方式	产品举例
片状固体（厚度小于0.5cm）	样品裁剪成2.5cm×2.5cm大小的样块，表面覆盖纱布块	无菌纱布裁剪成2.5cm×2.5cm大小的样块	血压袖带、各类伤口敷料、退热贴、织物等
不规则形状固体	按标准规定的方法制备浸提液，取0.5ml液体直接滴在2.5cm×2.5cm纱布块上，以浸透纱布块为宜	取0.5ml浸提介质直接滴在2.5cm×2.5cm纱布块上，以浸透纱布块为宜	B超探头、透析管路、麻醉面罩等
液体	取0.5ml液体直接使用，表面覆盖2.5cm×2.5cm纱布块	取0.5ml生理盐水直接使用，表面覆盖2.5cm×2.5cm纱布块	鼻腔清洗液、抗菌成膜喷剂等
凝胶	取0.5g样品直接使用，表面覆盖2.5cm×2.5cm纱布块	取0.5ml生理盐水直接使用，表面覆盖2.5cm×2.5cm纱布块	银离子抗菌凝胶、B超耦合剂、退热凝胶等
粉剂	取0.5g样品，使用水或其他合适溶剂湿化后直接使用，表面覆盖2.5cm×2.5cm纱布块	取0.5ml生理盐水直接使用，表面覆盖2.5cm×2.5cm纱布块	部分原材料

4.试验方法 将供试样品及对照样品按照图5-4敷于规定部位的皮肤，表面覆盖一小块塑料膜或油纸防止样品液渗透，最后固定敷贴片至少4小时。固定方式有以下两种可供选用。

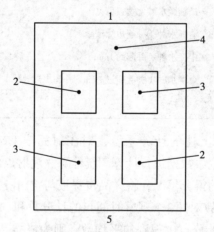

1.头端；2.试验样品敷贴部位；3.对照样品敷贴部位；4.剃毛部位；5.尾端

图5-4 皮肤应用部位

（1）封闭式绷带固定 用纱布块覆盖，然后用纱布绷带缠绕新西兰白兔腹部固定。

（2）半封闭式固定 用纱布块覆盖，然后使用医用胶布呈米字形将其固定在动物身上，防止动物活动时样品块移动。另外，亦可使用手术薄膜（又称医用皮肤保护膜）对整块背部进行整体粘贴固定，为良好的固定效果，胶布或薄膜应覆盖上动物未剃毛部分区域。

4小时后取下敷贴片，用温水擦拭干净皮肤表面样品残留物，用皮肤记号笔对接触部位进行标记，观察试验结果。

1）单次接触试验 除去贴敷片后（1±0.1）小时、（24±2）小时、（48±2）小时和（72±2）小时观察记录各接触部位的状况。

2）多次接触试验　单次接触试验完成后［除去敷贴片（72±2）小时后］，根据预期临床接触的次数，每次接触的时间，再次使用样品对动物进行皮肤接触，接触次数不限，每次接触后末次接触后（1±0.1）小时以及再次接触前，对接触部位皮肤情况进行记录。末次接触后（1±0.1）小时、（24±2）小时、（48±2）小时和（72±2）小时观察记录各接触部位的状况。

如有持续性损伤，可延长观察时间以评价损伤的可逆性。观察时间最多不可超过14日。

5.动物观察　结果观察应该在自然光线或全谱灯光下，按表5-17的规定对每一接触部位的皮肤红斑和水肿情况进行计分。每只动物的任何反应，包括原发性刺激记分、反应发生的时间和持续时间以及皮肤的其他异常情况，都需要进行记录。

表5-17　皮肤反应计分系统

	反应	原发性刺激记分
红斑和焦痂形成	无红斑	0
	极轻微红斑（勉强可见）	1
	清晰红斑	2
	中度红斑	3
	重度红斑（紫红色）至焦痂形成	4
水肿形成	无水肿	0
	极轻微水肿（勉强可见）	1
	清晰水肿（肿起，不超出区域边缘）	2
	中度水肿（肿起约1mm）	3
	重度水肿（肿起超过1mm，并超出接触区）	4
刺激最高记分（红斑+水肿）		8

6.结果计算与判断　仅使用（24±2）小时、（48±2）小时和（72±2）小时的观察数据进行计算，在此范围之外的观察数据均为无效（1小时的观察结果仅用于数据记录，不计算在计分总和之内）。统计每只动物实验样品和空白对照每一接触部位红斑和水肿的得分情况，将每一只动物红斑与水肿的计分相加，再除以6（3个观察期，每个观察期2个接触部位，故而3×2共6个计分点）计算出一只动物的原发性刺激指数，3只动物计分相加除以3得到的平均数，则为该样品的原发性刺激指数。同法计算对照样品组的原发性刺激指数，将样品组与对照组计分相减，既得出原发性刺激计分，又称为原发性刺激指数。得出刺激指数以后，按照下表限定的刺激类型反应，便可得出相应的刺激类型。

对于多次接触试验，将每只动物每一规定时间的计分相加后，再除以观察总数（即观察计分的次数），计算出每只动物的刺激计分。然后计算全部动物刺激计分的平均数即得出累积刺激指数。累积刺激的反应类型同样通过表5-18得出。

表5-18　兔刺激反应类型

平均记分	反应类型
0~0.4	极轻微
0.5~1.9	轻度
2~4.9	中度
5~8	重度

（三）阴道黏膜刺激试验

1.适用范围 适用于预期与阴道组织接触的材料或材料浸提液，对材料在试验条件下产生刺激反应的潜能作出评定。

2.动物选择与准备 实验动物采用成年雌性普通级新西兰白兔，试验前检查动物阴道分泌物及表面情况，避免阴道排液、水肿、感染、刺激，其他机械损伤以及发情期等状况，以避免对试验结果的判断形成干扰。每次试验共选用动物6只，随机分成试验组和对照组各3只。

3.样品处理 根据医疗器械的具体使用形态，以GB/T 16886.12为基本原则，选取合适的方法对样品进行处理，液体样品可直接使用或按照临床使用浓度进行稀释后使用，固体材料则按照标准规定的比例，使用0.9%氯化钠注射液（极性溶剂）或植物油（非极性溶剂）制备浸提液。

4.试验方法 使用一根约6cm长、直径0.3cm左右的软导管（尺寸合适的肛门给药管、胃管、导尿管均可用于试验），一段用以插入动物阴道，另一端用以连接注射器，将注射器和导管均注满试验样品，以便于每只动物可接受1ml的样品剂量。

将动物置于固定器中固定，暴露阴道口，导管插入前用适当的润滑剂（凡士林、植物油均可）或空白对照液湿润处理。提起动物的尾巴，暴露出阴道口，然后将蘸取过润滑剂的导管轻柔地插入阴道，用连有软导管的注射器注入1ml试验液。由于动物的阴道容积具备个体差异，如试验液注入时或注入后有溢出，使用纱布拭去即可，无需再补给供试品。对照组使用空白浸提介质，进行同样的操作。

（1）**常规接触试验** 每次间隔24小时连续重复上述步骤，连续5日。

（2）**多次接触试验** 根据预期临床接触时间确定接触的次数、时间和间隔期。

5.动物观察 初次接触后24小时和每次试验操作前观察并记录阴道口和会阴溢液、红斑和刺激情况。如在试验过程中出现过度溢液、红斑、阴道肿胀难以给药的动物，应提前终止试验，无痛处死该动物做组织病理学检查。末次接触后24小时，无痛处死动物，完整切下阴道后纵向切开进行大体检查，检查并记录上皮组织层的刺激、损伤以及坏死情况，投入10%福尔马林溶液中固定。

6.组织病理学评价 将阴道组织放入甲醛溶液中固定后，分别截取阴道近心端2cm、中端2cm及阴道远心端2cm处，脱水后进行石蜡包埋切片，HE染色。分别对试验兔的阴道组织与对照兔阴道组织进行对比及组织病理学评价。

参照表5-19计分标准，在400×镜下分别从上皮、白细胞浸润、充血、水肿4个方面的情况进行评价与计分。

表5-19 口腔、阴茎、直肠和阴道组织反应显微镜计分系统

项目	反应	记分
上皮	正常，完好无损	0
	细胞变性或变扁平	1
	组织变形	2
	局部糜烂	3
	广泛糜烂	4

续表

项目	反应	记分
白细胞浸润（每个高倍视野）	无	0
	极少（少于25）	1
	轻度（26~50）	2
	中度（51~100）	3
	重度（大于100）	4
血管充血	无	0
	极少	1
	轻度	2
	中度	3
	重度伴血管破裂	4
水肿	无	0
	极少	1
	轻度	2
	中度	3
	重度	4

7.结果计算与评价 统计每只动物每个观察点所得总分，总分除以3，按照计分系统，最大值应为16。计算一组3只动物所得总分，再除以动物数，计算得每组平均值，将实验组与对照组相减即可得出刺激指数，根据表5-20而判断其组织反应程度。

表5-20 刺激指数

平均记分	反应程度
0	无
1~4	极轻
5~8	轻度
9~11	中度
12~16	重度

对照组大于9分，且其他试验或对照组出现同样高分，有必要复试。

（四）直肠刺激试验

1.适用范围 适用于预期与直肠组织接触的材料或材料浸提液，对材料在试验条件下产生刺激反应的潜能作出评定。

2.动物选择与准备 实验动物采用成年普通级新西兰白兔，试验前检查动物直肠排液及表面情况，避免水肿、感染、刺激、其他机械损伤。以避免对试验结果的判断形成干扰。

每次试验共选用动物6只，随机分成试验组和对照组各3只。初试反应如疑似或不明确时，应考虑进行复试。

3.样品处理 根据医疗器械的具体使用形态，以GB/T 16886.12为基本原则，选取合适的方法对样品进行处理，液体样品可直接使用或按照临床使用浓度进行稀释后使用，固体材料则按照标准规定的比例，使用0.9%氯化钠注射液（极性溶剂）或植物油（非极性溶剂）制备浸提液。

4.试验方法　将动物置于固定器中固定，暴露会阴部，导管插入前用适当的润滑剂（凡士林、植物油均可）或空白对照液湿润处理。提起动物的尾巴，暴露出直肠口，然后将蘸取过润滑剂的导管轻柔地插入直肠，用连有软导管的注射器注入1ml试验液。由于动物的直肠容积具备个体差异，如试验液注入时或注入后有溢出，使用纱布拭去即可，无需再补给供试品。对照组使用空白浸提介质，进行同样的操作。

（1）常规接触试验　每次间隔（24±2）小时连续重复上述步骤，连续5日。

（2）多次接触试验　根据预期临床接触时间确定接触的次数、时间和间隔期。

5.动物观察　初次接触后（24±2）小时和每次试验操作前观察并记录会阴溢液、红斑和刺激情况。如在试验过程中出现过度溢液、红斑、肿胀难以给药的动物，应提前终止试验，无痛处死该动物做组织病理学检查。

末次接触后24小时，无痛处死动物，完整切下直肠后纵向进行大体检查，检查并记录上皮组织层的刺激、损伤以及坏死情况，投入10%福尔马林溶液中固定。

6.组织病理学评价　将直肠组织放入10%福尔马林中固定后，分别截取直肠近心端2cm、中端2cm及直肠远心端2cm处，脱水后进行石蜡包埋切片，HE染色。分别对试验兔的直肠组织与对照兔直肠组织进行对比及组织病理学评价。

参照表5-18计分标准，在400×镜下分别从上皮、白细胞浸润、充血、水肿4个方面的情况进行评价与计分。

7.结果计算与评价　统计每只动物每个观察点所得总分，总分除以3，按照计分系统，最大值应为16。计算一组3只动物所得总分，再除以动物数，计算得每组平均值，将试验组与对照组相减即可得出刺激指数，根据表5-20而判断其组织反应程度。

（五）口腔刺激试验

1.适用范围　适用于预期与口腔黏膜组织接触的材料或材料浸提液，对材料在试验条件下产生刺激反应的潜能作出评定。在YY 0127.13—2009中规定，如样品无皮内反应，不需要再进行口腔刺激。

2.动物选择与准备　试验选用健康、初成年金黄地鼠，同一品系，雌雄不限。检疫期过后，适当时给动物套上一个3~4mm宽适用项圈，使动物能维持正常进食和呼吸，且又能防止动物口腔内棉球移出，试验期间，动物每天称重，连续7天，在此期间检查每只动物的体重下降情况，必要时调整项圈，如动物体重持续下降，将其从试验中淘汰，从而筛选出适合用于口腔刺激操作的动物。除去项圈将动物颊囊翻转，用生理盐水冲洗后，检查无异常动物可用于试验。根据试验需要可选择以下动物分组方案。

每次试验选用动物至少3只，一侧颊囊用以接触样品，另一侧颊囊不放样品作为空白对照。结果计算使用样品侧和空白对照侧病理数据。

每次试验共选用动物6只，随机分成试验组和对照组各3只，试验组一侧颊囊用以接触样品，另一侧颊囊不放样品作为空白对照；对照组一侧颊囊用以接触阴性对照，另一侧颊囊不放样品作为空白对照。结果计算使用样品侧和阴性对照侧病理数据。

3.样品处理　液体样品可直接使用或按照临床使用浓度进行稀释后使用，固体材料则按照标准规定的比例，使用0.9%氯化钠注射液（极性溶剂）或植物油（非极性溶剂）制备浸提液作为试验液。

（1）试验液处理　将直径为10mm棉球浸透试验材料或浸提液，记录所用的体积后使用。

（2）固体试验材料处理　直径不大于5mm，无尖锐棱角固体可直接使用。

（3）片状固体试验材料处理 材料可加工成直径5mm，厚0.5~0.7mm圆片，圆片四周制备4个直径小于1mm圆孔，方便缝针穿入（参考《YY 0127.13—2009》缝合法）。

4.试验方法

（1）急性接触法 将供试品放入动物的一颊囊内，另一侧颊囊不放样品作为空白对照。阴性对照动物使用阴性对照液同样操作，必要时给动物带上小号的伊丽莎白项圈。样品放置时间根据临床实际使用时间而定，原则上不少于5分钟，接触结束后取出样品，用生理盐水冲洗颊囊，每小时重复上述步骤1次，共4小时。

（2）多次接触法 根据临床应用量、接触次数、接触时间和间隔给予放置样品处理。

（3）缝合接触法（YY/T 0127.13—2009） 使用20g/L戊巴比妥钠，按1ml/kg剂量腹腔注射，将动物进行麻醉后，分别将试验品和对照品放入两侧颊黏膜表面，使用医用5-0缝合丝线进行穿颊及皮肤缝合，使试片固定在颊囊黏膜表面，缝合后第14日无痛处死动物。

5.动物观察
取出试验样品后肉眼观察颊囊，重复接触时，每次接触前均应检查颊囊。按照表5-21给出的口腔和阴茎反应计分系统对颊囊表面红斑和焦痂情况进行计分，末次接触24小时后肉眼观察颊囊，无痛处死动物，取试样接触部位的黏膜及周围组织放入10%福尔马林中。

表5-21 口腔和阴茎反应计分系统

反应	记分
红斑和焦痂形成	
无红斑	0
极轻微红斑（勉强可见）	1
红斑清晰	2
中度红斑	3
重度红斑（紫红色）至干扰红斑分级的焦痂形成	4

注：记录并报告组织的其他异常情况。

6.结果评价

（1）肉眼观察评价 比较试验侧和对照侧/对照组颊囊，计算动物平均计分。

（2）组织学评价 将口腔颊囊组织放入甲醛溶液中固定后，分别截取颊囊前、中、后三处，脱水后进行石蜡包埋切片，HE染色。分别对试验组的口腔黏膜组织与对照组口腔黏膜组织进行对比及组织病理学评价。

注意：因口腔黏膜较阴道和直肠黏膜更薄，故而脱水程序需要进行相应的调整（缩短高浓度乙醇脱水时间），避免造成组织脱水时间过长。

参照表5-18计分标准，在400×镜下分别从上皮、白细胞浸润、充血、水肿4个方面的情况进行评价与计分。

7.结果计算与评价
统计每只动物每个观察点所得总分，总分除以3，按照计分系统，最大值应为16。计算一组3只动物所得总分，再除以动物数，计算得每组平均值，将试验组与对照组相减即可得出刺激指数，根据表5-20而判断其组织反应程度。

如空白对照侧颊囊记分大于9时，表明可能在试验操作时造成损伤。如果同批其他试验组或对照组出现同样高分，均需进行复试。

（六）眼刺激试验

1.适用范围
适用于预期与眼或眼睑接触的材料或材料浸提液，对材料在试验条件下产生刺激反应的潜能作出评定。

2.动物选择与准备 实验动物采用成年普通级新西兰白兔，试验前24小时使用裂隙灯或其他合适的工具检查动物是否存在角膜损伤、充血、浑浊及其他异常现象，每次试验共选用动物3只。

3.样品处理 液体样品可直接使用或按照临床使用浓度进行稀释后每次取0.1ml使用，固体材料则按照标准规定的比例，使用0.9%氯化钠注射液（极性溶剂）或植物油（非极性溶剂）制备浸提液。固体亦可选择碾磨成细粉，取不多于100mg直接使用，但固体容易造成眼角膜的机械损伤，故一般情况下不推荐使用。

4.试验方法 家兔使用合适的方法固定，如试验样品为液体，可采取以下几种给药方式。

使用注射器或移液枪，将0.1ml样品滴入眼下结膜囊内。将试验液体装入泵中喷射，可喷射滴入0.1ml。将试验液体装入喷雾器中，在距离张开的眼睛10cm位置，喷射1秒或喷入一冷容器内凝结为液体后应用。

不加试验材料的空白浸提液作为对照给药，或使用不经给药的对照眼作为空白对照。

（1）**急性试验** 试验时将兔固定，一次性将0.1ml试验液滴入一侧眼下结膜囊内，对侧眼作为对照滴入0.9%氯化钠注射液。滴入后闭眼约1秒，观察兔眼的反应，并于（1±0.1）小时、（24±2）小时、（48±2）小时和（72±2）小时观察双眼的一般状态。

（2）**多次接触试验** 如材料预期需要反复接触人体，且在首次急性试验中未发现显著反应时，可在急性试验完成（72±2）小时后，再根据临床应用量、接触次数、接触时间和间隔进行多次接触试验。每次接触前后（1±0.1）小时均需检查每只动物双眼。

5.动物观察 滴眼完成后，于（1±0.1）小时、（24±2）小时、（48±2）小时和（72±2）小时观察双眼的一般状态，按照表5-22眼损伤记分系统的要求进行计分。无论是单次接触试验还是多次接触试验，如最后一次滴注给样后，发现有刺激现象（非严重性持续性损伤），应根据实际情况延长观察时间，如有持续性角膜受累症状和其他眼刺激反应，也可能需要延长观察时间，已确定损伤的进展性和可逆性，延长观察的时间最长不超过21天，在延长观察时间内，每日记录眼损伤的进展情况，以判断样品造成的损伤是否具有可逆性。如动物出现以下症状之一时，应立即从试验中淘汰并无痛处死。

表5-22　眼损伤计分系统

部位		反应	记分
角膜	浑浊程度 （最致密混浊区）	透明	0
		云翳或弥散混浊区，虹膜清晰可见	1[a]
		易识别的半透明区，虹膜清晰可见	2[a]
		乳白色区，看不见虹膜，勉强可见瞳孔	3[a]
		浑浊，看不见虹膜	4[a]
	角膜受累范围	0＜受累范围≤1/4	0
		1/4＜受累范围≤1/2	1
		1/2＜受累范围≤3/4	2
		3/4＜受累范围，直至整个角膜区域	3
虹膜		正常	0
		超出正常皱襞，充血水肿，角膜缘充血（其中一种或全部） 仍有对光反应（反应迟钝为阳性）	1[a]
		无对光反射，出血性严重结构破坏（其中一种或全部）	2[a]

续表

部位	反应	记分
结膜充血（累及睑结膜和球结膜，不包括角膜和虹膜）	血管正常	0
	血管明显充血	1
	弥散性充血，呈深红色，血管纹理不清	2[a]
	弥散性充血，呈紫红色	3[a]
水肿	无水肿	0
	轻微水肿（包括瞬膜）	1
	明显水肿伴部分睑外翻	2[a]
	眼睑水肿使眼呈半闭合状	3[a]
	眼睑水肿使眼呈半闭合乃至全闭合状	4[a]
分泌物	无分泌物	0
	超过正常分泌量（不包括正常动物眼内眦少量分泌物）	1
	分泌物浸湿眼睑及眼睑邻近睫毛	2
	分泌物浸湿眼睑、睫毛和眼周围区域	3

（1）极重度眼损伤（结膜腐痂或溃疡、角膜穿孔、前房内有血和脓液等）。

（2）有血污或脓液排出。

（3）明显角膜溃疡。

（4）根据计分系统评分反应最大时：对光反射消失（虹膜反应记分2）或角膜浑浊（记分4），并在（24±2）小时内无可逆迹象。重度结膜炎结膜（水肿记分4）并伴发充血（记分3），并在（48±2）小时内无可逆迹象。

6.结果计算与评价

（1）急性接触　如有1只以上动物眼在任何极端呈阳性反应（表格中打a注脚的记分）：该材料为眼刺激物，不必进一步试验。

如3只动物中仅1只呈轻度反应或中度反应或疑似反应，应另取动物复试，复试中动物眼在任意阶段半数以上呈阳性：该材料为眼刺激物。如仅1只出现严重反应：该材料为眼刺激物。

（2）多次接触　如半数以上动物任何观察阶段呈阳性（表格中打a注脚的记分）：该材料为眼刺激物。

第七节　全身毒性试验

一、概述

（一）概述

全身毒性试验，是对医疗器械在使用过程中，器械或材料的可沥滤物进入动物机体后，经过一系列吸收、分布、代谢，到达各组织部位后，对器官或全身产生毒性的潜在风险的评估。根据评估器械与机体接触的周期长短不同，可分为急性全身毒性、亚急性全身毒性、亚慢性全身毒性、慢性全身毒性。

PPT

医药大学堂
www.yiyaodxt.com

（二）动物选择

试验所用动物应采用来源清晰、遗传特性稳定、符合微生物要求、健康、初成年的实验动物，研究开始阶段，同一性别的动物体重差异不应超平均值的±20%，如使用雌性动物应未育并无孕，选用种属应经过科学论证并在符合GB/T 16886.2要求的环境下饲养。如大鼠、小鼠所需要温度条件为20~26℃，湿度40%~70%，人工照明设置为12小时开启，12小时关闭。饲养方面，采用标准商业饲料，无限制清洁饮水供应，群养不宜超过5只/笼。

对于医疗器械急性经口、经静脉、经皮肤及吸入研究，首选小鼠和大鼠，皮肤和植入研究，多选择家兔。如将非啮齿类动物用于试验，应对动物种属数量和选择的多种因素进行确认。在进行不同时间周期的全身毒性研究时，应优先采用同一动物种属和动物品系。

（三）分组设计

动物的分组和数量要根据研究的目的而定，剂量组应根据试验周期的增加而增加。在试验结束时，每组有足够的动物数量以进行有效的统计学评价。但处于动物福利要求，应采取最少的动物来获得有效的结果。各试验推荐使用的动物数量见表5-23。

表5-23　全身毒性试验推荐动物数量

试验类别	啮齿动物（只）	非啮齿动物（只）
急性	5	3
亚急性	10（雌雄各半）	6（雌雄各半）
亚慢性	20（雌雄各半）	8（雌雄各半）
慢性	30（雌雄各半）	根据研究需要具体商讨

如器械预期接触于单性别动物，则仅使用单性别动物进行试验。在慢性试验中，如需要增加剂量组，加大的剂量组可选择使用20只（雌雄各半）。

对照组应根据试验目的，结合试验样品的状态，接触途径来设计，对照组可以是阴性材料对照，空白浸提介质对照或假处理对照，对照品的处理应与试验样品一致。

（四）剂量选择

在限度试验中，采用一种合适的剂量进行单剂量试验确定是否存在毒性危害。当使用多剂量进行试验时，各剂量需要结合历史研究及毒理学数据，经过合理的验证。当需要加大剂量时，常考虑调整的参数有：临床接触表面积的倍数；接触周期的倍数，浸提组分或具体化学物的倍数；24小时内多次接触等。

单次给药的体积应综合考虑动物种属、体重、生理状态等条件确定，可选用的剂量体积举例见表5-24。

表5-24　单次给药剂量推荐

动物种属	皮下（ml/kg）	肌肉（ml/kg）	腹腔（ml/kg）	经口（ml/kg）	静脉（ml/kg）
小鼠	20	2	50	50	50
大鼠	20	1	20	20	10

等需要较大剂量体积注射时，可选择缓慢或分次注射。静脉注射2小时内一次给液量小于循环血量的10%。

（五）接触途径

医疗器械或其浸提出的可沥滤物，可以通过多种途径进入人体，试验接触的途径应尽可能与器械临床应用的途径一致或相近，应结合器械的理化特性、临床用途、与人体接触途径和时间、毒性试验目的选择合适的接触途径。常用接触途径举例如下。

1.**皮肤** 经皮接触适用于表面接触器械。

2.**植入** 经植入途径接触适用于植入器械，应结合临床应用考虑植入物的尺寸和质地，选择合适的植入部位。

3.**吸入** 适用于接触挥发性化学物气体沥滤环境或可能吸入气雾或微粒试验样品的器械。

4.**皮内** 适用于皮内接触环境导致化学物溶出的器械，重复注射时应对注射部位进行选择和论证。

5.**肌肉** 适用于肌肉组织接触环境导致化学物溶出的器械，需选择合适的肌肉群作为给药部位，重复给药时应对注射部位进行选择和论证。

6.**腹腔** 适用于液路器械或腹腔接触环境导致化学溶出的器械，也适用于不宜经静脉途径给药的浸提液，比如非极性浸提液、含微粒的浸提液。腹腔注射途径优于试验样品过滤后静脉注射，试验样品一般直接进入腹腔，通过门静脉循环吸收，经肝脏到达全身循环。注意不要注射到消化道内。

7.**静脉** 适用于直接或间接液路器械，与血液接触环境导致化学溶出的器械，试验样品直接进入血管系统，如样品中含有微粒，可采用腹腔途径或者考虑将样品过滤后再行注射。注意不要注射到血管外。

8.**经口** 适用于直接或间接接触口腔黏膜的器械，或其他肠道应用的产品。试验样品一般通过灌胃法接触，需根据实际需要安排动物禁食时间。

9.**皮下** 适用于皮下组织接触环境导致化学物溶出的器械，试验样品一般通过注射或植入的方式进入皮下部位，重复注射时应对注射部位进行选择和论证。

（六）接触频率

应根据临床实际应用来确定剂量和给药频率，在急性全身毒性中，动物应在24小时内一次或分次给予样品；在重复性接触试验中，动物应每日给予样品，试验期间，每周7天给予；在植入后全身毒性试验中，仅需要经过一次植入给予样品，同时，以模拟临床应用为原则，也可以采用经过论证的其他给药频率。

（七）观察参数

试验期间，需要对以下各个参数进行详细的观察、记录、统计和分析，不同的试验类型和周期，需要观察的参数不同。

1.**急性全身毒性** 观察体重变化、临床观察，当出现临床指征时，增加临床病理学、大体病理学、组织病理学检查。

2.**亚急性全身毒性** 观察体重变化、临床观察、大体病理学，当出现临床指征或有研究需要时，增加临床病理学、组织病理学检查。

3.**亚慢性及慢性全身毒性** 观察体重变化、临床观察、大体病理学、临床病理学、组织病理学检查所有参数。

具体分析参数和要求如下。

（1）动物体重 急性试验，在24小时周期内观察动物体重变化，重复接触试验，每周进行称重观察动物的体重变化。在整个试验期间以及试验结束时定期测量动物的体重。

（2）饲料消耗 饲料和水的消耗在长期重复性试验中使用，饲料消耗一般每周记录。

（3）临床观察 所有观察应由经过培训的人员进行。在试验期间，应至少每天一次，定时观察动物的临床表现，详细记录观察结果如毒性现象出现和消失的时间持续时间和动物死亡时间，最好采用明确的计分系统和实验室通用术语，采取相应措施使试验条件保持稳定。

观察频率和间隔时间应根据毒性反应的性质和严重程度反应速度以及恢复周期来确定，在试验的早期可能需要增加观察次数。常用临床观察项目见表5-25。

表5-25 临床观察项目

临床观察	观察症状	涉及系统
呼吸	呼吸困难（腹式呼吸、气喘）、呼吸暂停、发绀、呼吸急促、鼻流液	中枢神经系统（CNS）、肺、心脏
肌肉运动	嗜睡减轻或加重、扶正缺失、感觉缺乏、全身僵硬、共济失调、异常运动、俯卧、震颤、肌束抽搐	CNS、躯体肌肉、感觉、神经肌肉、自主性
痉挛	阵挛、强直、强直性阵挛、昏厥、角弓反张	CNS、神经肌肉、自主性、呼吸
反射	角膜、翻正、牵张、对光、惊跳反射	CNS、感觉、自主性、神经肌肉
眼症状	流泪、瞳孔缩小/散大、眼球突出、上睑下垂、浑浊、虹膜炎、结膜炎、血泪症、瞬膜松弛	自主性、刺激性
心血管症状	心动过缓、心动过速、心律不齐、血管舒张、血管收缩	CNS、自主性、心脏、肺
流涎	过多	自主性
立毛	被毛粗糙	自主性
痛觉丧失	反应降低	CNS、感觉
肌肉状态	张力减退、张力亢进	自主性
胃肠	软便、腹泻、呕吐、多尿、鼻液溢	CNS、自主性、感觉、胃肠运动性、肾
皮肤	水肿、红斑	组织损害、刺激性

（4）临床病理 在试验的进行过程中，根据研究需要，在预定的动物终点之前或其中的某些时间点单次或重复采取动物的血液、尿液进行分析以研究组织、器官和其他系统的毒性反应。其中尿液分析不作为常规检验，仅在预期或观察到有泌尿系统毒性反应情况系考虑进行，各常见参数如下。

1）血液学检查 凝血（PT、APTT）、血红蛋白（HGB）、红细胞压积（HCT）、平均红细胞体积（MCV）、红细胞计数（RBC）、白细胞计数（WBC）、白细胞分类（淋巴细胞计数、中性粒细胞计数、单核细胞计数）、血小板计数（PLT）。

2）临床生化检查 总蛋白（TP）、白蛋白（ALB）、碱性磷酸酶（ALP）、丙氨酸氨基转移酶（ALT）、天门冬氨酸氨基转移酶（AST）、谷氨酰转肽酶（GGT）、总胆红素（TBil）、总胆固醇（CHO）、三酰甘油（TG）、血糖（Glu）、尿素氮（BUN）、肌酐（Cre）、血清钠、钾、氯离子浓度等。

3）尿液检查 外观、胆红素、葡萄糖、酮体、隐血、蛋白、沉渣、比重或渗透压、体积。

（5）解剖病理 实验动物经无痛处死后，进行大体解剖及脏器检查，包括体表及体表天然孔道的检查以及动物各脏器的大体组织学检查，需进行观察的脏器参考清单见表5-26。

（6）组织病理 应检查所有的大体损害，对照组和高剂量组的动物器官和组织应进行完整的组织学病理检查，结合高剂量组的组织检查结果，对低、中剂量组的肝、肾以及在高剂量组中提示有损害的器官的组织病理学检查。

表5-26　解剖病理观察脏器

系统名称	需观察脏器
神经系统	脑（大脑、小脑、脑干）、脊髓（颈、胸、腰段）、垂体、坐骨神经、眼
内分泌系统	甲状腺（连甲状旁腺）、肾上腺
心血管及呼吸系统	气管、肺脏、主动脉、心脏
消化系统	食管、唾液腺、胃、十二指肠、空肠、回肠、盲肠、结肠、直肠、肝脏、胆囊、胰腺
泌尿系统	肾、膀胱
生殖系统	前列腺、睾丸、附睾、精囊腺、卵巢、子宫、阴道
免疫及造血系统	脾脏、淋巴结（肠系膜淋巴结）、胸腺、胸骨
其他	给药部位、植入部位、皮肤、乳腺

注：心脏、肝脏、脾脏、肾脏、肾上腺、胸腺、睾丸、附睾、子宫、卵巢需在摘取后尽快称其湿重，用以统计脏器重量及计算脏器系数。

在最新的国际标准要求中，也提出了对所取组织进行双级分类检查的方法，首先选择心脏、肝脏、肾上腺、肾、皮肤、脾、肌肉、脑、卵巢、睾丸、肺和细支气管、股骨或胸骨，给药部位作为第一层级的检查脏器，当此清单中脏器组织学检查出现异常时，再进行第二层级全脏器的组织检查。

（八）结果评价

对试验组出现损害迹象的动物数量、损害类型、每种损害的动物百分率进行统计，结合临床检查结果统计、尸检及组织病理学方面的发现、剂量反应关系等进行评价。

> **拓展阅读**
>
> 全身毒性试验常用标准
>
> GB/T 16886.11—2011《医疗器械生物学评价　第11部分：全身毒性试验》
>
> GB/T 14233.2—2005《医用输液、输血、注射器具检验方法　第2部分：生物学试验方法》
>
> YY 0719.7—2011《眼科光学　接触镜护理产品　第7部分：生物学评价试验方法》
>
> YY/T 0127.14—2009《口腔医疗器械生物学评价　第2单元：急性经口全身毒性试验》
>
> YY/T 0127.15—2018《口腔医疗器械生物学评价　第15部分：亚急性和亚慢性全身毒性试验经口途径》
>
> GB/T 16175—2008《医用有机硅材料生物学评价试验方法》

二、试验方法

（一）急性全身毒性试验的方法

1.适用范围　适用于评价医疗器械产品或其浸提液在单次给药后引起动物潜在毒性反应的风险。

2.动物选择与准备　急性全身毒性试验常选用小鼠或大鼠，小鼠体重范围为18~22g，分为试验组和对照组，每组每种浸提介质选用5只。在YY/T 0127.14—2009《口腔医疗器械生物学评

价　第2单元：急性经口全身毒性试验》与YY 0719.7—2011《眼科光学接触镜护理产品　第7部分：生物学评价试验方法》两种经口途径给药的急性全身毒性试验中，则要求只设试验组，取雌雄各半共10只小鼠。

3.样品制备　根据样品临床应用模式，物理状态选择样品处理方式，参照GB/T 16886.12原则进行浸提液的制备；在齿科材料经口毒性试验中，固体微粒小于200μm可制备称悬浮液，糊状材料可置于分散介质（蒸馏水、2%淀粉溶液、食用芝麻油或橄榄油、氯化钠注射液等）中高速搅拌30秒后以20%悬混状态给药。液体产品可直接使用或按说明书使用。

4.试验方法

（1）给药　在24小时内进行，经一次或多次给药方式达到预期剂量。给药途径宜参考器械临床使用途径选择，小鼠经静脉、腹腔、经口参考剂量为25~50ml/kg或2000mg/kg（固体或糊状材料悬混状态经口给药时）。

（2）观察周期　进行日常一般毒性观察，给药后观察至少3天，必要时可延长。在齿科材料及接触镜护理产品经口给药中观察期延长至14天。

（3）体重观察　3天观察期内，记录动物初始，每日及结束时体重。更长观察期内，记录动物初始、每周及结束时体重。

（4）病理学观察　当出现毒性指征时，执行大体病理学及组织病理学检查。

5.结果判定　一般情况下，根据观察期间动物毒性反应状况，对毒性反应程度进行评价，毒性反应可参考上文，部分标准中，将不同严重程度的毒性反应作了分级，如YY 0719.7—2011中分级如表5-27。统计试验期间出现毒性反应的动物数量、各动物出现毒性症状反应程度，对试验结果进行进一步的判定。

（1）在试验观察期间，如试验组的动物生理学反应不大于对照组动物，则试验样品符合试验要求（判断无急性全身毒性反应）。

（2）试验组5只动物，如有2只或2只以上出现死亡、抽搐或俯卧等毒性症状，则试验样品不符合试验要求（判断为有急性全身毒性反应）。

表5-27　急性全身毒性反应分级

反应程度	症状
无	未见毒性反应
轻度	轻微运动机能减退，呼吸困难或腹部刺激
中度	明显腹部刺激、呼吸困难、运动机能减退、眼睑下垂、腹泻
重度	虚脱、发绀、震颤、严重腹泻、眼睑下垂或呼吸困难
死亡	死亡

（3）试验组5只动物，如有3只或3只以上出现体重下降超过10%，则试验样品不符合试验要求（判断为有急性全身毒性反应）。

（4）如试验组仅出现轻微生物学反应，且不多于1只动物出现生物学反应或死亡，则另取10只动物进行。

（5）如重复试验中全部试验组小鼠反应不大于对照组小鼠，则试验样品符合试验要求（判断无急性全身毒性反应）。

（6）在参照YY/T 0127.14—2009标准时，若有1只动物，在任意剂量水平，出现毒性体征或死亡，则认为该材料在该剂量水平下有急性经口毒性。

除了上述判定方法，也可在包括临床和解剖病理学检查等更大范围内进行评价。

（二）重复接触（亚急性、亚慢性、慢性）全身毒性试验的方法

1.适用范围　本试验适用于评价重复和持续性接触医疗器械接触动物体后，释放化学物在组织内的积聚或经其他机制产生的毒性反应长期试验。

2.动物选择与准备　重复接触全身毒性试验常选用啮齿类动物（小鼠或大鼠），一般要求雌雄各半，分为试验组和对照组，动物数量根据试验周期要求不同。

3.样品制备　根据样品临床应用模式、物理状态选择样品处理方式，参照GB/T 16886.12原则进行浸提液的制备；在齿科材料经口毒性试验中，固体微粒小于200μm可制备悬浑液，糊状材料可置于分散介质（蒸馏水，2%淀粉溶液，食用芝麻油或橄榄油、氯化钠注射液等）中高速搅拌30秒后以20%悬混状态给药。

液体产品可直接使用或按说明书使用。

4.试验方法

（1）给药途径　应参照上文结合试验样品临床应用选择。如植入类医疗器械最佳的给药途径为植入，口腔接触医疗器械宜使用经口途径给药，血液接触产品为静脉注射给药。

（2）给药周期　亚急性全身毒性给药周期为24小时~28天内多次重复给药，一般静脉注射途径选择7天，其他途径选择28天；亚慢性全身毒性经静脉给药周期为14（啮齿类动物）~28天（非啮齿类动物），而其他给药途径一般选择90天，其他种属周期选择不超过动物寿命周期10%。慢性全身毒性给药周期要求覆盖动物大部分寿命周期，一般为6~12个月，当结合致癌试验进行时，可长达2年。

（3）观察周期　进行日常一般毒性观察，观察期覆盖试验开始前至试验结束后。

（4）观察项目　记录动物初始、每周及结束时体重。对动物进行临床病理学、大体病理学及组织病理学检查。

5.结果判定　重复给药的全身毒性试验结果，应将各项检查参数进行统计，结合临床检查结果统计、尸检及组织病理学方面的发现、剂量反应关系等进行综合评价。

第八节　遗传毒性试验

一、概述

（一）相关概念

遗传毒性试验一般采用哺乳动物和非哺乳动物细胞、细菌、酵母菌、真菌或动物体，接触试验样品后，测定试验样品是否会引起基因突变、染色体结构畸变以及其他的DNA或基因的变化。遗传毒性试验一般用于检测两类主要的遗传损伤：①基因突变（点突变）；②染色体损伤，包括结构畸变（如异位、缺失和插入）和染色体数目的畸变（非整倍体，核内复制）。

（二）试验项目选择

现行常用遗传毒性试验及分类见图5-5，各检测项目特点如下。

1.细菌回复突变试验　用于检测医疗器械和材料在细菌系统（原核生物）中产生潜在DNA损伤的风险。

2.体外哺乳动物细胞染色体畸变试验　用于检测医疗器械和材料中具有导致哺乳动物细胞中染色体结构和数量畸变潜能的物质。

PPT

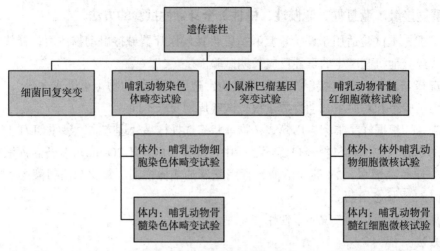

图5-5 遗传毒性试验分类

3.小鼠淋巴瘤细胞（TK）基因突变试验 用于检测医疗器械诱导小鼠淋巴瘤细胞基因正向突变和诱变效应，评价试验样品潜在的致突变性。

4.体外哺乳动物微核试验 用于评价医疗器械和材料诱发的染色体损伤和非整倍性。

5.哺乳动物骨髓红细胞微核试验 用于评价医疗器械和材料诱发的骨髓细胞或外周血红细胞染色体和有丝分裂器的损伤。

6.体内哺乳动物细胞染色体畸变试验 用于评价医疗器械和材料诱发的啮齿类动物体内造血细胞的染色体损伤。

单一试验无法检测出所有有关遗传毒性的物质，因此常选择体外试验组合。在某些特定的情况下还要进行体内试验。

在标准的遗传毒性试验组合中，细菌回复突变试验与染色体畸变试验、小鼠淋巴瘤细胞（TK）基因突变或体外哺乳动物细胞微核试验中的任何一个组合都认为是可接受的。

（三）样品制备

1.试验样品可溶或可悬浮于与试验系统相容的溶剂中时 体外试验中，样品与细胞接触最大浓度为5mg/ml；与细菌接触的最大浓度为每板5mg或100μl，试验液的总接触量不超过试验系统体积的10%。体内试验中，样品与动物接触最大体积是：小鼠为20ml/kg体重，大鼠为10ml/kg。非毒性试验样品制备液最大剂量水平为2000mg/kg，毒性试验样品制备液则需要对剂量进行探索和验证。

2.试验样品不溶于与试验系统相容的溶剂中时 执行预试验，验证从试验样品中浸提出的残留物含量达到一定水平（质量<0.5g，可浸提物百分比≥1%；质量≥0.5g，可浸提物百分比≥0.5%），将获取的浸提残留物溶解或悬浮于与试验系统相容的溶剂。体外试验中，样品与细胞接触最大浓度为5mg/ml；与细菌接触的最大浓度为每板5mg或100μl，样品与细胞接触最大浓度不超过试验系统体积的1%（有机溶剂）、10%（水性溶剂）。体内试验样品与动物接触最大体积是：小鼠为20ml/kg体重，大鼠为10ml/kg。非毒性试验样品制备液最大剂量水平为2000mg/kg，毒性试验样品制备液则需要对剂量进行探索和验证。

3.试验样品不溶于与试验系统相容的溶剂中，且残留物含量未达到一定水平时 参照GB/T 16886.12要求进行浸提。体外试验中，在样品与细胞接触时，当选用含血清培养基作为浸提介质时，以原液状态接触试验系统，当选择不含血清作为浸提介质时，接触试验体系前应补加血清（5%~10%）；当使用生理盐水为浸提介质时，需使用含血清培养基稀释至10%；使用DMSO或乙醇为浸提介质时，需使用含血清培养基稀释至1%。与细菌接触时，按GB/T 16886.12常规要求制备浸提液，参考最高剂量浸提液浓度不低于400mg/ml。体内试验中，取浸提液经静脉或腹腔注射给动物，小鼠最大接触体积为20ml/kg体重，大鼠最大接触体积为10ml/kg。

拓展阅读

遗传毒性试验常用标准

GB/T 16886.3—2019《医疗器械生物学评价　第3部分：遗传毒性、致癌性和生殖毒性试验》

YY/T 0870.1—2013《医疗器械遗传毒性试验　第1部分：细菌回复突变试验》

YY/T 0870.2—2019《医疗器械遗传毒性试验　第2部分：体外哺乳动物细胞染色体畸变试验》

YY/T 0870.3—2019《医疗器械遗传毒性试验　第3部分：用小鼠淋巴瘤细胞进行的TK基因突变试验》

YY/T 0870.4—2014《医疗器械遗传毒性试验　第4部分：哺乳动物骨髓红细胞微核试验》

YY/T 0870.5—2014《医疗器械遗传毒性试验　第5部分：哺乳动物骨髓染色体畸变试验》

YY/T 0870.6—2019《医疗器械遗传毒性试验　第6部分：体外哺乳动物细胞微核试验》

YY/T 0127.10—2009《口腔医疗器械生物学评价　第2单元：试验方法　鼠伤寒沙门杆菌回复突变试验（Ames试验）》

YY/T 0127.16—2009《口腔医疗器械生物学评价　第2单元：试验方法　哺乳动物细胞体外染色体畸变试验》

YY/T 0127.17—2014《口腔医疗器械生物学评价　第17部分：小鼠淋巴瘤细胞（TK）基因突变试验》

二、细菌回复突变试验的方法

（一）适用范围

本试验使用某些医疗器械/材料浸提液或器械原液进行，适用于对供试液引起细菌产生潜在DNA损伤的风险进行评价。

（二）原理

鼠伤寒沙门菌组氨酸营养缺陷型菌株因为不能合成组氨酸，在缺乏组胺酸的培养基上，仅有少数自发回复突变的细菌生长。假如有突变物存在，则营养缺陷型细菌回复突变成原养型，能在培养基上生长并形成菌落，据此结果可判断，受试物是否为致突变物。某些致突变物需要代谢活化后才能引起回复突变，故需加入大鼠肝制备的S9混合液进行活化。

（三）方法

1.菌种选择与鉴定　选用从认可贮源获取的标准菌株，至少选用4株鼠伤寒沙门菌突变型菌株，推荐组合为TA97（或T97a、TA1537）、TA98、TA100、TA102［或大肠杆菌WP2uvrA、WP2uvrA（pKM101）］、TA1535（可选）。

获取菌株在用于试验之前，需要对其基因型和自发回复突变菌落数进行鉴定，以保证其某些特性未丢失或变异，菌株鉴定结果应符合下表5-28。

表5-28　菌株鉴定要求

菌株	基因型					自发突变菌落数
	组氨酸缺陷	脂多糖屏障缺失	R因子	抗四环素	uvrB修复缺陷	
TA97	+	+	+	–	+	90~180
TA98	+	+	+	–	+	30~50
TA100	+	+	+	–	+	120~200
TA102	+	+	+	+	–	240~320
TA1535	+	+	–	–	+	10~35
TA1537	+	+	+	–	+	3~28
WP2（pKM101）	+	+	+	–	+	7~23

注：自发回复突变数可经验证建立各实验室的范围。

2.样品制备及分组

（1）试验组　按要求制备的医疗器械或材料浸提液。如试验样品对试验菌株有抑制作用（表现为细胞毒性或生长抑制率超过50%），应通过预试验进行合理的稀释，一般包括5个试验浓度梯度，浓度范围包括细胞毒性从最大到最小或无细胞毒性，选择小或无细胞毒性浓度进行试验。并可根据研究需要进一步分剂量组。如试验液无细胞毒性，则使用100%原液进行单剂量试验。

（2）阴性对照组　空白浸提介质。

（3）阳性对照组　各阳性剂选择因菌种及试验体系内是否存在活化系统而定，阳性物中，2-氨基芴宜使用DMSO配制，其余阳性物使用无菌注射用水配制，各阳性物按照表5-29要求使用。

表5-29　推荐阳性物

菌株	–S9	+S9
TA97	敌克松（1.0mg/ml）	敌克松（1.0mg/ml）
TA98	敌克松（1.0mg/ml）	敌克松（1.0mg/ml）
TA100	敌克松（1.0mg/ml）	2-氨基芴（0.1mg/ml）
TA102	甲基磺酸甲酯（1.0mg/ml）	甲基磺酸甲酯（1.0mg/ml）
TA1535	叠氮化钠（1.0mg/ml）	2-氨基芴（0.1mg/ml）
TA1537	敌克松（1.0mg/ml）	敌克松（1.0mg/ml）
WP2（pKM101）	叠氮化钠（1.0mg/ml）	叠氮化钠（1.0mg/ml）

（4）S9混合液的配制　S9为大鼠肝匀浆经低温离心后获取的上清液，使用前应经过无菌检查并经诱变剂鉴定生物活性合格。目前有市售S9肝匀浆液供使用。S9应配制成10% S9混合液（S9mix）应用，S9mix应临用时新鲜无菌配制，置于冰浴中待用。

每10ml S9mix参考配制方法见表5-30。

表5-30　每10ml S9mix参考配制方法

材料	用量
磷酸盐缓冲液（0.2mol/L，pH 7.4）	6.0ml
KCl（1.65mol/L）	0.2ml
MgCl（0.4mol/L）	0.2ml
葡萄糖-6-磷酸盐缓冲液（0.05mol/L）	1.0ml
辅酶-Ⅱ溶液（0.025mol/L）	1.6ml
肝S9液	1ml

3.增菌培养　营养肉汤培养基5ml，加入无菌小锥形瓶或试管中，将冷冻保存的菌株培养物接种于营养肉汤培养基内，在（37±2）℃、（115~125r/min）振荡培养10~12小时至对数增长期，活菌数不少于每毫升1×10^9个，培养瓶宜用锡纸包裹避光。

4.平板掺入法　将融化顶层培养基分装于无菌小试管，每管2cm，在45℃水浴中保温。在保温的顶层培养基中依次加入每种试验菌株新鲜菌液0.1ml，混匀；试验样品组加入0.1ml试验液或对照液，活化组再加0.5ml 10%S9混合液，无活化组加0.5ml磷酸盐缓冲液（0.2mol/L，pH7.4）。加样参照表5-31。

表5-31　平板渗入法加样示例

加样	试验样品组 活化组	试验样品组 无活化组	阴性对照组 活化组	阴性对照组 无活化组	阳性对照组 活化组	阳性对照组 无活化组
新鲜菌液	0.1ml	0.1ml	0.1ml	0.1ml	0.1ml	0.1ml
材料浸提液	0.1ml	0.1ml	/	/	/	/
空白浸提介质	/	/	0.1ml	0.1ml	/	/
阳性诱变剂	/	/	/	/	0.1ml	0.1ml
10%S9混合液	0.5ml	/	0.5ml	/	0.5ml	/
磷酸盐缓冲液	/	0.5ml	/	0.5ml	/	0.5ml

每组平行制备3管，混匀后迅速将每管溶液分别倾入底层培养基上，转动平皿使顶层培养基均匀分布在底层上，平放固化。

所有平皿倒置于37℃培养箱中培养48~72小时后观察结果。

平板渗入法是细菌回复突变试验的标准试验法，对于某些试验物可在细菌与受试物接触阶段时进行预培养，可提高试验的灵敏度。

5.结果判定　培养结束后计数并记录每一平皿回变菌落数，每组3个平皿，取平均值。在背景生长良好条件下，任意一菌株，在加S9或不加S9条件下，试验样品组回复突变菌落至少为阴性对照组回变菌落数的两倍或两倍以上（回变菌落数≥2×阴性对照数），即为阳性反应。

重复试验条件：阴性对照组回复突变菌落数应在预期范围内，阳性对照组回复突变菌落数应至少为阴性对照3倍，否则应对不在范围内的菌株进行重新试验。

三、体外哺乳动物细胞染色体畸变试验的方法

（一）适用范围

使用某些医疗器械/材料浸提液或器械原液进行本试验，适用于对供试液引起哺乳动物细胞

产生潜在染色体损伤的风险进行评价。

（二）原理

哺乳动物细胞暴露于试验液中后，使用中期分裂相阻断剂处理，使细胞停留在中期分裂相，通过收集观察细胞染色体结构，评价受试物致突变的风险。某些致突变物需要代谢活化后才能引起回复突变，故需加入大鼠肝制备的S9混合液进行活化。

（三）方法

1.细胞培养 选用从认可贮源获取的已建立细胞系细胞株，在生长性能、染色体数目、核型、自发染色体畸变率方面有一定稳定性。通常采用中国地鼠卵巢细胞株（CHO，$2n=22$）、中国地鼠肺细胞株（CHL，$2n=25\pm1$）或中国仓鼠肺细胞株（V79，$2n=22\pm1$）。试验前细胞至少传代一次，用显微镜观察细胞状况，确认细胞生长良好。

2.样品制备及分组

（1）试验组 按要求制备的医疗器械或材料浸提液。如试验样品对细胞株可产生毒性作用，应通过预试验进行合理的稀释，一般包括3个试验浓度梯度，浓度范围包括细胞毒性从最大到最小或无细胞毒性，选择小或无细胞毒性浓度进行试验，并可根据研究需要进一步分剂量组。如试验液无细胞毒性，则使用100%原液进行单剂量试验。

（2）阴性对照组 空白浸提介质。

（3）阳性对照组 无活化组可选用甲磺酸甲酯（MMS，参考终浓度20μg/ml）、甲磺酸乙酯（EMS）、乙基亚硝基脲、丝裂霉素C（MMC）、4-硝基喹啉-N-氧化物；有活化组可选用苯并（a）芘、环磷酰胺（CPA，参考终浓度10μg/ml）。

（4）S9混合液的配制 S9为大鼠肝匀浆经低温离心后获取的上清液，使用前应经过无菌检查并经诱变剂鉴定生物活性合格。目前有市售S9肝匀浆液供使用。S9应配制成S9混合液（S9mix）应用，使用终浓度可为1%~10%，S9mix应临用时新鲜无菌配制，置于冰浴中待用。每1ml S9mix参考配制方法见表5-32。

表5-32 S9mix 配制方法

材料	用量
肝S9液	0.125ml
KCl（1.65mol/L）	0.02ml
MgCl（0.4mol/L）	0.02ml
葡萄糖-6-磷酸盐	1.791mg
辅酶-Ⅱ	3.0615mg
细胞培养基	补足至1ml

3.样品接触 将传代48~72小时生长旺盛的细胞，经2.5g/L胰酶消化分解，调整细胞浓度为每毫升5×10^4个，置37℃、5%二氧化碳培养箱内培养24小时后，吸去培养液。加入试验样品或对照品，S9混合液（不加S9混合液时，使用培养基补足）和细胞培养液加样完成后置于培养箱中，有代谢活化系统接触3~6小时，无代谢活化系统接触24小时，吸去培养皿中液体，用Hanks液洗细胞3次，加入新鲜细胞培养液继续培养，并在接触开始后约1.5倍的正常周期采样。收获细胞前2~4小时加入秋水仙素，终浓度0.1~1μg/ml。以试验体系为4ml为例，加样示例如表5-33所示。

表5-33　染色体畸变试验加样示例

组别	培养液	加样	S9mix	秋水仙素	接触时间
样品组	3.5ml	浸提液0.1ml	0.4ml		短期接触
样品组	3.9ml	浸提液0.1ml	/		长期接触
阴性对照组	3.5ml	浸提介0.1ml	0.4ml	0.16ml	短期接触
阴性对照组	3.9ml	浸提介0.1ml	/	终浓度0.4μg/ml	长期接触
阳性对照组	3.5ml	环磷酰胺0.1ml	0.4ml		短期接触
阳性对照组	3.9ml	甲磺酸甲酯0.1ml	/		长期接触

4.细胞收获及制片

（1）消化　用胰酶消化细胞，待细胞脱落后加入含血清培养基终止胰酶作用，混匀成细胞悬液，将细胞悬液转移至离心管内。

（2）离心　细胞悬液以500g离心8分钟，弃去上清液，加入0.075mol/L KCl 5ml吹打均匀后37℃水浴处理10~20分钟，加入固定液1~2ml混匀，以1500r/min离心5分钟，弃去上清液。

（3）固定　加入5~7ml固定液，混匀后固定10~20分钟，以1500r/min离心5分钟，弃去上清液，同法重复固定1~2次，弃去上清液。

（4）滴片　重新加入固定液制备悬混液，将悬混液滴于冰冻的载玻片上，自然干燥。

（5）染色　将滴片用吉姆萨应用液染色，晾干备用。

（6）阅片　先在低倍镜下选择染色体分散良好的中期分裂相细胞，然后在油镜下观察并记录染色体畸变情况。

5.读片和结果处理　每只动物至少分析300个分散良好的中期分裂相细胞（染色体数为$2n \pm 2$），观察项目如下。

（1）染色体数目的改变　①非整倍体：亚二倍体或超二倍体。②多倍体：染色体成倍增加。③核内复制：每四条染色单体并排的特殊多倍体现象。

（2）染色体结构的改变　①断裂：损伤长度大于染色体宽度。②裂隙：损伤长度小于染色单体的宽度（图5-6）。③微小体：较断片小而成圆形，且比染色单体的宽度小。④双微小体：成对的染色质小体。⑤有着丝点环：带有着丝点部分，两端形成环状结构并有一对无着丝点断片。⑥无着丝点环：环状结构（图5-7）。⑦单体互换：形成三辐体、四辐体或多种形状的图像（图5-8）。⑧非特定型变化：如粉碎化、着丝点细长化、黏着等。

记录染色体结构畸变类型（含或不含裂隙），裂隙应记录和报告，但不计入总的畸变率，使用SPSS软件对获取的数据进行卡方检验。

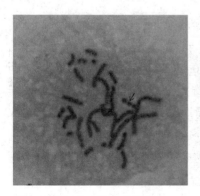

图5-6　染色体裂隙

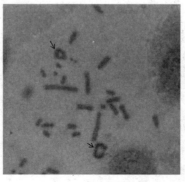

图5-7　环状染色体

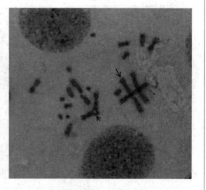

图5-8　单体互换

6.结果判断

（1）阳性判断标准　如果满足了所有的可接受标准，当满足以下试验条件时，短期接触组（有和无代谢活化系统）和长期接触组（无代谢活化系统）中任一组试验样品结果被认为明确的阳性：①与阴性对照相比，染色体结构畸变率在统计上显著地增加；如存在多剂量组试验时，当用适当的浓度梯度测试进行评估存在与剂量相关的增加；②任一组结果超出了历史的阴性对照数据的分布范围（例如，95%的控制限值）。

（2）阴性判断标准　如果满足了所有的可接受标准，当满足以下试验条件时，短期接触组（有和无代谢活化系统）和长期接触组（无代谢活化系统）中的试验样品结果被认为明确的阴性：①与阴性对照相比，染色体结构畸变率在统计上无显著的增加；如存在多剂量组试验时，当用适当的浓度梯度测试进行评估时不存在与浓度相关的增加；②所有结果都在历史阴性对照数据的分布范围内（例如，95%控制限值）。

四、体内哺乳动物骨髓染色体畸变试验的方法

（一）适用范围

使用某些医疗器械/材料浸提液或器械原液进行本试验，适用于对经或不经代谢即可到达血液循环或骨髓组织的供试液引起哺乳动物骨髓细胞产生潜在染色体损伤的风险进行评价。

（二）原理

试验液经适当的途径给予哺乳动物后，使用中期分裂相阻断剂处理，使细胞停留在中期分裂相，通过收集动物骨髓细胞，观察染色体结构，评价受试物致突变的风险。

（三）方法

1.动物分组　实验动物选择7~12周龄，KM小鼠，体重25~30g，所选动物应分为试验组、阴性对照组、阳性对照组，每组10只，雌雄各半或经验证仅采用单一性别，每组6只。

2.样品制备及分组

（1）试验组　按要求制备的医疗器械或材料浸提液，或根据产品特性和临床使用要求，直接应用终产品。如试验样品对实验动物可能产生毒性作用时，应通过预试验进行合理的稀释，一般包括3个试验浓度梯度，浓度范围覆盖最大到最小或无毒性，选择出现中毒体征但不产生动物死亡的最大浓度作为高剂量进行试验，或有丝分裂指数降低50%以上的剂量作为最高剂量。并可根据研究需要进一步分剂量组。如试验液无明显毒性，则推荐使用100%原液进行单剂量试验。

（2）阴性对照组　空白浸提介质同法制备。

（3）阳性对照组　环磷酰胺（CPA）：使用无菌注射用水或生理盐水配制，给药剂量50mg/kg。

3.动物处理　试验组和阴性对照组根据产品使用途径，选择合适的方法给药，并设计合理的给药周期，最大给药剂量为50ml/kg。阳性对照组采用环磷酰胺50mg/kg剂量同法单次给药。给药结束后可根据细胞周期和供试品作用及代谢特点，通过预试验选定最佳采样时间。如两点采样法：第一次采样在末次注射后12~18小时（即相当于1.5倍细胞周期），第二次采样时间在第一次采样后24小时。每次采样前4小时，按照4mg/kg体重腹腔注射秋水仙素。

4.骨髓细胞收获及制片　使用人道方法处死动物后，取动物取股骨：剪去2端，用5ml生理盐水冲洗骨髓。或取胸骨，用止血钳挤压，收集骨髓细胞悬液。分散细胞于5ml生理盐水中。

（1）离心　细胞悬液以1500r/min离心5分钟，弃去上清液，加入0.075mol/L KCl 5ml吹打均匀后37℃水浴处理10~20分钟，加入固定液1~2ml混匀，以1500r/min离心5分钟，弃去上清液。

（2）固定 加入5~7ml固定液，混匀后固定10~20分钟，以1500r/min离心5分钟，弃去上清液，同法重复固定1~2次，弃去上清液。

（3）滴片 重新加入固定液制备悬混液，将悬混液滴于冰冻的载玻片上，自然干燥。

（4）染色 将滴片用吉姆萨应用液染色，晾干备用。

（5）阅片 先在低倍镜下选择染色体分散良好的中期分裂相细胞，然后在油镜下观察并记录染色体畸变情况。

5.读片结果及处理 所有剂量组每只动物至少分析1000个细胞测定有丝分裂指数，以确定细胞毒性。每只动物至少分析100个分散良好的中期分裂相细胞（染色体数为$2n \pm 2$），记录每一动物出现畸变染色体的数目及畸变类型，当动物之间无明显性别差异时可将结果合并统计。观察项目如下。

（1）染色体数目的改变 ①非整倍体：亚二倍体或超二倍体。②多倍体：染色体成倍增加。③核内复制：每四条染色单体并排的特殊多倍体现象。

（2）染色体结构的改变 ①断裂：损伤长度大于染色体宽度。②裂隙：损伤长度小于染色单体的宽度。③微小体：较断片小而成圆形，且比染色单体的宽度小。④双微小体：成对的染色质小体。⑤有着丝点环：带有着丝点部分，两端形成环状结构并有一对无着丝点断片。⑥无着丝点环：环状结构。⑦单体互换：形成三辐体或四辐体或多种形状的图像。⑧非特定型变化：如粉碎化、着丝点细长化、黏着等。

记录染色体结构畸变类型（含或不含裂隙），裂隙应记录和报告，但不计入总的畸变率，使用SPSS软件对获取的数据进行卡方检验。

6.结果判断

（1）阳性判断标准 当出现以下两种情况之一即可判定试验样品在本试验条件下具有致染色体畸变性：①试验样品引起染色体结构畸变数增加具有统计学意义，并有与剂量相关的增加；②试验样品在任何一个剂量条件下引起具有统计学意义并有可重复性的阳性反应。

（2）重新试验 阴性对照组染色体畸变率应在正常范围内（通常 <4.9%），否则应重新试验。

五、体外哺乳动物细胞基因突变试验的方法

（一）适用范围

使用某些医疗器械/材料浸提液或器械原液进行本试验，适用于对供试品引起哺乳动物细胞产生潜在致基因突变（包括碱基对突变、移码突变和缺失等）的风险进行评价。

（二）原理

TK基因位于常染色体上，TK基因位点的突变可反映包括基因突变、基因缺失、基因转变、易位及有丝分裂重组等遗传改变，对遗传毒物的检测更广泛。哺乳动物细胞分别在加与不加代谢活化物S9混合液的情况下，分别暴露于试验液中后，将细胞继续进行培养。胸苷激酶正常水平的细胞对三氟胸苷敏感，因而在培养液中不能生长分裂，突变细胞则不敏感，能在培养液中继续分裂，形成集落，基于突变的集落数计算突变频率，以评价致突变性。

（三）方法

1.细胞培养 选用从认可贮源获取的已建立细胞系细胞株。TK位点突变分析常采用小鼠淋巴瘤细胞株（L5178Y TK+/-3.7.2C）。试验前细胞至少传代一次，用显微镜观察细胞状况，确认细胞生长良好。适时检查冻存细胞的自发突变频率，自发突变频率应控制在$35 \times 10^{-6} \sim 140 \times 10^{-6}$范围

内，当突变频率偏高时，应对自发突变细胞进行清除。

2.样品制备及分组

（1）试验组　按要求制备的医疗器械或材料浸提液。如试验样品对细胞株可产生毒性作用，应通过预试验进行合理的稀释，一般在相对存活率为阴性对照组的20%~80%范围内设置4个试验浓度梯度。如试验液无细胞毒性，则使用100%原液进行单剂量试验。

（2）阴性对照组　空白浸提介质。

（3）阳性对照组　无活化组可选用甲磺酸甲酯（MMS，使用含1% DMSO无血清培养基配制，参考浓度10μg/ml）、甲磺酸乙酯（EMS）、丝裂霉素C（MMC）；有活化组可选用7，12-二甲基苯蒽（参考浓度2.5μg/ml）、环磷酰胺（CPA，使用无血清培养基配制，参考浓度10μg/ml）。

（4）S9混合液的配制　S9为大鼠肝匀浆经低温离心后获取的上清液，使用前应经过无菌检查并经诱变剂鉴定生物活性合格。目前有市售S9肝匀浆液供使用。S9应配制成S9混合液（S9mix）应用，使用终浓度可为1%~10%，S9mix应临用时新鲜无菌配制，置于冰浴中待用。每1ml S9mix参考配制方法如表5-32。

3.样品接触　取生长良好的细胞，调整细胞浓度为1×10^6/ml，置于二氧化碳培养箱内培养，使用前计算细胞密度和细胞活力。无活化系统组取10ml细胞悬液、9ml试验或对照样品、1ml的150mmol/L氯化钾溶液混合。有活化系统组取10ml细胞悬液、9ml试验或对照样品、1ml的S9混合液混合。加样范例参见下表5-34。

表5-34　小鼠淋巴瘤细胞基因突变试验加样示例

组别	细胞悬液（ml）	加样	S9mix	接触时间
样品组	10ml	浸提液9ml	1ml	接触3~6h
样品组	10ml	浸提液9ml	KCl溶液1ml	接触24h
阴性对照组	10ml	浸提介质9ml	1ml	接触3~6h
阴性对照组	10ml	浸提介质9ml	KCl溶液1ml	接触24h
阳性对照组	10ml	环磷酰胺9ml	1ml	接触3~6h
阳性对照组	10ml	甲磺酸甲酯9ml	KCl溶液1ml	接触24h

上述组别中的活化组，振荡培养（振荡频率为每分钟70~80转）3~6小时，无活化组同法培养24小时。培养结束后，取上述混合液200g离心5分钟，去除上清液，用无血清RPMI1640培养基洗涤细胞2次，用RPMI1640培养基重悬细胞，调整细胞浓度为每毫升3×10^5个，作为细胞悬液A。细胞悬液A在37℃，5%二氧化碳饱和湿度下继续培养2天，每天计数细胞密度并保持密度在每毫升10^6个以下，2天后检查细胞浓度并调整至每毫升3×10^5个，作为细胞悬液B。

（1）PE$_0$平板　取细胞悬液A，梯度稀释至细胞数量为每毫升8个，接种96孔板，每孔加0.2ml（每孔平均细胞接种数为1.6个）。每组接种2块平板，将平板放置于CO$_2$培养箱37℃，5%二氧化碳饱和湿度下培养11~14天。

（2）PE$_2$平板　取细胞悬液B，同法接种2块平板，将平板放置于CO$_2$培养箱37℃培养，5%二氧化碳饱和湿度下继续培养11~14天。

（3）TFT拮抗平板　取细胞悬液B，调整细胞浓度至每毫升1×10^4个，加入TFT（终浓度为3μg），接种96孔板，每孔加0.2ml（即每孔细胞接种2000个）。每组接种2块平板，将平板放置于CO$_2$培养箱37℃，5%二氧化碳饱和湿度下继续培养11~14天。

4.结果观察与计算　观察计数各平板无集落生长孔数、集落大小，分别对大集落（图5-9）和小集落（图5-10）进行计数，并按照式（5-5）、式（5-6）、式（5-6）、式（5-8）计算各组平板效率、相对存活率、TFT抗性突变率、小集落突变率。

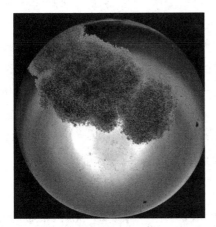 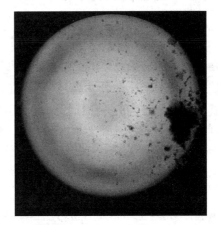

图5-9 细胞集落（大集落）　　　图5-10 细胞集落（小集落）

（1）平板效率

$$PE = \frac{-\ln(EW/TW)}{1.6} \times 100\% \qquad (5-5)$$

式中，PE为平板效率，PE_0或PE_2；EW为无集落生长的孔数；TW为平板总孔数。

（2）相对存活率

$$RS = \frac{PE_{0a}}{PE_{0b}} \times 100\% \qquad (5-6)$$

式中，RS为相对存活率，RS_0或RS_2；PE_{0a}为试验样品组平板效率；PE_{0b}为阴性对照组平板效率。

（3）TFT抗性突变频率

$$MF = \frac{[-\ln(EW/TW)]/N}{PE_2} \qquad (5-7)$$

式中，MF为TFT抗性突变频率$\times 10^{-6}$；EW为无集落生长的孔数；TW为平板总孔数；N为每孔接种细胞数，2000；PE_2为第二天的平板接种效率。

（4）小集落突变率（SCM）

$$SCM = \frac{S\text{-}MF}{T\text{-}MF} \times 100\% \qquad (5-8)$$

式中，S-MF为小集落突变频率；T-MF为总突变频率。

5.结果判定 当阴性对照PE_0在60%~140%，PE_2在70%~130%，小集落突变率在30%~60%，阳性对照T-MF与阴性对照有显著差异，或比阴性对照高100×10^6以上，则试验有效，否则应重新试验。

试验组T-MF未见明显增高，可判断为阴性。

试验组T-MF出现有统计学意义的剂量反应性增长，与阴性对照有显著性差异，或比阴性对照高100×10^{-6}以上且具有重复性，判断为阳性。

六、啮齿类动物体内微核试验

（一）适用范围

使用某些医疗器械或材料浸提液或器械原液进行本试验，适用于对经或不经代谢即可到达血液循环或骨髓组织的试验液引起哺乳动物成红细胞染色体发生断裂或是染色体和纺锤体联结损伤的风险进行评价。

（二）原理

微核是染色单体和染色体的无着丝点断片，或因纺锤体受损而丢失的整个染色体，在细胞分裂后期仍遗留在细胞质中，作为染色体受损的证据。骨髓中嗜多染红细胞是分裂后期的红细胞，由幼年发展为成熟红细胞的一个阶段，此时，红细胞的主核排除，吉姆萨染色呈灰蓝色，微核容易辨认。哺乳动物经供试验液给药后，取骨髓制备涂片，对含微核的嗜多染红细胞进行观察计数，可对染色体损伤情况进行评估。

（三）方法

1. 动物选择与分组　实验动物可选择7~12周龄，KM小鼠，体重25~30g；Wistar大鼠，体重150~200g；SD大鼠，体重130~170g。所选动物应分为试验组、阴性对照组、阳性对照组，每组10只，雌雄各半或仅采用单一性别，每组6只。

2. 样品制备及分组

（1）试验组　按要求制备的医疗器械或材料浸提液，或直接使用终产品。如怀疑试验样品可能对实验动物产生毒性时，应进行预试验，设置3个剂量水平，覆盖毒性从最大到无，高剂量应为达到不产生动物死亡的最大剂量或动物骨髓产生某些中毒体征的剂量。

（2）阴性对照组　空白浸提介质。

（3）阳性对照组　环磷酰胺（CPA）：使用无菌注射用水配制，给药剂量50mg/kg。

3. 动物处理　根据动物的大小确定一次给药的最大给液量，推荐小鼠不超过20ml/kg，供试液可根据其特性选择静脉注射或腹腔注射。阳性对照组推荐采用50mg/kg腹腔注射，给药周期一般采用30小时处理法分两次进行给药，第一次注射后24小时进行第2次注射，注射结束6小时后处死动物。

4. 制片

（1）涂片　打开胸腔，取胸骨横向剪开，暴露骨髓腔，然后用止血钳挤出骨髓液。将骨髓液滴在载玻片一端的小牛血清液滴里，仔细混匀，按血常规涂片法涂片。

（2）固定　涂片自然干燥后，使用甲醇溶液固定10~15分钟，取出晾干。

（3）染色　使用吉姆萨染色液染色10~15分钟，然后立即用pH6.8的磷酸盐缓冲液冲洗，晾干，封片。

5. 结果观察与计算　观察计数：先用低倍镜，选择分布均匀、染色较好的区域，在油镜下观察计数。细胞中含有的微核多数呈圆形，边缘光滑整齐，呈紫红色或紫蓝色，直径为红细胞的1/20~1/5（图5-11），细胞内可出现一个或多个微核，当出现多个微核时，也只按照1个来计数。每只动物计数1000个嗜多染红细胞（PCE）中含微核（MN-PCE）细胞数，以千分率表示微核率。计数200个红细胞中嗜多染红细胞（PCE）与正染红细胞（NCE）比值，用于判定供试液细胞毒性。试验组的PCE/NCE应不少于阴性对照20%。阴性对照组微核率应<0.5%。使用SPSS软件对获取的数据进行卡方检验。

6. 结果判定

（1）阳性结果判定标准　与阴性对照组相比，与剂量相关的MN-PCE数显著增加，且具有重复性。

（2）阴性结果判定标准　与阴性对照组相比，MN-PCE数无统计学差异。

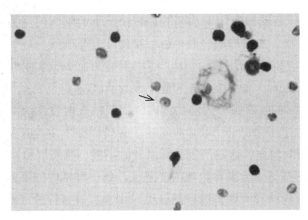

图5-11 微核（箭头所指）

PPT

第九节 血液相容性试验

一、概述

（一）相关概念

医疗器械血液相容性评价试验用于评价医疗器械与血液相互作用，医疗器械与血液接触后，会对血细胞、凝血系统、补体系统、血栓形成、免疫反应等造成影响。由于这是一个复杂的过程，涉及较多的参数和因子的参与，故而在试验项目的选择、试验方法的设计上，均缺乏详细的试验要求，本部分提出的试验方法仅可作为参考。

（二）适用范围

医疗器械血液相容性评价适用于下述三大类器械：与血路接触的外部接入器械，包括直接或间接接触，如血管内导管、输液器、血管插管、留置针等；与循环血液接触的外部接入器械，如血液透析器/血液过滤器、血液透析导管、血管内导管等；植入血管系统的植入器械，如人工心脏、人工心脏瓣膜、人工血管或血管移植物、血管支架、栓塞器械等。

（三）试验设计原则

应只使用器械中直接或间接接触血液的部件进行试验，并以适当的模型或系统模拟器械临床使用时的几何形状和与血液接触的条件。模拟参数如：接触时间、温度、灭菌条件、抗凝剂、血流条件等。

试验阴性对照应选择已经临床应用过并认可的实质等同比较的器械或经充分表征过的材料。所使用的阴性或阳性对照材料均应符合制造商和实验室的全面质量控制和质量保证规范，材料和器械的来源、制造商、等级、型号、生产日期和批号、注册证号均应提供。

1.**试验项目及类型** 常见的血液相容性评价试验分类如下。

（1）按项目分类 溶血试验、血栓形成（体内、半体内、体外）、凝血（PTT、纤维蛋白、凝血酶）、血小板（血小板激活、血小板计数、血小板形态、血小板黏附）、血液学（全血细胞计数、白细胞计数）、补体系统（C3a，SC5b-9）。

（2）按类型分类 体内试验、半体内试验、体外试验。

医药大学堂
WWW.YIYAODXT.COM

1）体外试验　以模拟各器械应用中预期的最坏情况下的临床使用为原则，采集离体血液与器械接触，可用于评价溶血、血栓形成、血小板和凝血反应等项目。

2）半体内试验　常应用于外部接入器械，适用于监测血小板黏附、血栓形成、纤维蛋白原沉积、血栓重量、白细胞黏附、血小板消耗和血小板激活试验。

3）体内试验　需将材料或器械植入动物体内，用于植入血管系统的植入器械，器械植入一定周期后取出，可用以测定闭塞百分率和血栓重量，评价器械下游器官及末端器官血栓形成的程度，在研究过程中，也可对溶血、血栓形成、凝血、血小板、血液学和补体系统参数进行研究。

在上述项目中，并不是每个类别参数都需要测试，每个类别中的不同测试参数的针对性也不同，不可互相等价替换，应结合所评价的产品分类、用途、研究背景资料，以选择具体的项目参数用以评估。

📖 拓展阅读

血液相容性试验常用标准

GB/T 16886.4—2003《医疗器械生物学评价　第4部分：与血液相互作用试验选择》

GB/T 14233.2—2005《医用输液、输血、注射器具检验方法　第2部分：生物学试验方法》

YY/T 1649.1—2019《医疗器械与血小板相互作用试验　第1部分：体外血小板计数法》

YY/T 0878.1—2013《医疗器械补体激活试验　第1部分：血清全补体激活》

YY/T 0878.2—2015《医疗器械补体激活试验　第2部分：血清旁路途径补体激活》

YY/T 0878.3—2019《医疗器械补体激活试验　第3部分：补体激活产物（C3a和SC5b-9）的测定》

二、溶血试验

（一）适用范围

本试验使用某些医疗器械或材料与血液直接接触，对接触后使红细胞产生溶血的风险进行评价。

（二）原理

医疗器械与血液直接接触后，如引起红细胞的损伤，红细胞破裂后释放血红蛋白，通过分光光度计测试吸光度以判断释放出的血红蛋白含量，从而评价体外溶血程度。

（三）方法

1. 新鲜稀释抗凝兔血制备　使用健康普通级新西兰兔，根据试验用血量进行心脏采血，按20∶1的比例加入2%草酸钾溶液进行抗凝，混匀，制备成新鲜抗凝兔血后，将新鲜抗凝兔血按4∶5的比例加入0.9%氯化钠注射液进行稀释，混匀，制备成新鲜稀释抗凝兔血。

2. 样品制备及分组

（1）试验组　称取待检器械15g，管类器械切成约0.5cm长小段，其他类型器械切成约0.5cm×2cm条状或相应大小块状。试验样品如为其他不适宜采用上述方法制备的情况下，参照GB/T 16886.12规定的浸提比例制备供试品，切成规定的尺寸。

（2）阴性对照组　氯化钠注射液。

（3）阳性对照组　纯化水。

3.方法

（1）直接接触法　供试品每管加入供试品5g，每管加入氯化钠注射液10ml；阴性对照组无供试品，每管加入氯化钠注射液10ml；阳性对照组每管加入纯化水10ml，所有试验组均平行制备3管。

（2）间接接触法　供试品按GB/T 16886.12要求制备浸提液，取氯化钠注射液制备的浸提液10ml直接使用，阴性对照组取空白氯化钠注射液，不含试验样品同法操作，阳性对照同上。

将全部试管放入恒温水浴箱中，在（37±1）℃条件下水浴。孵育30分钟后，向每支试管分别加入0.2ml新鲜稀释抗凝兔血。混匀后，继续放在恒温水浴箱中，在（37±1）℃条件下，孵育60分钟。水浴结束后，混匀并吸出每支试管内的液体于新的丙烯塑料管，置于离心机中，800g离心力条件下离心5分钟。最后分别吸取离心后各管的上清液，置于紫外分光光度计的比色皿中，在545nm波长处测定其吸光度。并按照式（5-9）计算溶血率。

$$溶血率 = \frac{A - B}{C - B} \times 100\% \qquad (5-9)$$

式中，A为供试品液平均吸光度；B为阴性对照液平均吸光度；C为阳性对照液平均吸光度。

4.结果判定　根据医疗器械预期临床用途和器械材料特性，确定适宜的判定指标，合格判定指标一般规定为溶血率应小于5%。

三、补体检测的方法（C3a）

（一）适用范围

本试验使用某些医疗器械或材料与血液直接接触，对接触后使C3a补体发生改变的风险进行评价。

（二）原理

医疗器械在指定条件下与血液直接接触后，应用市售ELISA试剂盒测定血清中补体系统活化产生C3a的浓度。

（三）方法

1.新鲜兔血清　使用健康普通级新西兰兔，根据试验用血量进行心脏采血，置于聚丙烯管中，室温下血液自然凝固后置于离心机中，2000g离心20分钟，分离血清备用。

或使用新鲜健康人血清：4℃下静置30分钟，4℃条件下（1500±50）g离心10分钟，取上清，4小时内使用。

2.样品制备及分组

（1）试验组　选择器械中与血液接触的组件或材料，参照GB/T 16886.12规定的浸提比例制备供试品（如接触血液量为2ml，则按照0.2g/ml比例，选择0.4g样品用于试验），切成规定的尺寸。

（2）阴性对照组　采用已经临床应用过并认可的同类器械，与试验组器械同法操作。

（3）阳性对照组　眼镜蛇毒因子（接触浓度40μl/0.5ml）、酵母聚糖A、菊糖。

（4）空白对照组　不加任何试验样品仅含血清的空白管。

3.方法　向供试品管、参照品管和空白对照管中分别加入定量的新鲜兔血清或人血清，所有试验组均平行制备3管。然后将其放入恒温水浴箱中，在（37±1）℃条件下孵育（60±5）分钟，轻轻混合每一试管，转移所有血清置于另一对应试管中并置于冰浴中以阻止补体的进一步活化，按照兔或人C3a酶联免疫分析（ELISA）试剂盒的说明书进行操作，使用酶标仪在450nm波长处测定各孔吸光度值，根据吸光度值计算出供试品组、参照品组和空白对照组C3a的含量。

4.试验结果分析　计算各组3管C3a含量平均值，并运用SPSS统计分析软件进行统计学分析，比较各组间差异。

按式（5-10）计算各试验组与空白对照或已上市同类产品对照的百分比。

$$c = \frac{C_A}{C_B} \times 100 \qquad (5-10)$$

式中，C_A为试验样品、阴性对照、阳性对照的C3a含量平均值；C_B为空白对照或已上市同类产品对照的C3a含量平均值；c为试验样品、阴性对照、阳性对照的C3a含量平均值与空白对照或已上市同类产品对照的C3a含量平均值百分比（%）。

阴性对照与空白对照百分比应在80%~120%。

四、血栓形成试验的方法（体内）

（一）适用范围

本试验使用某些医疗器械成品经体内途径与血液直接接触，对接触后血栓形成的风险进行评价。

（二）原理

医疗器械在植入动物体内环境下与血液直接接触后，取接触部位血管剖开，肉眼观察植入样品表面和血管内膜表面血栓形成情况。

（三）方法

1.实验动物的选择　采用成年健康的犬，2~3只，使用股静脉或颈静脉模型接触。

2.样品制备及分组

（1）试验组　选择器械中与血液接触的组件，与血管内接触长度不少于15cm。

（2）阴性对照组　采用已经临床应用过并认可的同类器械，与试验组器械同法操作。

3.方法　实验动物选择合适的方法麻醉，可采用静脉注射硫喷妥钠，注射剂量20mg/kg，也可采用吸入麻醉方式。麻醉后去除手术部位毛发并消毒，在静脉（图5-12）处用手术刀片做一切口，将供试品插入血管内，沿血流方向送入至少15cm，尽量让样品悬浮于血管腔内，不与血管壁接触，阴性对照品同法插入对侧血管，插入后缝合封闭切口。

器械留置于血管内4小时后静脉注射肝素，剂量为59U/kg，动物全身肝素化后5~15分钟，过量麻醉处死动物，放血后取出两侧植入样品部位血管。

4.结果观察与判定　将植入样品血管纵向剖开，肉眼观察植入样品表面和血管内膜表面上的

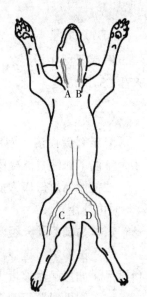

A、B：颈静脉；C、D：股动脉

图5-12　血管位置图

明显血栓的量，参照表5–35对血栓形成情况分级。

表5–35　血栓形成评分表

血栓形成描述	评分
无明显血栓形成（样品插入口小的血凝块是可接受的）	0
小血栓形成，一处	1
小血栓形成，多处	2
明显的血栓形成，小于植入物表面的1/2，血管通畅	3
明显的血栓形成，大于植入物表面的1/2，血管通畅	4
血管闭塞	5

对比样品组和试验组间血栓形成的差异，判定供试品抗体内血栓形成的性能。

第十节　热原试验

一、概述

致热性是化学制剂或其他能产生发热反应物质的一种特性，致热反应可以由材料介导、由内毒素介导或其他物质介导，比如革兰阳性细菌和真菌成分，医疗器械生物学安全评价中主要关注的是材料介导的热原反应。

当前推荐采用家兔热原试验检验材料介导的致热性，可测定宽范围的致热活性，家兔热原试验方法在《中国药典》《美国药典》《欧洲药典》和《日本药局方》中均有规定。

同时，也有通过对内源性致热原（如白细胞介素1β、白细胞介素6、肿瘤坏死因子α等内致热原）进行检测或定量的方法，如YY/T 1500—2016《医疗器械热原试验　单核细胞激活试验 人全血ELISA法》。

PPT

二、家兔法

（一）适用范围

热原试验常用于评价与血液或组织接触的医疗器械产品浸提液引起家兔体温升高的潜能。

（二）动物选择与准备

选用健康成年的新西兰白兔，雌雄不限，体重不低于1.8kg，新购进动物移进动物房后，需检疫一周方可用于试验。需执行保障实验动物福利要求，饲养条件需满足GB/T 16886.2的标准要求。

检疫期结束后，购入动物需进行预选，预选合格后方可用以试验。用于热原检查后的家兔，如供试品判为合格，则应至少休息48小时方可再供热原检查，其中升温达0.6℃的家兔应休息两周以上。如供试品判为不合格，则组内全部家兔不再使用。

（三）试验方法

1.动物预选　预选不注射药液，每隔30分钟测量体温，一次共测8次，8次体温均在38.0~39.6℃，且最高与最低体温相差不超过0.4℃的家兔方可供热原检查用。

2.试验前准备 所有与供试品接触的器皿均应无菌、无热原，去除热原采用干热灭菌法（250℃，30分钟以上）。热原检查前1到2日，家兔应尽可能处于同一温度的环境中，实验室和饲养时的温度相差不得大于3℃，应控制在17~25℃，在试验全部过程中，实验室温度变化不得大于3℃，期间，应防止动物骚动并避免噪声干扰，家兔在试验前至少一小时开始停止喂给食物，并置于宽松舒适的装置中，直至试验完毕。

测量家兔体温应使用精密度为±0.1℃的温度测温装置。肛门温度计插入肛门的深度和时间各兔应相同，深度一般约6cm，时间不少于1.5分钟，每隔30分钟测温2次，两次体温之差不超过0.2℃，以此两次体温平均值作为该兔正常体温，当日使用的家兔正常体温应在38.0~39.6℃，且同组各兔之间正常体温之差不能超过1.0℃。

取预选合格的试验用兔3只为一组，测定正常体温后15分钟内注射试验样品浸提液，注射剂量为10ml/kg。注射前先用75%乙醇消毒兔耳缘静脉，自耳缘静脉缓缓注入规定剂量并温热至约38℃的供试品。注射完毕，每隔30分钟测量体温1次，共6次。以6次体温中最高的一次减去正常体温，即为该兔体温的升高温度。

3.结果评价 在初试的3只家兔中，体温升高均低于0.6℃，且3只家兔升温总和低于1.3℃，或在复试的5只家兔中体温升高0.6℃或高于0.6℃的家兔不超过一只，或在初试、复试合并8只家兔的体温升高总和低于3.5℃，均判断供试品热原检查符合规定。体温升高0.6℃或高于0.6℃的家兔超过一只，或在复试的5只家兔中体温升高0.6℃或高于0.6℃的家兔超过一只，或在初试、复试合并8只家兔的体温升高总和超过3.5℃，均判断供试品热原检查不符合规定，当家兔升温为负值时，以0℃计算。

三、单核细胞激活试验人全血ELISA法

（一）适用范围

常用于评价与血液或组织接触的医疗器械产品浸提液引起血液中单核细胞激活后产生内致热原的潜能。

（二）试验方法

1.采血 选取4名符合质量要求的健康志愿者，采用无菌无热原抗凝采血管静脉采血，混合后4小时内使用。

2.制作浓度反应标准曲线 按照表5-36要求配置不同浓度的脂多糖（LPS O113）（溶于生理盐水），各取100µl加入盛有1ml生理盐水的1.5ml反应管中并标记，平行制备三管。

表5-36 标准曲线加样示例

管号	R0	R1	R2	R3	R4	R5	R6
浓度（pg/ml）	0	25	50	100	200	400	800

3.加样孵育 取1.5ml反应管，加入1ml生理盐水，平行准备3管，各加入100µl供试液；另取3管，加入900µl生理盐水，后加入100µl供试液，再加入100µl R3（100pg/ml）用于计算内毒素回收率，加样完成后在无菌操作台中放置至少1小时。将100µl抗凝鲜血加入每一反应管内，使管总体积为1200µl，盖上反应管轻轻混匀，如表5-37。

将反应管置于37℃条件下，以60r/min水平振荡培养过夜16~18小时。13000g离心2分钟，取上清。

表5-37 孵育加样示例

管号	A1	A2	A3	B1	B2	B3
生理盐水	1ml	1ml	1ml	900μl	900μl	900μl
供试液	100μl	100μl	100μl	100μl	100μl	100μl
R3（100pg/ml）	/	/	/	100μl	100μl	100μl
抗凝鲜血	100μl	100μl	100μl	100μl	100μl	100μl

检测：按照人IL-1β ELISA试剂盒说明书测定上述各管上清中IL-1β含量。

4.结果判定 标准曲线的建立：根据试剂盒中IL-1β标准品浓度梯度与相应的吸光度值（OD值）建立标准曲线。根据得到的回归方程计算各反应管内IL-1β的含量。

计算供试液中内毒素当量及内毒素回收率，根据曲线回归方程计算出供试品液和加内毒素后供试液的内毒素含量，按照式（5-11）计算该条件下内毒素回收率。

$$回收率 = \frac{(B-A)}{R_3} \times 100\% \tag{5-11}$$

式中，A为供试品液内毒素含量；B为加内毒素后供试液的内毒素含量；R_3为100pg/ml。

当回收率为50%~200%，则认为此试验条件下供试液不干扰试验系统。如供试品的细胞因子对应的内毒素当量小于规定的内毒素限值反应，判定供试品符合规定，否则不符合规定。

第十一节 植入试验

一、植入后局部反应试验的概述

（一）概述

植入后局部反应试验用于评定医疗器械所用的生物材料在植入动物体后对局部组织产生的反应，从而预估该产品临床使用的风险。植入后局部反应试验适用于各类固体、非固体（液体、粉末或颗粒、膏状）、降解、非降解材料。在医疗器械生物学评价中的植入试验，仅作为评价材料生物安全性的一部分，不关注材料在机械或功能负荷方面性能。

植入本身也可以作为一种给药方式，通过将样品植入动物组织后，结合全身毒性评价的参数，对样品的亚慢毒性（短期：植入12周以内）或慢性毒性（长期：植入12周以上）进行评价。该方法不仅适用于植入医疗器械，在特定情况下，也适用于与损伤表面或损伤内表面接触的医疗器械。

（二）样品与对照品的选择与加工

用于植入试验的材料应为临床应用中与预期与组织接触的材料，但不宜接种细胞，材料需按照标准要求在植入不同部位时，加工成指定大小。

1.皮下植入 片状材料应制成：直径10~12mm、厚0.3~1.0mm圆片。圆柱状材料应制成：直径1.5~2mm、长5~10mm两端球面。粉末材料：应装入直径1.5mm、长5mm两端未封闭的管路内，材料应与管路两端持平但不可污染管路外，管路材质可为PE、PP、PTFE。

2.肌肉植入 根据肌肉群的大小制成，宽1~3mm、长10mm块状或圆柱状。

3.骨植入 兔：长6mm、直径2mm圆柱。犬，羊：直径4mm、长12mm圆柱；或直径2mm长

PPT

4~5mm带螺纹的植入体。

4.脑植入 直径或切面小于1mm×1mm柱状或楔形，长度为2~6mm。直径为8mm圆片，圆片厚度根据临床使用而定。

植入样品的加工、处理、清洗、灭菌过程应与终产品一致，并在无菌状态下以无菌操作的方式使用。合成材料在使用前混合组分，体外固化后再进行植入，原位聚合材料，应以原位聚合的方式植入。

对照样品应选择已确立临床可接受性和生物相容性的医疗器械所用对照材料，并与试验样品外形和尺寸相同或类似。推荐的阴性对照材料有聚乙烯、不锈钢、钛合金等。特殊情况下，可不植入对照材料，直接执行假手术步骤代替，取手术组织作为对照组织进行评价。如果试验材料预期会引起大于最小的组织反应，可使用具有组织反应可接受的参照材料，参照材料应依据其材料特性和预期用途进行验证。

所有对照样品和试验样品在植入前宜对其物理特性，如形状，表面性状等进行记录。

（三）植入部位

试验材料植入部位应参照终产品临床应用部位，根据现行标准，可选择皮下组织、肌肉组织、骨组织和脑组织。与血液接触的材料，临床应用并不属于与上述各组织的完全接触，如参照各标准中固有的方法，优先选择肌肉组织植入，亦可以选择原位植入，即血管内植入，但此类试验较复杂，在各标准内无细致的规定，故归为研究范畴，根据产品的实际应用，选择合适的动物血管，使用更复杂的手术操作进行植入试验操作。

可吸收样品植入组织后，随着植入周期的延长，在进行组织学观察时，样品难以被肉眼观察到，这类产品应根据其降解周期，选择在长周期试验中，采用适当的方式标记植入物，如持久性皮肤标记或非吸收缝合线标记植入部位。

（四）实验动物的选择

实验动物管理和饲养应符合GB/T 16886.2的要求，在试验过程中给予满足动物福利需求的麻醉和镇痛。

实验动物的选择应综合考虑植入样品的尺寸和理化特性、预期植入部位、试验周期、动物寿命等因素。通常情况下，优先选择小型实验动物，例如小鼠、大鼠、豚鼠、兔。只有出于对产品特性或特殊研究目的等考虑方选择大动物。

短期试验可选择小鼠、大鼠、豚鼠、兔。长期试验可根据需要选择大鼠、豚鼠、兔、羊、狗、猪或其他寿命更长的动物。皮下和肌肉内的试验可根据供试样品的尺寸选择小鼠、大鼠、豚鼠、兔等动物。骨埋植试验则可选择兔、狗、绵羊、山羊、猪等体型较大的动物。

每次试验均需要选择同一品系、年龄、性别的同种动物相同的解剖部位。在可能情况下，对照样品和试验样品应植入同一只动物，而当植入后局部反应作为全身毒性研究的一部分时，则对照样品和试验样品应植入不同动物。

每个植入周期每次试验均要求使用不少于3只动物，获取不少于10个植入后组织，齿科材料要求获取12个植入后组织。

（五）试验周期的选择

植入试验的周期分为短期试验（12周以内）和长期试验（12周以上）两种。植入周期的选择一般遵循的原则有2条：①根据材料预期的临床使用情况来确定植入周期；②在材料的植入周期内，材料与组织间需达到组织相容的稳定状态（故而可吸收或可生物降解的材料，可参考体外降解的时间来确定体内植入周期）。

同时，可根据需要对同一材料选择不同的植入期，设置不同的观察点，以观察材料在组织中的变化情况。一般情况下，在材料植入组织内前期（1~2周），植入材料局部反应会同时受到材料本身的特性和手术创伤的双重影响，而随着时间的推移，在9~12周后，组织中细胞群倾向稳定状态，故而针对非降解/吸收材料，观察点可在1~12周内选择（骨埋植试验需要较长的恢复期和观察期，列为长期试验，一般而言不少于26周）。针对可吸收、可降解材料，观察点宜设置在降解/吸收开始发生时，以及材料经过彻底的降解/吸收，最后与组织形成稳定状态时。

非吸收的对照材料应该在每个植入时间点评价其组织学反应。单个植入时间点的组织学评价也是可以接受的，如果这个时间点能够提供一个可接受的、科学的验证并进行记录，记录内容包括对照材料、植入周期、动物模型、研究计划、历史对照数据等。植入观察期可参考表5-38进行选择。

表5-38　植入试验观察期选择

动物品种	植入周期（周）								
	1	3	4	9	12	26	52	78	104
小鼠	×	×		×					
大鼠	×		×		×	×	×		
豚鼠	×		×		×	×	×		
兔	×		×		×	×	×	×	×
狗					×	×	×	×	×
山羊					×	×	×	×	×
绵羊					×	×	×	×	×
猪					×	×	×	×	×

（六）手术条件

植入手术通常要求在全麻状态下进行，无菌条件下操作。动物手术前需经过剃毛、清洁消毒的处理，术后宜采用缝合线、吻合器或其他有效方式闭合伤口，并对伤口采取有效的消毒。术后应检测动物生命体征至麻醉苏醒，在术后适当间隔期观察每只动物伤口恢复情况，全身反应和行为异常。

（七）试验结果的评价原则

1.评价参数　包括对动物的术后观察评价和组织学评价，在术后的任何异常现象均需要被记录。而组织学评价主要通过对试验材料和对照样品，在不同观察点肉眼和组织病理学反应进行比较。

（1）肉眼观察评定　检查植入部位正常的组织改变；组织反应的性质和程度，比如血肿、水肿、囊腔和其他的大体发现；植入物的存在形态和位置；降解材料的残留物。

（2）组织学观察　动物被人道处死后，切下的植入物须连带足够未受影响的周围正常组织，进行植入后局部的病理学反应评价。

（3）组织学评价　包括以下几个方面纤维化/纤维囊腔和炎症程度；由组织形态学改变而确定的变性；材料/组织界面炎性细胞类型，即嗜中性粒细胞、淋巴细胞、白细胞、浆细胞、嗜酸性粒细胞、巨噬细胞以及其他多核细胞的数量和分布；根据核碎片和（或）毛细血管壁的破裂情况确定是否存在坏死，坏死的程度和类型；其他组织改变，如血管形成、脂肪浸润、肉芽肿和骨形成、骨吸收等；植入材料的改变，如破裂和（或）碎片存在，可降解材料残留物的形状和位置；对于多孔和可降解植入材料，定性定量测定长入材料内的组织。

2.评价方法 在上述原则框架下，对植入后局部组织的病理学评价方面，不同的标准有不同的评价方法。

（1）观察炎性反应和纤维囊腔形成 在GB/T 14233.2—2005和GB/T 16175—2008两套标准中，针对皮下植入试验和肌肉植入试验，从炎性反应和纤维囊腔形成两个方面，使用的组织反应分级的方法如下。

1）炎性反应分级 0级：试验样品周围未见炎性细胞。Ⅰ级：试验样品周围仅见极少量淋巴细胞。Ⅱ级：试验样品周围可见少量嗜中性粒细胞和淋巴细胞，偶见多核异物巨细胞。Ⅲ级：试验样品周围可见以嗜中性粒细胞浸润为主的炎性反应，并可见组织细胞、吞噬细胞、毛细血管和小血管。

2）纤维囊腔形成分级 0级：囊壁较薄，由少量胶原纤维和1~2层纤维细胞组成。Ⅰ级：囊壁有变薄而致密的趋势，由少量胶原纤维细胞组成，偶见纤维母细胞。Ⅱ级：试验样品周围形成囊腔结构，主要由纤维母细胞、胶原纤维和少量纤维细胞组成。Ⅲ级：试验样品周围形成疏松的囊壁，可见毛细血管和纤维母细胞。

（2）观察组织前后的变化 齿科材料专用的YY/T 0127.8—2001《口腔材料生物学评价 第2单元：口腔材料生物试验方法皮下植入试验》和YY 0127.4—2009《口腔材料生物学评价 第2单元：试验方法骨埋植试验》两套标准中，则侧重于将植入后组织在不同周期前后的变化进行比较，进而得出组织反应分级，通过分级确定材料的组织反应程度。

1）皮下植入试验组织反应分级 ①无反应至轻微组织反应：4周时，12周时，组织结构良好，对照与材料引起的组织反应无明显差异，无明显炎症。②中度组织反应：4周时，组织保持其结构，但可见一些炎症细胞，组织内含白细胞（但无明显聚集）、淋巴细胞、浆细胞、巨噬细胞，偶有异物细胞，与对照接触的组织内无或仅有少量炎症细胞；12周时，组织有一些慢性炎症细胞浸润，含淋巴细胞、浆细胞、巨噬细胞，偶有异物细胞，与对照接触的组织为纤维组织。③重度组织反应：4周时，组织反应严重，组织丧失原有结构并有中性白细胞及淋巴细胞聚集；12周时，组织反应严重，可见大量淋巴细胞、巨细胞、巨噬细胞等慢性炎症细胞聚集，偶有异物细胞聚集，组织可能已恢复部分结构。

2）皮下植入试验结果判定 4周及12周均为无反应或轻度组织反应，则认为该材料无组织反应或轻度组织反应；4周时为无反应或轻度组织反应，而12周时为中度或重度组织反应，则认为该材料有中度或重度组织反应；4周及12周时均为中度组织反应，则认为该材料为中度组织反应；4周时为中度组织反应，而12周时组织反应减轻，则认为该材料有轻度组织反应。任何时期出现重度组织反应，则认为该材料有重度组织反应。

3）骨埋植试验组织反应分级 ①无反应至轻微组织反应：4周时，组织排列正常，无明显炎症反应，无骨吸收；26周时，组织排列正常，骨组织再生，无或仅轻微炎症反应。②中度组织反应：4周时，有炎症反应，组织保持其结构，但含有淋巴细胞、浆细胞、巨噬细胞，偶有异物细胞。无明显中性粒细胞浸润，可有骨吸收；26周时，有散在慢性炎症细胞、淋巴细胞、浆细胞、巨噬细胞，偶有异物细胞浸润。组织排列良好，骨组织再生，无骨吸收。③重度组织反应：4周时，组织反应明显。组织排列差，并有中性粒细胞浸润，可有骨吸收；26周时，组织反应明显。淋巴细胞、浆细胞及巨噬细胞浸润，可有骨吸收。

4）骨埋植试验结果判定 任一观察期出现重度反应均认为材料不合格。26周时试验组出现重度反应的试样数为3个或3个以上，该材料不合格。26周时对照组出现重度反应的试样数为3个或3个以上，需要重新进行试验。除上述情况外均认为材料合格。

（3）半定量计分方法　在GB/T 16886.6—2015《医疗器械生物学评价　第6部分：植入后局部反应试验》中，则对上文提及的组织学评价设置了供参考的半量化计分系统。通过该计分系统，可对纤维囊腔形成、炎性细胞分类统计（表5-39）、坏死、脂肪浸润、血管增生（表5-40）等状况分别进行计分，再综合各项计分对组织反应的状况进行评价（表5-41）。该评价系统是目前各套医疗器械生物学评价系列标准中，对组织学反应唯一的一套半量化的评价标准。

表5-39　组织学反应评价系统——细胞分类

细胞分型/反应	计分				
	0	1	2	3	4
多核白细胞	0	极少，1~5/phf	5~10/phf	重度浸润	满视野
淋巴细胞	0	极少，1~5/phf	5~10/phf	重度浸润	满视野
浆细胞	0	极少，1~5/phf	5~10/phf	重度浸润	满视野
巨噬细胞	0	极少，1~5/phf	5~10/phf	重度浸润	满视野
巨细胞	0	极少，1~2/phf	3~5/phf	重度浸润	成片
坏死	0	轻微	轻度	中度	重度

phf=每高倍镜视野（400×）下。

表5-40　组织学反应评价系统——组织反应

组织反应	计分				
	0	1	2	3	4
新生血管	0	少量新生毛细血管，1~3个芽	具有成纤维细胞结构支持的4~7组新生毛细血管	具有成纤维细胞支持结构的较宽新生毛细血管带	具有成纤维细胞支持结构的大面积新生毛细血管带
纤维化	0	窄带	中等厚度带	厚带	大面积带
脂肪浸润	0	少量于纤维化相关的脂肪	数层脂肪和纤维化	脂肪细胞在植入部位大量聚集并延伸	大面积脂肪完全覆盖植入物周围

表5-41　半量化计分系统

动物编号	样品			对照		
	1	2	3	1	2	3
多形核白细胞						
淋巴细胞						
浆细胞						
巨噬细胞						
巨细胞						
坏死						
小计1（×2）	A1×2	B1×2	C1×2	D1×2	E1×2	F1×2
新生血管						
纤维化						
脂肪浸润						
小计2	A2	B2	C2	D2	E2	F2
合计	A=A1×2+A2	B	C	D	E	F

医药大学堂
WWW.YIYAODXT.COM

续表

动物编号	样品			对照		
	1	2	3	1	2	3
组合计		A+B+C			D+E+F	
平均			样品组－对照组＝			
创伤性坏死						
异物碎片						
检查样本数						

样品组与对照组的差值用以判定反应等级，负值视为0。

每例样品，每个周期使用一套半量化计分系统表格，计算方法如下（表5-41以使用3只动物为例）。

按照上述细胞分类的计分标准，计算出每一只动物炎性细胞分类的计分总和：小计1（A1），并乘以2。

按照上述组织反应的计分标准，计算出每一只动物的组织反应计分总和：小计2（A2）。

将每只动物在细胞分类和组织反应两部分的计分相加：A=A1×2+A2，计算出每只动物的总分（A/B/C）。

将每一组的所有动物总分相加，再取平均值：样品组＝（A+B+C）/3，对照组＝（D+E+F）/3。

最后将通过计算样品组和对照组的差值，可按照以下标准划分组织反应等级：无刺激0.0~2.9；轻微刺激3.0~8.9；中度刺激9.0~15.0；重度刺激>15。

（4）可吸收植入物的评价方法（参考）　现行标准中并无对可吸收植入物明确的评价方式，但仍可根据GB/T 16886.6—2015标准原则，参考相关的研究文献，从纤维囊腔形成、炎症反应、细胞在植入物内生长状况、植入物降解、巨噬细胞吞噬活性等方面进行评估。

1）纤维囊腔形成　轻微：植入物周围由巨噬细胞及少量纤维细胞层包绕。中度：植入物周围囊腔形成，囊壁由包绕于植入物周围的巨噬细胞以及多层纤维组织层（以纤维母细胞为主）组成。显著：植入物周围囊腔形成，囊壁由内而外为巨噬细胞层、纤维组织层和处于吞噬活跃期的巨噬细胞组成。

2）炎症反应　轻微：少量炎性细胞、以单个散在或少量聚集的形式存在。中度：数个炎性细胞少量聚集灶。显著：数个炎性细胞大量聚集灶。重度：炎性细胞形成较大的聚集区。

3）植入物内细胞长入　轻微：植入物裂缝中可见少量细胞，可带有或不带有结缔组织。中度：植入物裂缝中可见较多细胞生长，纤维组织形成并包绕植入物碎片。显著：植入物大部分碎片周围均可见明显的细胞生长及纤维组织的包绕。重度：植入物碎片周围大量细胞存在，所有碎片均被纤维组织包绕。

4）降解　轻微：植入物边缘少量降解，可见少量的裂隙及碎片。中度：植入物中可见较多的裂隙及碎片。显著：植入物明显降解，可见数个碎片。重度：植入物完全碎裂。

5）吞噬作用　轻微：可见少量内含吞噬物的细胞。中度：可见较多的内含吞噬物的细胞少量聚集。显著：植入物周围形成吞噬细胞组成的吞噬带，内含吞噬物的吞噬细胞聚集成群。重度：所有材料均被吞噬，吞噬细胞内含较大的材料碎片或较小的材料颗粒。

综上所述，植入后局部反应组织评价的方法侧重点各有不同，但基本原则一致，在进行结果评价时，根据所选择的标准，涵盖各关键点进行评价。

拓展阅读

植入后局部反应试验常用标准

GB/T 16886.6—2015《医疗器械生物学评价 第6部分：植入后局部反应试验》

GB/T 14233.2—2005《医用输液、输血、注射器具检验方法 第2部分：生物学试验方法》

GB/T 16175—2008《医用有机硅材料生物学评价试验方法》

YY 0127.4—2009《口腔医疗器械生物学评价 第2单元：试验方法 骨埋植试验》

YY/T 0127.8—2001《口腔材料生物学评价 第2单元：口腔材料生物试验方法 皮下植入试验》

二、皮下植入试验

（一）动物选择与准备

皮下植入试验常选用小鼠、大鼠或兔，需根据材料的尺寸特性、动物的大小来选用合适的实验动物。每种材料，每个植入周期需使用不少于3只动物，植入10个样品。

（二）植入前准备

1.常用手术工具 恒温手术台、电动剃毛剪、一次性使用或非一次性手术刀、手术剪、止血钳、持针钳、眼科镊、组织镊、套针。

2.所需试剂耗材 麻醉药、碘酒、医用酒精、手术铺巾、手术垫巾、手术洞巾、2-0号可吸收及非吸收缝合线、伤口敷料、灭菌纱布、伊丽莎白项圈。

（三）试验方法

1.动物麻醉 植入手术前，按照表5-42提供的参考剂量，选择合适的方式麻醉，需要注意的是，动物的麻醉效果会受到不同的麻醉药物、给药途径以及动物个体差异的影响，一般来说，体型越大的动物，对麻醉药的耐受越强，可接受比理论更高的麻醉剂量。比如按照20g/L戊巴比妥钠，2.3ml/kg的剂量，腹腔注射可顺利麻醉2kg以下的家兔，但是对于4kg的家兔则往往达不到理想的麻醉效果。而在静脉给药时，切不可机械地按照理论剂量一次性把麻药注射完，一定要缓慢推注，随时监测动物状态，在同样的剂量下，静脉给药的速度直接影响动物的麻醉后存活率。如使用呼吸麻醉机，采用呼吸麻醉的方式，可在试验过程中随时调整剂量，麻醉效果更为理想，麻醉后苏醒时间短，麻醉死亡率也会极大地降低。无论采用何种麻醉方式，在麻醉过程中都需要仔细观察动物的反应，当在给药过程中观察到动物出现角膜反射消失、肌张力下降等麻醉指征后，即可停止给药（呼吸麻醉时则保持剂量强度），动物麻醉后保持呼吸平稳、四肢松弛、角膜反射消失，则为优良的麻醉效果。

2.手术部位的选择 手术部位一般选择在动物背部的皮肤下，小鼠也可选择颈部，试验前将动物背部待手术区域剃毛，使用2%碘酊从内向外消毒手术区域，待干燥后，再使用75%乙醇脱碘消毒。

3.手术方法 对于较大的样品，宜采用手术方式植入，使用手术刀或手术剪在钝器解剖法在动物背部一侧做皮肤切口，使用止血钳钝性分离皮下组织，切口部位制备1个皮下囊，囊的底部距皮肤切口10mm以上，在囊内放入一个植入物，然后缝合皮肤切口，切口表面涂抹碘酒消毒。

如需要植入多个样品，要注意植入物间不可互相接触。而一般而言，以脊柱为分界点，一侧用以试验样品的植入，另一侧用以对照样品的植入（通过植入方式进行亚慢毒性评价时样品和对照不宜植入于同一只动物）。每只动物的植入数量根据植入样品和动物的大小决定，在不少于3只动物身上植入不少于10个试验样品和对照样品。

表5-42　动物麻醉剂量表

动物种类	麻醉药	麻醉药浓度	给药途径	剂量
家兔	戊巴比妥钠	30g/L	耳缘静脉注射	1.0ml/kg
		20g/L	腹腔注射	2.3ml/kg
	硫喷妥钠	20g/L	耳缘静脉注射	1.3~2.5ml/kg
	水合氯醛	10%	腹腔注射	3ml/kg
大鼠	戊巴比妥钠	20g/L	腹腔注射	2.3ml/kg
	硫喷妥钠	10g/L	静脉或腹腔注射	5.0~10.0ml/kg
	水合氯醛	5%~10%	腹腔注射	300mg/kg
小鼠	戊巴比妥钠	20g/L	腹腔注射	2.3ml/kg
	水合氯醛	5%~10%	腹腔注射	400mg/kg

对于尺寸较小的样品（如圆柱状样品），可通过使用探针（穿刺针）植入，选择内径足够的探针（1.5~2mm），将样品放置入套针内。将穿刺针与皮肤呈30°角刺入皮下，刺入有落空感后，往前伸10mm，如植入样品较硬，可将试样由探针内芯推入皮下组织内，抽出探针，表面压迫止血，涂抹碘酒消毒即可。如植入样品较软，容易变形，则适宜在探针进入皮下适当的位置后，保持内芯不动，仅通过回抽探针外芯，将样品放置在皮下合适的位置后将探针退出。

使用探针植入的方式对试验部位组织创伤较少、恢复较快、操作简易，可减少手术创伤对试验结果的干扰，在各方面条件满足的情况下宜优先选择。

4.动物观察　试验过程及试验结束后均需要观察动物的状态，防止麻醉过量或不足。植入后1、3、5天观察植入点组织反应，看有无出血、炎症和缝合线断裂或试样脱落等异常现象。

（四）结果评价

植入周期结束后，无痛处死实验动物，解剖后肉眼观察植入部位组织是否有异常病变，切取范围应包括植入物及其周围的未受影响的正常组织，一般为试验周围0.5~1cm。切取的组织块使用10%甲醛进行固定。

对于柱状或片状的样品，取材应切取样品中间的切面，而对于装入管内的样品，则应取管路的两端。取材时，应尽量避免破坏组织包膜，如果植入物不是很坚硬，比如可分解/吸收的试验样品、较软的塑料、硅胶、敷料等，推荐将完整的组织包膜与植入物一同包埋。如果植入物较硬，一同包埋会无法切片，则在取材时先将样品取出，再行包埋。

固定组织脱水包埋后进行切片染色，在光学显微镜下观察，记录试样周围纤维囊腔形成、炎性反应、试样状态等状况，参考标准对组织反应进行评价。

三、肌肉植入试验

（一）动物选择与准备

肌肉植入试验常选用大鼠或兔，需根据材料的尺寸特性、动物的大小来选用合适的实验动物。每种材料，每个植入周期需使用不少于3只动物，10个样品。

（二）试验方法

1.动物麻醉　植入手术前，按照表5-42提供的参考剂量，选择合适的方式麻醉。

2.手术部位的选择　手术部位一般选择大鼠的臀肌或家兔的脊柱旁肌，试验前将动物背部待手术区域剃毛，使用2%碘酊从内向外消毒手术区域，待干燥后，再使用75%乙醇脱碘消毒。

3.手术方法　对于较大的样品，需采用手术方式植入，推荐使用家兔脊柱旁肌。使用手术刀在动物背部平行于脊柱，离中线不少于25mm处的皮肤做一2cm的切口，分离皮下组织，暴露肌肉，沿肌纤维长轴方向做一小切口，然后使用止血钳进行钝性分离，将试验材料沿肌纤维长轴平行放入肌肉组织，如手术过程中有小量出血，出血点可见的，采用止血钳夹持止血，出血点不可见的，采用纱布压迫止血。样品放置妥当后，使用可吸收缝合线缝合肌肉和皮下组织，最后使用非吸收缝合线缝合皮肤，皮肤表面涂抹碘酒消毒。

如需要植入多个样品，要注意植入物之间间隔不少于25mm。一般而言，以脊柱为分界点，一侧脊柱旁肌用以试验样品的植入，另一侧用以对照样品的植入（通过植入方式进行亚慢毒性评价的试验不在此列）。每只动物的植入数量根据植入样品和动物的大小决定，在不少于3只动物身上植入不少于10个试验样品和对照样品。

对于尺寸较小的样品（如圆柱状样品），可通过使用探针（穿刺针）植入，探针植入法适用于大鼠和家兔。选择内径足够的探针（1.5~2mm），将样品放置入套针内。将穿刺针与皮肤呈30度角刺入皮下，刺入有落空感后，刺入肌肉内，使用探针内芯将试样推入深度1~2cm肌肉内。如植入样品较软，容易变形，则适宜在探针进入肌肉适当的位置后，保持内芯不动，仅通过回抽探针外芯，将样品放置在肌肉内合适的位置后将探针退出。

使用探针植入的方式对试验部位组织创伤较少、恢复较快、操作简易，可减少手术创伤对试验结果的干扰，在各方面条件满足的情况下宜优先选择。

4.动物观察　试验过程及试验结束后均需要观察动物的状态，防止麻醉过量或不足。植入后1、3、5天观察植入点组织反应，看有无出血、炎症和缝合线断裂或试样脱落等异常现象，一周后可拆线。

5.结果评价　组织学评价：植入周期结束后，无痛处死实验动物，解剖后肉眼观察植入部位组织是否有异常病变，切取范围应包括植入物及其周围的未受影响的正常组织，一般为试验周围0.5~1cm。切取的组织块使用10%甲醛进行固定。

对于柱状或片状的样品，取材应切取样品中间的切面，而对于装入管内的样品，则应取管路的两端。取材时，应尽量避免破坏组织包膜，如果植入物不是很坚硬，比如较软的塑料、硅胶、敷料等，推荐将完整的组织包膜与植入物一同包埋。如果植入物较硬，一同包埋使用普通切片机会无法切片，则在取材时先将样品取出，再行包埋。也可使用硬组织切片技术，将植入物与组织一同脱水、包埋、切片。

固定组织脱水包埋后进行切片染色，在光学显微镜下观察，记录试样周围纤维囊腔形成、炎性反应、试样状态等状况，参考对组织反应进行评价。

四、骨植入试验

（一）动物选择与准备

骨埋植试验可选用兔、狗、绵羊、山羊、猪。由于幼年动物骨组织尚于生长发育状态，骨直径不够，硬度欠缺，容易造成术后骨折，故而除非研究需要，否则尽量避免使用年幼动物进行试验。

每种材料，每个植入周期需使用至少4只家兔或其他动物至少2只。家兔每只植入不多于6个植入部位（3个试验样品、3个对照样品），狗、绵羊、山羊或猪每只最多12个植入部位（6个试验样品、6个对照样品）。

（二）试验方法

1. 手术前准备　经消毒的手术器械及试剂耗材；电动骨钻（配直径2mm钻头）；可吸水手术垫巾（或灭过菌的毛巾），用以垫在动物腿下，以吸收用来冲洗骨组织的生理盐水。

2. 动物麻醉　植入手术前，按照表5-42提供的参考剂量，选择合适的方式麻醉。

3. 手术部位的选择　手术部位一般选择动物的股骨或胫骨，试验前将动物腿部待手术区域剃毛，使用2%碘酊从内向外消毒手术区域，待干燥后，再使用75%乙醇脱碘消毒。

4. 手术方法　本试验中优先采用家兔的胫骨，体重大于3kg的家兔胫骨直径一般可达5~6mm，可植入足够数量的样品。

麻醉完成的新西兰兔两侧小腿剃毛备皮，侧卧固定于恒温台上，暴露胫骨内侧，胫骨下侧铺一层厚纱布或消毒过毛巾，上侧覆盖手术洞巾。在胫骨内侧，从胫骨结节向内踝连线方向做3~4cm皮肤切口，分离皮下组织，切开肌膜后，将前胫骨肌，长趾屈肌和腘肌牵拉开，即可暴露胫骨。由于骨膜是骨组织生长恢复的重要组织，故而在分离骨膜时，应尽量减少对骨膜的破坏，只需用手术刀在待植入样品的骨表面轻轻划开一个口，用镊子拨开即可。确定植入位置后，用直径为2mm钻头，在胫骨上以低速钻孔，先将钻头轻轻放置在胫骨表面，不可一开始就用力压，待胫骨表面已钻出一个小窝后，再稍用力压，期间必须注意调节力度。钻孔的同时，必须以0.9%生理盐水冲洗冷却，防止组织高温坏死。将样品放置在钻好的孔中，使样品与骨组织无缝对接。同法操作，每侧胫骨放置2~3个样品，每个样品之间相隔至少8mm。手术过程中定时观察动物状况，如麻醉效力减弱，可补加麻醉药或适用呼吸麻醉机时调整麻醉剂量以维持麻醉效果，样品放置完成后再次冲洗创面，使用4-0可吸收缝线缝合肌膜，使用非吸收手术丝线缝合皮肤，皮肤伤口表面使用碘酒消毒，覆盖一层抗菌敷料，表面再覆盖一层棉花，最后进行包扎。

术后动物保持侧卧，给动物带上伊丽莎白项圈以防止啃咬伤口。动物清醒后即可恢复进食，可提供新鲜蔬菜助其恢复食欲。

5. 动物观察　试验过程及试验结束后均需要观察动物的状态，防止麻醉过量或不足。植入后1、3、5天观察植入点组织反应，看有无出血、炎症和缝合线断裂或试样脱落等异常现象。一周后可拆线，取下伊丽莎白项圈。

（三）结果评价

植入周期结束后，无痛处死实验动物，解剖后肉眼观察植入部位组织是否有异常病变，切取范围应包括植入物及其周围未受影响的正常组织。切取的组织块使用10%甲醛进行固定。

取材前将骨组织周围的肌肉组织除去，放置于脱钙液中进行脱钙处理，待骨组织变软，使用针刺入无阻力即为脱钙完全，取材面平行于骨组织纵向截取，样品与骨组织连接处必须包含在内。如使用硬组织切片技术，可将直接植入物与组织一同脱水、包埋、切片、染色，无需另行脱钙。

骨组织进行切片染色，在光学显微镜下观察，记录试样周围纤维囊腔形成、炎性反应、骨吸收及试样状态等状况，参考对组织反应进行评价。

五、脑植入试验

（一）动物选择与准备

脑植入试验一般选用大鼠、兔或根据器械临床使用和验证的其他动物。雌雄各半，经过验证也可使用单性别动物。不同品系和日龄的动物在试验开始前应进行神经生理学和生物学反应评估。

每种材料，每个植入周期需使用至少8只家兔或16只大鼠。每个观察点至少植入8个样品和8个对照，对照品和试验样品分别植入不同动物的同一边脑半球中，每只大鼠可植入一个试样，每只兔可植入两个试样。

（二）试验方法

1.手术前准备 经消毒的手术器械及试剂耗材、骨锯、骨钻。

2.动物麻醉 动物术前应进行称重、去毛、消毒，按照表5-42提供的参考剂量，选择合适的方式麻醉。

3.手术部位的选择 其他部位的植入试验（肌肉、皮下、骨）推荐将试验样品和对照样品植入同一只动物相似的解剖部位，但是脑植入试验中，由于脑组织植入后损伤影响范围比较广，可波及对侧脑半球，所以需要植入不同动物的同一解剖部位。

4.手术方法 动物需进行适当的固定，使用无菌手术操作，暴露颅骨，于颅骨上取一合适部位制作一孔，孔径应略小于植入物直径，通过颅骨上的孔，于硬脑膜上再制备一孔，将植入物通过小孔轻轻按入脑组织中，对照材料在对照动物上同法操作。

5.动物观察 试验过程中及试验结束后均需要观察动物的状态，防止麻醉过量或不足。术后宜单独饲养，一天两次进行临床观察，并根据恢复情况及临床症状情况调整观察间隔，观察内容包括：伤口愈合情况，饮食行为，一般临床症状，植入物引起的全身毒性及神经症状。植入周期：至少包含1周，其余周期宜根据材料临床应用周期而定。大体检查：对于中途死亡或如期处死的动物均进行大体解剖并取相应组织进行组织学观察。有全身毒性症状的动物应进行参照全身毒性试验方法进行大体检查及组织学观察。

（三）结果评价

植入周期结束后，无痛处死实验动物，解剖后肉眼观察植入部位组织是否有异常病变，摘取动物大脑、颈部淋巴结使用10%甲醛进行固定。

取材面需囊括包含植入物的完整大脑横截面及纵截面。对神经病理学的评价应该包括对神经胶质过多症和神经退化的评价，除了常用的HE染色外，还可以使用特殊染色、免疫组化等方式，结合同行评议进行确诊，脑组织可使用的染色方法及生物标志物见表5-43。

表5-43 脑组织可使用的染色方法及生物标志物

染色方法	生物标志物
HE染色	所有的中枢神经系统和淋巴结组织情况
Fluoro-Jade染色	神经元退化情况
GFAP（胶质纤维酸性蛋白）抗体	星形胶质细胞的活化情况
Anti-iba-1抗体	小胶质细胞的活化情况
Luxol Fast Blue（固蓝）染色	髓鞘病变情况

参照定量或半定量的方法对主要细胞类型进行观察计数，如星形胶质细胞、中性粒细胞、小胶质细胞、纤维化、髓磷脂等，并对小胶质细胞和星形胶质细胞形态进行分析。对植入物周围的组织评价参数包括：植入物周围神经组织的破坏、星形胶质细胞的聚集、转型和肥大、小胶质细胞的变化（肥大、增生和吞噬）、淋巴细胞、巨噬细胞和异物巨细胞的浸润、纤维囊腔的形成、钙化/矿化、室管膜和蛛网膜病变。对非植入物周围的组织评价参数包括：炎性细胞浸润、出血、坏死、灰质和白质中神经胶质增生和其他病变。

第十二节　细菌内毒素检测

一、方法简介

热原是任何可以引起发热的物质。热原可以分为两类：微生物热原（如细菌、真菌、病毒）和非微生物热原（如药物、器械材料、类固醇、血浆制品）。已发现的热原大多数为革兰阴性细菌的内毒素。虽然革兰阳性细菌、真菌和病毒可能是致热原，但它们的致热机理不同（全身作用）并且作用程度低于革兰阴性细菌。

内毒素是革兰阴性细菌细胞外壁的高分子量脂多糖（LPS）成分，如污染人体血液或组织，内毒素可导致发热、脑膜炎和血压迅速降低。当革兰阴性细菌分解或裂解时，主要由蛋白、磷脂和LPS组成的细胞外壁成分不断释放入环境中。内毒素污染难以预防，是因为其广泛存在于自然界中，性质稳定。许多医疗产品的放行需要进行热原试验，进行细菌内毒素检查，是其中的一种方法。

细菌内毒素检查是利用鲎试剂来检测或量化由革兰阴性菌产生的细菌内毒素，以判断供试品中细菌内毒素的限量是否符合规定的一种方法。产品的内毒素限值，用L表示，是规定的某一产品内毒素的最大可接受水平。细菌内毒素的量用内毒素单位（EU）表示，1EU与1个内毒素国际单位（IU）相当。

细菌内毒素检查包括两种方法，即凝胶法和光度测定法，后者包括浊度法和显色基质法。供试品检测时，可使用其中任何一种方法进行试验。当测定结果有争议时，除另有规定外，以凝胶限度试验结果为准。

二、操作步骤

（一）试验前准备

1.所用设备及器具　生化培养箱（恒温箱）、恒温水浴箱、漩涡混合器、超净工作台、电热干燥箱、移液器、无热原枪头、安瓿瓶、封口膜等。

2.所用试剂　细菌内毒素检查用水，即符合《中国药典》中"细菌内毒素检查法"规定的灭菌注射用水（以下简称BET水）。细菌内毒素国家标准品，即符合《中国药典》中规定的从大肠杆菌提取精制而成的内毒素制剂，用于标定、复核、仲裁鲎试剂灵敏度、标定细菌内毒素工作标准品的效价。细菌内毒素工作标准品，即以国家标准品为基准标定的内毒素制剂。鲎试剂，是从鲎的循环血变形细胞中提取的试剂，与内毒素相互反应产生凝胶，用于细菌内毒素试验测定细菌内毒素水平。

3.器具处理　所用器皿需经过处理去除可能存在的外源性内毒素。耐热器皿常用干热灭菌法（250℃、30分钟以上）去除。也可采用其他确证不干扰细菌内毒素检查的适宜方法。若使用塑料器皿，如微孔板和与微量加样器配套的吸头等，应选用标明无内毒素并且对试验无干扰的器具。

（二）鲎试剂灵敏度复核试验

鲎试剂灵敏度（λ）为鲎试剂凝胶试剂的标称灵敏度，以EU/ml表示。当使用新批号的鲎试剂或试验条件发生了任何可能影响检验结果的改变时，应进行灵敏度复核试验。灵敏度符合试验步骤如下。

1.根据鲎试剂灵敏度的标示值（λ），将细菌内毒素国家标准品或细菌内毒素工作标准品用BET水溶解，在漩涡混合器上混匀15分钟，然后制成2.0λ、1.0λ、0.5λ和0.25λ四个浓度的内毒素标准溶液，每稀释一步均应在漩涡混合器上混匀30秒。

2.将已充分溶解的待复核鲎试剂18支（管）放在试管架上，排成5列，其中前4列每列4支（管），第5列2支（管），前4列分别加入2.0λ、1.0λ、0.5λ和0.25λ的内毒素标准溶液，第5列2支（管）分别加入BET水。内毒素标准溶液和BET水加样量均为每支0.1ml。

3.加样结束后，用封口膜封口，轻轻混匀，避免产生气泡，连同试管架放入（37±1）℃恒温水浴或其他适宜的恒温箱中，试管架保持水平状态，保温（60±2）分钟，观察结果。

4.将试管从水浴中轻轻取出，缓缓倒转180°，管内凝胶不变形，不从管壁滑脱者为阳性，记录为（+）；凝胶不能保持完整并从管壁滑脱者为阴性，记录为（-）。

5.灵敏度的复核测定值（λc）计算如最大2.0λ浓度管均为阳性，最低浓度0.25λ管均为阴性，阴性对照为阴性，试验方为有效。按式（5-12）计算反应终点浓度的几何平均值，即为鲎试剂灵敏度的复核测定值（λc）。

$$\lambda c = \lg^{-1}(\Sigma X/4) \hspace{3cm} (5-12)$$

式中，X为反应终点浓度的对数值（lg），反应终点浓度是系列浓度递减的内毒素溶液中最后一个呈阳性的结果浓度。当λc在$0.5\lambda\sim2.0\lambda$时（包括0.5λ和2.0λ）时，方可用于供试品细菌内毒素检查，并以λ（标示灵敏度）为该批鲎试剂的灵敏度。

（三）供试品干扰试验

对未知或可疑的供试品初次进行细菌内毒素试验之前应先进行干扰试验，以检验供试品对细菌内毒素试验是否有抑制或增强作用，以及其他影响细菌内毒素试验准确性和敏感性的干扰作用。当鲎试剂、供试品来源、供试品配方或生产工艺有变化或其他任何可能影响细菌内毒素试验结果的试验条件改变时，应重新进行干扰试验。每种医疗器械产品应取3批并分别使用不少于两个制造商生产的鲎试剂进行干扰试验。

按"鲎试剂灵敏度复核"方法，用BET水和未检出内毒素的供试品溶液或其不超过最大有效稀释倍数（MVD）的稀释液分别将同一支（瓶）细菌内毒素工作标准品制成含细菌内毒素工作标准品2.0λ、1.0λ、0.5λ和0.25λ四种浓度的细菌内毒素溶液。用BET水和用供试品溶液或其稀释液制成的每一浓度平行做4支，另取BET水和供试品溶液或其稀释液各做2支阴性对照管。

供试品如对细菌内毒素试验有干扰作用，可选用下列适宜方法排除干扰：①使用更灵敏的鲎试剂对供试液进行更大倍数稀释；②采用无热原氨基甲烷缓冲液稀释供试液；③采用无热原氢氧化钠或盐酸溶液调节供试液pH为6.0~8.0；④采用阳离子缓冲液（$MgSO_4$或$MgCl_2$）稀释供试液以调节离子浓度。

（四）供试品检验

1.供试液制备　取同一批号至少三个单位供试品，根据产品标准规定的内毒素限值确定浸提介质体积，选用下列适宜方法制备供试液。

（1）管类和容器类器具　用BET水浸泡器具内腔，在（37±1）℃恒温箱中浸提不少于1小时。

（2）小型配件或实体类器具　置无热原玻璃器皿内，加内毒素检查用水振摇数次，在（37±1）℃恒温箱中浸泡不少于1小时；供试液贮存应不超过2小时。

浸提介质体积计算公式：$V=L/\lambda$。式中，V为浸提介质体积，单位为毫升（ml）；L为产品细菌内毒素限值，单位为细菌内毒素单位每件（EU/件）；λ为所用鲎试剂灵敏度标示值，单位为细菌内毒素单位每毫升（EU/ml）。

2. 鲎试剂复溶

（1）在制备供试品溶液、内毒素标准溶液和供试品阳性对照溶液的同时，取每支0.1ml的鲎试剂8支，手指轻弹瓶壁，使颈部瓶壁上的粉末落入瓶内，用砂轮在瓶颈轻轻划痕，75%（V/V）乙醇棉球擦拭后启开备用，防止玻璃屑落入瓶内，加入每支0.1ml BET水复溶，轻轻转动瓶壁，使内容物充分溶解，避免产生气泡。

（2）若使用的鲎试剂的规格不是每支0.1ml时，按标示量加入BET水复溶，将复溶后的鲎试剂液混匀后每0.1ml分配到10mm×75mm凝集管中，要求至少分配8管备用。

3. 供试品溶液的加入

（1）取装有0.1ml鲎试剂溶液的10mm×75mm试管或复溶后每支0.1ml规格的鲎试剂原安瓿8支，其中：

1）A组　2支加入0.1ml按最大有效稀释倍数稀释的供试品溶液作为供试品试管。

2）B组　2支加入0.1ml供试品阳性对照溶液（相当于用被测试供试品溶液内毒素工作标准品制成2λ浓度的内毒素溶液）作为供试品阳性对照管。

3）C组　2支加入0.1ml用BET水稀释内毒素工作标准品制成的2λ浓度的内毒素溶液作为阳性对照。

4）D组　2支加入0.1ml BET水作为阴性对照。

（2）将试管中溶液轻轻混匀后，用封口膜封闭管口，垂直放入（37±1）℃水浴或适宜恒温器中，试管保持水平状态保温（60±2）分钟。保温和拿取试管过程应避免震动，造成假阴性结果。

（五）结果记录

试验终点时，将观察到的现象记入表5-44。

表5-44　细菌内毒素数据记录表

编号	无/供试品溶液			
A	1#		2#	
	−		−	
	内毒素/供试品溶液			
	内毒素浓度	1#	2#	3#	4#
B	2λ	+	+	+	+
	λ	+	+	+	+
	0.5λ	−	−	−	−
	0.25λ	−	−	−	−
终点		λ	λ	λ	λ

续表

编号	无/供试品溶液			
	内毒素/检查用水			
C	2λ	+	+	+	+
	λ	+	+	+	+
	0.5λ	−	−	−	−
	0.25λ	−	−	−	−
终点		λ	λ	λ	λ

	无/检查用水	
D	阴性对照	1#	2#
		−	−

结果判定：将试管从水浴中轻轻取出，缓缓倒转180°，管内凝胶不变形，不从管壁滑脱者为阳性，记录为（+）；凝胶不能保持完整并从管壁滑脱者为阴性，记录为（−）。供试品2管均为（−），应认为符合规定；如2管均为（+），应认为不符合规定；如2管中1管为（+），1管为（−），按上述方法另取4支供试品复试，4管中1管为（+），即认为不符合规定。

需要设计表格，分别记录鲎试剂灵敏度复核试验、供试品干扰试验、供试品检验的结果。三个试验都需要符合标准要求，即鲎试剂灵敏度符合标称数值，供试品其他成分对试验结果无干扰，所有阴性对照显示为阴性，所有阳性对照显示为阳性，供试品检验合格，这样才能最终判定样品的细菌内毒素试验符合要求。鲎试剂灵敏度复核试验、供试品干扰试验如有不符合要求的情况，需要调整试验方案，直至符合要求。

岗位对接

本章是医疗器械类专业学生从事产品检测、产品注册需要掌握的内容。

本章对应医疗器械生物学试验检验员、医疗器械注册专员、医疗器械新产品研发岗位等相关工种。

上述从事相关岗位的从业人员需掌握检测工作职业素养的基本要求，保持科学严谨的职业态度，树立勇于承担的责任意识。

习题

习题

一、不定项选择题

1.生物学评价需要收集的材料包括（　　）。

A.化学表征　　　　　　　　　　B.毒理学数据

C.临床用途　　　　　　　　　　D.物理形态

E.加工工艺

2.以下（　　）标准专用于齿科器械/材料。

A.GB/T 16886　　B.GB/T 14233　　C.YY/T 0127　　D.GB/T 16175

3.以下（　　）标准属于非方法标准，对具体方法步骤无详细规定。

  A.GB/T 16886.3   B.GB/T 16886.4   C.GB/T 16886.10   D.GB/T 16886.20

4.与损伤皮肤接触的产品，应选择（　　）。

  A.皮肤刺激   B.黏膜刺激   C.皮内反应   D.眼刺激

5.（　　）需要制作病理切片对组织反应情况进行评分。

  A.口腔黏膜刺激   B.皮肤刺激   C.皮内反应   D.直肠黏膜刺激

6.急性全身毒性试验给药周期为（　　）。

  A.24小时内一次或多次   B.3天内一次或多次

  C.7天内一次或多次   D.2周内一次或多次

7.遗传毒性试验中，接触细菌的试验有（　　）。

  A.染色体畸变试验   B.Ames试验   C.微核试验   D.基因突变试验

8.下列遗传毒性试验项目选择对的是（　　）。

  A.Ames试验，体外染色体畸变试验   B.Ames试验，基因突变试验

  C.Ames试验，体内染色体畸变试验   D.Ames试验，体内微核试验

9.通常溶血试验结果为（　　）被认为是合格的。

  A.不大于5%   B.不大于7%   C.不大于10%   D.不大于15%

10.血液相容性的试验方法按类型分包括（　　）。

  A.体内试验   B.半体内试验   C.体外试验   D.模拟试验

11.植入试验可选择的植入部位有（　　）。

  A.皮下   B.肌肉   C.骨   D.原位

12.BET水即为（　　）。

  A.细菌内毒素检查用水   B.细菌内毒素工作标准品

  C.鲎试剂   D.纯化水

二、简答题

1.皮肤缝合器和皮肤缝合器中的缝合钉分别属于哪类器械？应选择哪些生物学试验项目？

2.创可贴中间部分与损伤皮肤接触，周围黏胶部分与完好皮肤接触，按照短期损伤皮肤接触产品，应选择哪些生物学试验项目？

3.重复接触的全身毒性试验应包含哪些观察指标？

参考答案

第一章

一、不定项选择题

1.D 2.A 3.ABD 4.ABC 5.ABC 6.ABCD

第二章

一、不定项选择题

1.A 2.C 3.D 4.ABC 5.B 6.A 7.ABCD 8.AB 9.ABCD 10.D 11.A 12.B

第三章

一、不定项选择题

1.AB 2.ABC 3.ABC 4.C 5.B 6.CD 7.D 8.B 9.AB 10.AB

第四章

一、不定项选择题

1.BCD 2.ABC 3.ABCDE 4.A 5.CD 6.D 7.CDE 8.B

第五章

一、不定项选择题

1.ABCDE 2.C 3.BCD 4.C 5.ABD 6.A 7.B 8.AB 9.A 10.ABC 11.ABCD 12.A

参考文献

［1］徐秀林.无源医疗器械检测技术［M］.北京：中国科学技术出版社，2007.

［2］李民赞.光谱分析技术及其应用［M］.北京：科学出版社，2006.

［3］陈海生.现代光谱分析［M］.北京：人民卫生出版社，2010.

［4］王金发，何炎明.细胞生物学实验教程［M］.北京：科学出版社，2017.

［5］金毅.毒性病理学实用方法与技术［M］.南京：江苏凤凰科学技术出版社，2015.

［6］周宗灿.毒理学教程［M］.3版.北京：北京大学医学出版社，2006.

［7］马学恩，孔小明.家畜病理学［M］.4版.北京：中国农业出版社，2007.

［8］郑玉峰，李莉.生物医用材料学［M］.西安：西北工业大学出版社，2009.

［9］张同成.无菌医疗器械质量控制与评价［M］.苏州：苏州大学出版社，2012.

［10］向晶，马志芳，许秋娜，等.不同预冲方法对降低维持性血液透析患者体外循环管路中气泡和微粒污染研究［J］.中国血液净化，2010，9（12）：680-681.

［11］骆媛.以输液器为例分析医疗器械中微粒污染的检测方法［J］.化工设计通讯，2019，45（4）：205-211.

［12］刘培秀.浅谈如何避免输液微粒进入人体［J］.求医问药，2013，11（6）：93-94.